普通高等教育计算机系列教材

Java 基础案例教程

高玲玲　范佳伟　罗　丹　主　编
徐鸿雁　郭　进　陈小宁　副主编

電子工業出版社
Publishing House of Electronics Industry
北京・BEIJING

内 容 简 介

Java 具有面向对象、与平台无关、安全、稳定和多线程等优良特性，Java 发布不久就跃至 Internet 编程的前沿，经过多个版本的更新，如今 Java 依然是开发基于 Web 应用程序的最佳选择。本书精选 Java 核心内容，采用案例教学法，每个章节都有多个相应知识点的综合案例，能够激发读者的学习兴趣，提高读者自主学习和创新的能力，培养读者的逻辑思维能力及分析、解决问题的能力。

本书将 Java 学习分为入门阶段、提高阶段、进阶阶段、项目阶段四个阶段。每个阶段又对相应的知识点进行了细分，其中入门阶段包括语言基础、数据输入与输出、运算符和表达式、循环结构、条件判断等；提高阶段包括面向对象的理解、封装继承和多态的程序设计等；进阶阶段包括数组、容器、异常处理、多线程等；项目阶段主要包括用 Swing 和 AWT 控件进行界面设计、文件读写、数据库 JDBC 编程，以及简单的信息系统项目设计。

本书既可作为高等院校计算机相关专业“Java 程序设计”或者“面向对象程序设计与实践”课程的教材，也可作为想掌握 Java 核心内容的读者的参考书。

图书在版编目（CIP）数据

Java 基础案例教程 / 高玲玲，范佳伟，罗丹主编．—北京：电子工业出版社，2020.3（2024.1 重印）

ISBN 978-7-121-38536-0

Ⅰ．①J⋯ Ⅱ．①高⋯ ②范⋯ ③罗⋯ Ⅲ．①JAVA 语言－程序设计－高等学校－教材 Ⅳ．①TP312.8

中国版本图书馆 CIP 数据核字（2020）第 031785 号

责任编辑：徐建军　　　特约编辑：田学清
印　　刷：固安县铭成印刷有限公司
装　　订：固安县铭成印刷有限公司
出版发行：电子工业出版社
　　　　　北京市海淀区万寿路 173 信箱　　　邮编：100036
开　　本：787×1092　1/16　印张：18　字数：473 千字
版　　次：2020 年 3 月第 1 版
印　　次：2024 年 1 月第 7 次印刷
定　　价：52.00 元

凡所购买电子工业出版社图书有缺损问题，请向购买书店调换。若书店售缺，请与本社发行部联系，联系及邮购电话：（010）88254888，88258888。

质量投诉请发邮件至 zlts@phei.com.cn，盗版侵权举报请发邮件至 dbqq@phei.com.cn。

本书咨询联系方式：（010）88254570，xujj@phei.com.cn。

前　言

本书精选 Java 核心内容，读者可通过案例教学和实践训练掌握 Java 程序设计的基础语法知识、面向对象的程序设计思想，并且实现简单的 Java 程序开发。本书在案例选择上侧重实用性和启发性，在类、对象、继承、接口等重要的基础知识上侧重编程思想，读者通过本书不仅可以掌握面向对象程序设计的理论知识和基本语法，还可以培养良好的程序设计技能、逻辑思维能力，为后续课程的学习和科研工作的参与奠定良好的基础。

全书共分为 12 章。第 1 章主要介绍了 Java 的发展和特点、实现机制、体系结构、开发环境搭建和语言编程规范；第 2 章介绍了 Java 基础；第 3 章介绍了 Java 程序控制结构；第 4 章和第 5 章是本书的重点内容，主要介绍了 Java 面向对象基础、类和接口，通过这两章可以初步掌握面向对象的程序设计思想；第 6 章介绍了 Java 数组和常用类的使用；第 7 章介绍了 Java 集合和泛型；第 8 章介绍了 Java 异常处理机制；第 9 章介绍了 Java 多线程；第 10 章介绍了 Java 文件读写，主要讲解了文件读写常用的 I/O 类；第 11 章介绍了 Java GUI 程序设计，讲解了常用的组件和容器，使用 WindowBuilder 插件可以使读者更容易实现 Java GUI 程序设计；第 12 章介绍了 Java 数据库程序设计，讲解了 JDBC 的基础知识及 JDBC 编程的常用类和接口。

本书由高玲玲、范佳伟、罗丹担任主编，徐鸿雁、郭进、陈小宁担任副主编并负责编写相应各章节。

为了方便教师教学，本书配有电子教学课件，请有此需要的教师登录华信教育资源网（www.hxedu.com.cn）注册后免费下载，如有问题可在网站留言板留言或与电子工业出版社联系（E-mail：hxedu@phei.com.cn）。

虽然我们精心组织，努力工作，但由于编者水平有限，书中难免存在不足之处，恳请广大读者朋友给予批评和指正。

编　者

目 录

第1章

Java 概述

学习目标

1. 了解 Java 的基本知识，包括发展和特点
2. 掌握 Java 的实现机制、跨平台工作原理，达到描述的水平
3. 能够描述和理解 Java 的体系结构
4. 掌握 Java 开发环境的安装和环境变量的配置，培养动手能力，并提高 Java 编程规范的意识

教学方式

本章以理论讲解、效果演示、代码分析为主。不要求读者逐行理解项目代码，体验 Java 编程的基本过程即可。

重点知识

1. Java 的特点
2. Java 的实现机制和跨平台运行原理
3. Java 的开发环境安装和配置

1.1 Java 的发展和特点

Java 是一门面向对象编程语言，其不仅吸收了 C++语言的各种优点，还摒弃了 C++语言里难以理解的多继承、指针等概念，所以 Java 作为静态面向对象编程语言的代表，很好地实现了面向对象理论，允许程序员以合理的思维方式进行复杂的编程。

1.1.1 Java 发展简史

1991 年，Sun 公司要为家用电子消费产品开发一个分布式代码系统，以通过网络对家用电器进行控制。由于不同的厂商选择的 CPU 和操作系统不同，因此开发语言不能和特定的体系结构绑在一起。由 James Gosling 带领的开发小组准备采用 C++语言，但由于 C++语言过于

复杂、安全性差并且无法实现跨平台运行，最后他们决定基于 C++语言开发一种新的语言，即 Oak（Java 的前身），但后来发现已经有一种语言使用了这个名字，于是将其改名为 Java。随着 Java 的发展，其开发工具集 JDK 也在不断发展，发展历程如表 1-1 所示。

表 1-1 JDK 发展历程

版 本	概 述
JDK 1.0	1996 年发布，包括运行环境（JRE）和开发环境（JDK）
JDK 1.1	1997 年发布，增加了 JIT（即时编译）编译器
JDK 1.2	1998 年发布，提供了大量的轻量级组件包，从而避免了对 Windows 平台的依赖
JDK 1.5	2004 年发布，增加了泛型、增强 for 语句、自动拆箱和装箱等功能
JDK 1.6	2006 年发布
JDK 1.7	2011 年由收购了 Sun 公司的 Oracle 公司发布
JDK 1.8	2014 年发布，增加了全新的 Lambda 表达式、流式编程等大量新特性
JDK 1.9	2017 年发布，强化了 Java 的模块化系统，更新核心类库；此后 Oracle 公司宣布每 6 个月发布一次新版本
JDK 1.11	2018 年发布，涵盖了 JDK 1.9 和 JDK 1.10 的版本特性，并在此基础上进行了优化
JDK 1.12	2019 年发布，目前最新版本，过渡版本

1.1.2 Java 的特点

Java 有许多吸引程序员的特点，这促使它成为主流的编程语言。

1．跨平台/可移植性

跨平台/可移植性是 Java 的核心优势。对于程序员来说，如果编写的程序不需要修改就可以同时在各种操作系统上运行，那将是一件非常美妙的事情。Java 让程序员美梦成真，使用 Java 编写的程序，只需要很少修改，甚至不用修改，就可以在不同的平台上运行。

2．简捷有效

Java 是一种简洁的编程语言，它的语法基于 C++语言，同时又省略了 C++语言中的头文件、指针、结构、单元、操作符重载、虚拟基础类等，因此很容易操作。

3．面向对象

面向对象是软件工程学的一次伟大革命，其大大提升了软件开发的能力。C++语言因为兼容了 C 语言，所以其仅仅是带类的 C 语言，影响了其面向对象的彻底性，而 Java 则是完全面向对象的语言。

4．安全性

Sun 公司曾经提出，“通过 Java 可以轻松构建出防病毒、防黑客的系统”，所以 Java 具有较高的安全性，Java 成为目前十分安全的一种程序设计语言。Java 开发组宣称，他们非常重视系统安全方面的 Bug，如果发现会立即对其进行修复。而且由于 Sun 公司开放了 Java 解释器的细节，所以各界力量可以共同发现、防范安全隐患。

5．健壮性

Java 是一种健壮的语言，它不会造成计算机崩溃。Java 程序也可能有错误，如果出现某些意想不到的情况，那么程序将会抛出异常，并通过异常处理机制对其进行处理，因此不会让程序崩溃。

6．分布式

Java 是为 Internet 的分布式环境而设计的一种语言，它能够处理 TCP/IP 协议。Java 应用程序可以像访问本地文件系统一样通过 URL 访问网络资源。Java 还支持远程方法调用，可以使程序能够通过网络调用相关方法。

7．多线程

线程是轻量级进程，多线程处理能力可以使程序具有更好的交互性和实时性。Java 具有很好的多线程处理性能，所以在 Java 中进行多线程处理很简单。

除了以上特点，Java 还具有高性能、解释执行、动态性和体系结构中性等特点，不在此一一赘述。

1.2 Java 的实现机制

计算机高级程序语言的运行方式主要有编译型和解释型两种，Java 的运行方式是两种类型的结合。Java 程序员利用程序编辑器编写 Java 源程序，源文件的扩展名为.java；之后通过编译器（Javac）将源程序编译成字节码文件，字节码文件的扩展名为.class；最后将字节码文件交给 Java 虚拟机（Java Virtual Machine，JVM）（解释器）解释并执行该文件，如图 1-1 所示。

图 1-1 Java 运行机制

JVM 是一个虚拟的用于执行字节码文件的虚拟计算机，负责解释运行 Java 字节码文件，边解释边运行，Java 是通过 JVM 进行可移植性操作的。不同的操作系统有不同的虚拟机，JVM 机制屏蔽了底层运行平台的差别，使 Java 程序实现了“一次编写，随处运行”。JVM 的基本原理如图 1-2 所示。

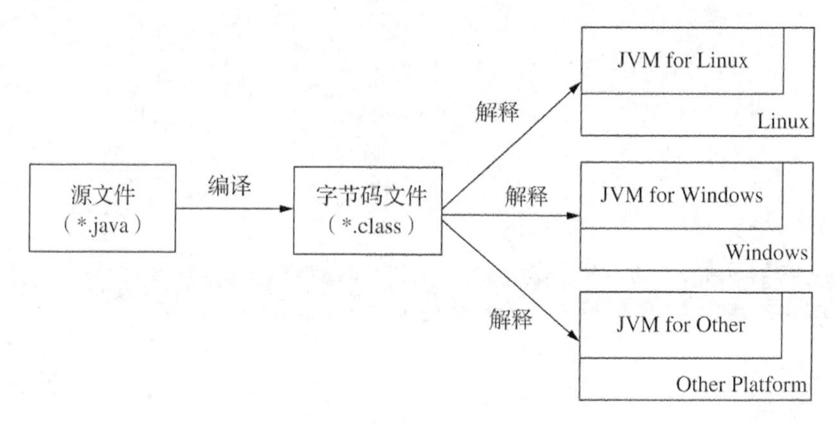

图 1-2 JVM 的基本原理

从图 1-2 可以看出，所有字节码文件都是在 JVM 上运行的。JVM 用于适应各种类型操作系统，只要不同的操作系统安装上符合其类型的 JVM，那么同样的 Java 程序无论在哪个操作系统上都是可以正确执行的。

1.3 Java 的体系结构

Java 发展至今，已从最初的编程语言发展成为全球第一强大的技术体系平台。1999 年，Sun 公司推出了以 Java 2 平台为核心的 J2SE（Java 2 Platform, Standard Edition）、J2EE（Java 2 Platform, Enterprise Edition）和 J2ME（Java 2 Platform, Micro Edition）三种结构独立但又彼此依赖的技术体系分支。

1．J2SE

J2SE 是 Java 2 平台标准版，是 Java 平台的核心，适用于开发桌面系统应用程序及低端的服务器。它包含了构成 Java 核心的类，如数据库连接、接口、输入输出、用户界面接口 AWT 和 Swing 及网络编程。

2．J2EE

J2EE 是 Java 2 平台企业版，是利用 Java 2 平台来简化企业解决方案开发、部署和管理等相关复杂问题的体系结构。J2EE 的核心是 J2SE，主要用于开发分布式网络程序，构建企业级的服务器应用。与 J2SE 相比，J2EE 增加了用于服务器开发的类库，如 JDBC、EJB、Servlet、JSP，以及能够在 Internet 应用中保护数据的安全模式等技术。

3．J2ME

J2ME 是 Java 2 平台微型版，包含 J2SE 部分核心类，也有自己的扩展类，用于开发消费性电子产品的应用，如手机、掌上电脑、智能卡、机顶盒、车载导航系统或其他无线设备。

综上所述，J2SE 用于开发小型程序，J2EE 用于开发大型程序，J2ME 用于开发手机等程序，J2SE 是 J2EE 和 J2ME 的基础，三个体系语言都是相同的，只是捆绑的类库 API 不同。Java 三个体系的关系如图 1-3 所示。

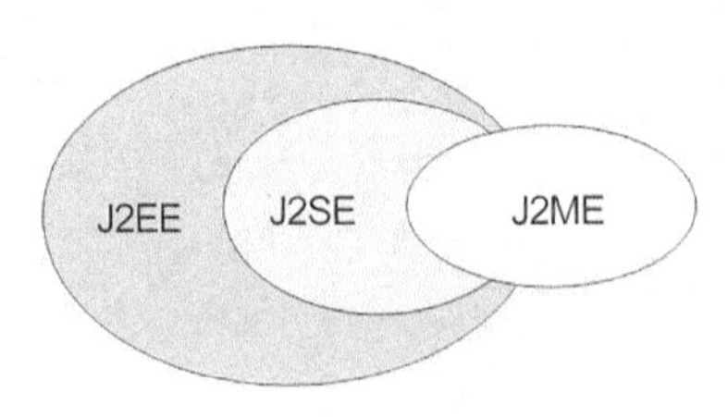

图 1-3 Java 三个体系的关系

1.4 案例 1-1 使用 Eclipse 开发第一个 Java 程序

1.4.1 案例描述

本项目在 Eclipse 中完成第一个 Java 程序，在控制台输出“Hello World!”，程序运行的结果如图 1-4 所示。

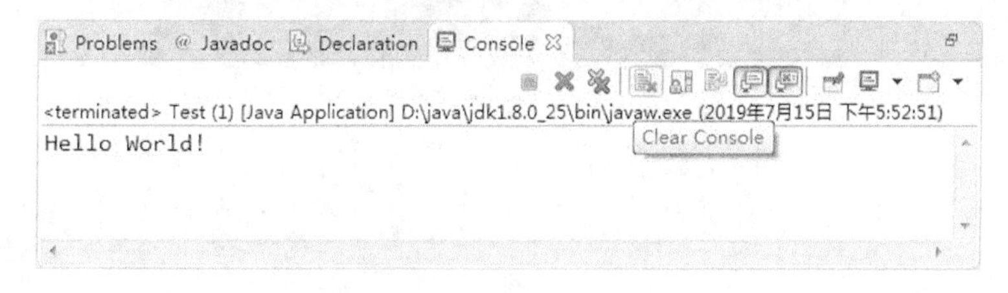

图 1-4　程序运行的结果

1.4.2　案例关联知识

1. JDK 安装及环境变量配置

JDK（Java 开发工具包）是 Java 开发环境和运行环境，是所有 Java 应用程序的基础，它包括一组 API 和 JRE，API 是构建 Java 应用程序的基础，而 JRE 是运行 Java 应用程序的基础。JDK 是免费开源的开发环境，可以直接从 Oracle 的官方网站进行下载，本书中使用的 JDK 是 1.8 版本的。

1）下载 JDK

进入 www.oracle.com/technetwork/java/javase/downloads/index.html 下载地址，选择自己要下载的 JDK 版本，会出现如图 1-5 所示的下载界面，选择“Accept License Agreement”单选按钮，然后根据自己的操作系统选择下载对应的版本即可。

Java SE Development Kit 8u221

You must accept the Oracle Technology Network License Agreement for Oracle Java SE to download this software.

Accept License Agreement　Decline License Agreement

Product / File Description	File Size	Download
Linux ARM 32 Hard Float ABI	72.9 MB	jdk-8u221-linux-arm32-vfp-hflt.tar.gz
Linux ARM 64 Hard Float ABI	69.81 MB	jdk-8u221-linux-arm64-vfp-hflt.tar.gz
Linux x86	174.18 MB	jdk-8u221-linux-i586.rpm
Linux x86	189.03 MB	jdk-8u221-linux-i586.tar.gz
Linux x64	171.19 MB	jdk-8u221-linux-x64.rpm
Linux x64	186.06 MB	jdk-8u221-linux-x64.tar.gz
Mac OS X x64	252.52 MB	jdk-8u221-macosx-x64.dmg
Solaris SPARC 64-bit (SVR4 package)	132.99 MB	jdk-8u221-solaris-sparcv9.tar.Z
Solaris SPARC 64-bit	94.23 MB	jdk-8u221-solaris-sparcv9.tar.gz
Solaris x64 (SVR4 package)	133.66 MB	jdk-8u221-solaris-x64.tar.Z
Solaris x64	91.95 MB	jdk-8u221-solaris-x64.tar.gz
Windows x86	202.73 MB	jdk-8u221-windows-i586.exe
Windows x64	215.35 MB	jdk-8u221-windows-x64.exe

图 1-5　JDK 下载界面

2）安装 JDK

JDK 的安装过程和普通软件的安装过程一样，逐一单击“下一步”按钮就可以完成安装。其间，系统会让用户选择 JDK 和 JRE 的安装路径，如果需要改变安装路径，则单击“更改”按钮，在弹出的对话框中重新选择安装路径，注意安装路径中不要使用中文名称，一般采用默认选项即可。安装过程如图 1-6～图 1-8 所示。

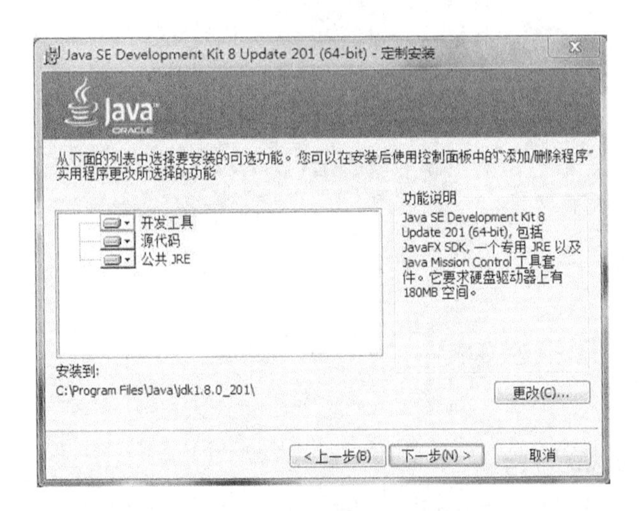

图 1-6 指定 JDK 安装目录

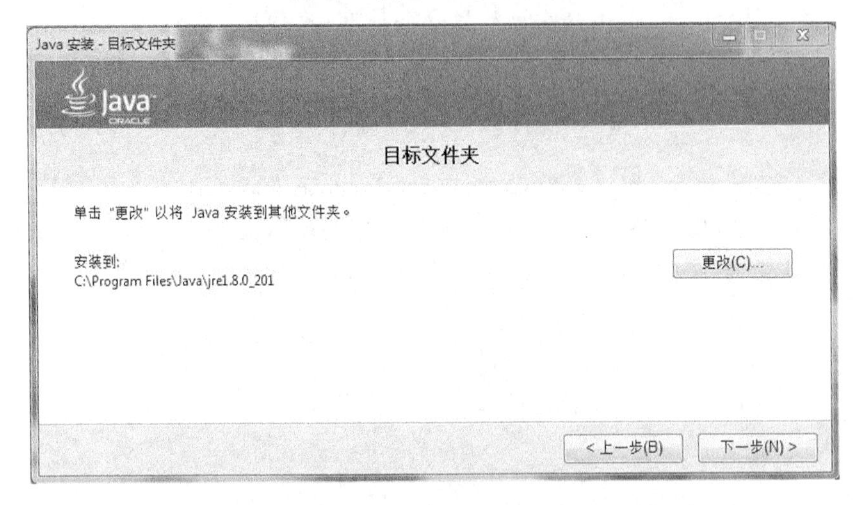

图 1-7 指定 JRE 安装目录

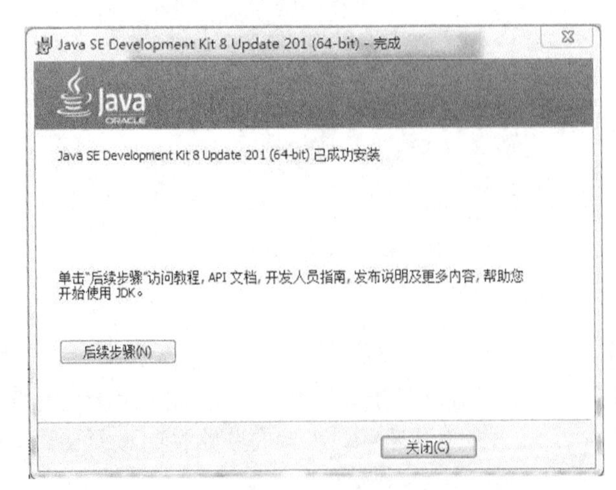

图 1-8 成功安装界面

3）环境变量配置

环境变量是操作系统中一个具有特定名字的对象，它是应用程序将使用到的信息。例如，

Windows 操作系统中的 Path 环境变量，当要求系统运行一个程序但没有指定程序所在的完整路径时，系统除了在当前目录下面寻找此程序，还应到 Path 指定的目录中去寻找。

在编译和执行 Java 源程序时，需要知道编译器和解释器所在的位置，以及用到的类库的位置。在安装完 JDK 之后需要配置 3 个环境变量，即 Java_home、Path、classpath，其中，Java_home 是 JDK 的安装路径；Path 为编译器和解释器配置搜索路径；classpath 为类库配置搜索路径。

第一步：右击“我的电脑”，在弹出的快捷菜单中选择“属性”命令，选择“高级系统设置”选项，如图 1-9 所示。

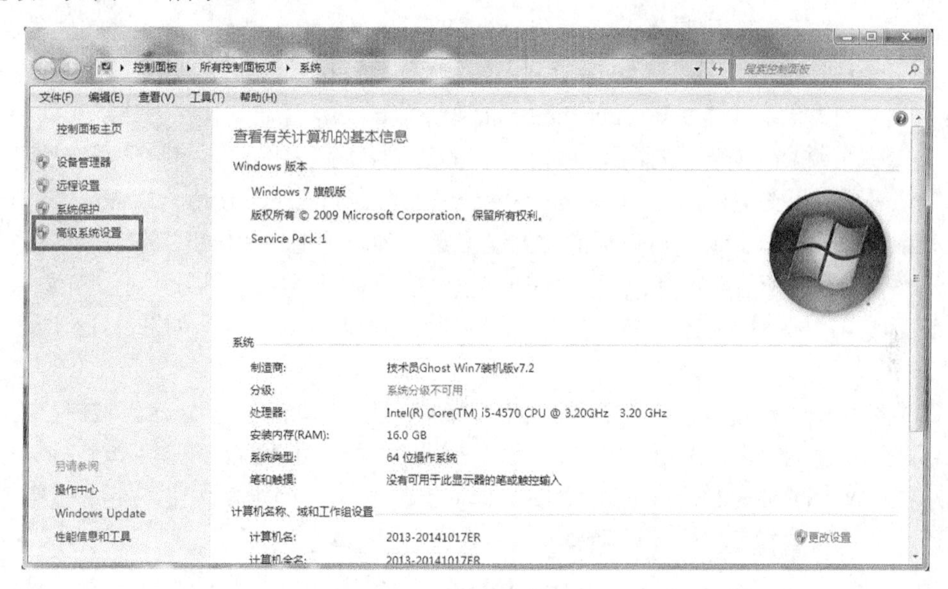

图 1-9　计算机属性界面

第二步：打开“系统属性”对话框，单击“环境变量”按钮，如图 1-10 所示，在“环境变量”对话框的“系统变量”列表下单击“新建”按钮，如图 1-11 所示，在“变量名”文本框中输入“Java_home”，在“变量值”文本框中输入（最好用复制粘贴）JDK 的安装目录（如 D:\Program Files\Java\jdk1.8.0），如图 1-12 所示。

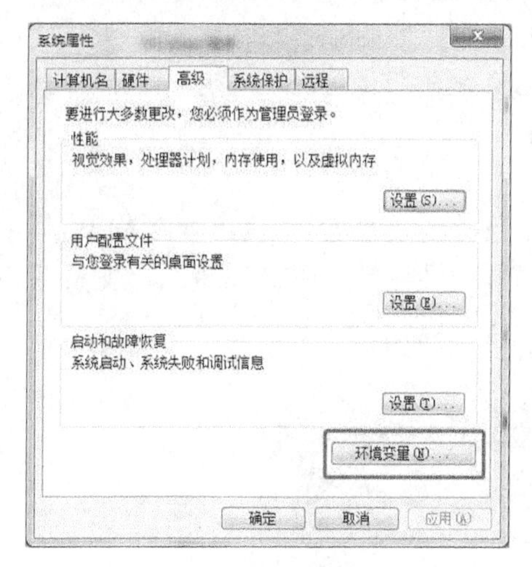

图 1-10　“系统属性”对话框

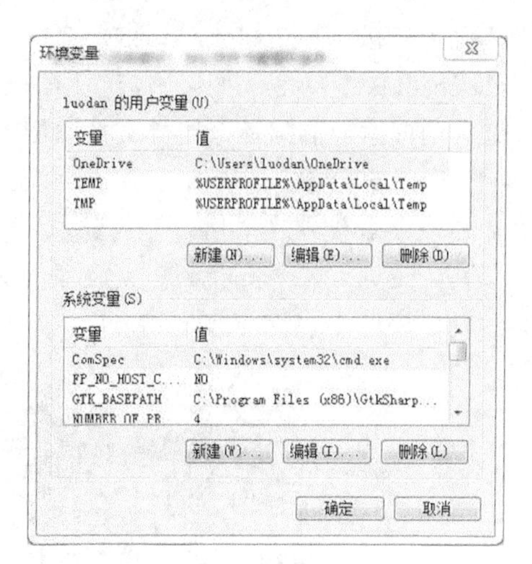

图 1-11　“环境变量”对话框

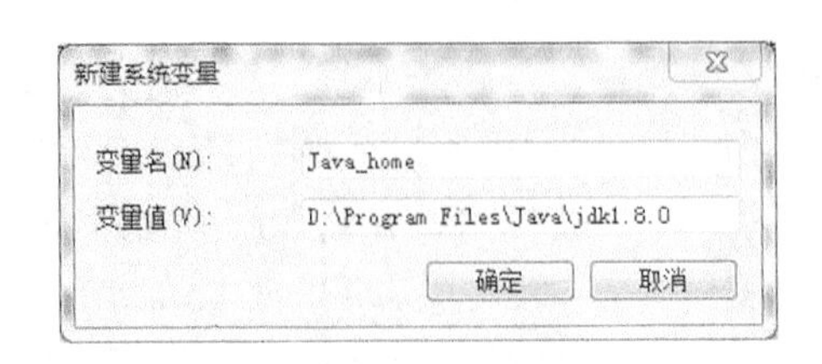

图 1-12 "新建系统变量"对话框

设置 Java_home 环境变量一是为了方便引用，如果将 JDK 安装在 D:\Program Files\Java\jdk1.8.0 目录下，则设置 Java_home 为该目录路径，那么以后在使用这个路径的时候，只需输入%Java_home%即可，避免每次引用该路径都输入很长的路径串。二是归一原则，当 JDK 路径改变的时候，仅需更改 Java_home 的变量值即可。否则，就要更改所有用绝对路径引用 JDK 目录的文档，如果有遗漏，那么某个程序将找不到 JDK，这将导致系统崩溃。三是第三方软件需要引用约定好的 Java_home 环境变量，否则无法正常使用该软件。

第三步：在"环境变量"对话框的"系统变量"列表中选中"Path"选项，单击"编辑"按钮打开"编辑系统变量"对话框。在"变量值"文本框中已经有内容了，在"变量值"文本框的最前面加上"%JAVA_HOME%\bin"，并以";"和原路径分隔开，如图 1-13 所示，单击"确定"按钮。

第四步：单击"环境变量"对话框中的"系统变量"列表下的"新建"按钮，在"变量名"文本框中输入"classpath"，在"变量值"文本框中输入".;%JAVA_HOME%\lib\tools.jar;%JAVA_HOME%\lib\dt.jar;"，如图 1-14 所示。单击"确定"按钮，完成设置。

图 1-13 设置 Path 环境变量

图 1-14 设置 classpath 环境变量

第五步：在"环境变量"对话框中单击"确定"按钮，返回"系统属性"对话框，继续单击"确定"按钮，退出该对话框，完成环境变量的配置。

classpath 配置问题：如果用户使用的是 JDK 1.5 以上的版本可以不用配置这个环境变量，JRE 会自动搜索当前路径下的类文件及相关 jar 文件。

4）JDK 安装测试

JDK 安装和配置完成后，需要测试是否安装成功。进入命令行窗口（其组合键为"Windows+R"），输入"java -version"，然后按"Enter"键，如果能看到安装的 JDK 的版本，则说明 JDK 安装成功，如图 1-15 所示。

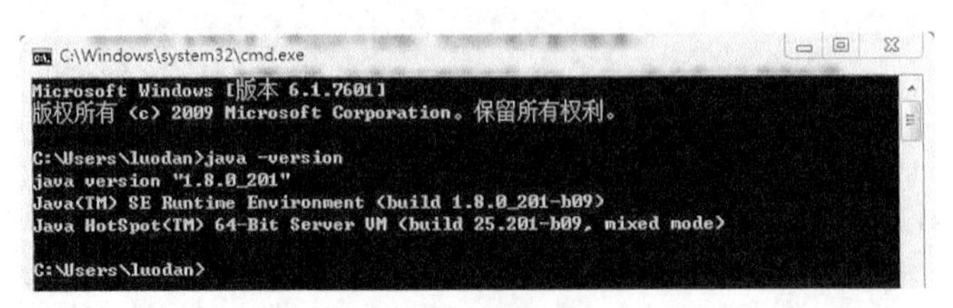

图 1-15 验证 JDK 是否安装成功

2．第一个 Java 程序

Java 程序分为两种类型：一种是控制台应用程序（Console Application），另一种是 GUI 应用程序（GUI Application），本书先介绍一个简单的控制台应用程序，然后介绍两种 Java 程序的基本结构和框架。

最简单的 Java 程序的开发工具是文本文档，使用文本文档开发 Java 程序可以归结为如下几个步骤。

（1）在文本文档里编写代码，并将文件重命名为 Demo1_1.java。

文件名：Demo1_1.java

程序代码：

```
public class Demo1_1 {
    public static void main(String[] args) {
        System.out.println("欢迎来到 Java 世界");
    }
}
```

（2）使用编译命令（javac）将源程序文件编译成扩展名为.class 的字节码文件。

打开命令行窗口，进入保存 Java 文件所在的文件夹，执行 javac Demo1_1.java 语句，生成 class 文件，如果程序有错误，则会出现错误提示；如果程序无误，则运行命令后的内容如图 1-16 所示。

图 1-16　编译 Java 源文件

（3）使用运行命令（java）来运行字节码文件。

在命令行窗口中输入命令 java Demo1_1（编译生成的 Demo1_1.class 文件），输出执行结果如图 1-17 所示。

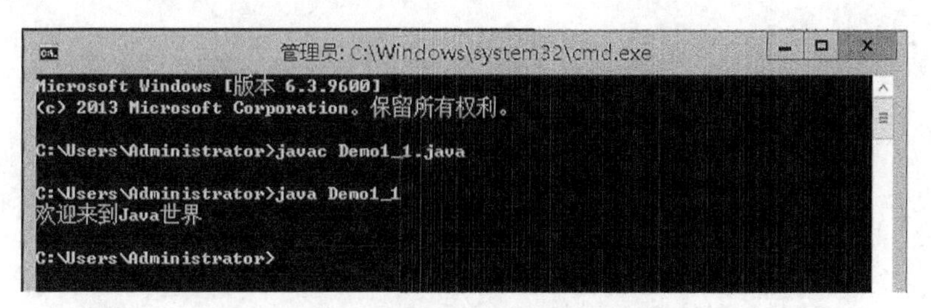

图 1-17　解释并执行运行命令的输出结果

该程序看似很简单，但初学者在实际操作中会遇到很多问题，如单词拼写错误等，作为一名合格的程序员在编写和调试程序时需要足够细心和有耐心。

3．Java 常见的开发环境

文本编辑器虽然可以完成 Java 程序的开发，但是其功能不够强大，这时可以考虑使用其他开发软件。在进行 Java 程序开发时，一般都会使用集成开发环境（Integrated Development Enviroment，IDE），常见的集成开发环境有三种：JDeveloper、Eclipse、IntelliJ IDEA。

JDeveloper 是由 Oracle 公司提供的一个免费的非开源的集成开发环境，通过支持完整的开发生命周期简化了基于 Java 的 SOA 应用程序和用户界面的开发，为运用 Oracle 数据库和应用服务器的开发人员提供了特殊功能。

Eclipse 是一个开源的基于 Java 的可扩展开发平台，它本身只是一个框架和一组服务，但附带了一个标准的插件集，包括 Java 开发工具 JDK。本书使用 Eclipse 作为开发工具。Eclipse 的下载安装与使用将会在后续内容中详细介绍。

IntelliJ IDEA 是 JetBrains 公司的产品，在智能代码助手、代码自动提示、重构、J2EE 支持、CVS 整合、代码分析等方面具有强大的功能。

4．Java 编程规范

第一个 Java 程序完成之后的总结如下，以帮助大家在后期的程序编写过程中养成良好的编程习惯，做一个有良好素质的程序员。

（1）Java 对大小写敏感，如果出现了大小写拼写错误，那么程序将无法运行。

（2）Java 源文件以.java 为扩展名，一个源文件中只能声明一个 public class（主类），且类名与源文件名相同，其他 class（类）的数量不限。

（3）main()方法是 Java 应用程序的入口方法，它有固定的书写格式，即

```
public static void main(String[ ] args) {   }
```

（4）在 Java 中，用“{}”划分程序的各个部分，任何方法的代码都必须以“{”开始，以“}”结束。配对的前括号“{”和后括号“}”保持对齐以提高程序的可读性。

（5）Java 中的每条语句必须以分号“;”结束，注意所有符号只有在英文状态下才有效。

（6）编程时，可以用“Tab”键进行缩进，让程序结构更加明了。

（7）为了方便程序的阅读，可以加入一些说明性的文字，称为注释。注释语句不参与程序的运行，在 Java 中注释主要分为单行注释、多行注释和文档注释。

单行注释以“//”开头，“//”后面的单行内容为注释内容；在程序编写过程中经常会用到。

多行注释以“/*”开头，以“*/”结尾，“/*”和“*/”之间的内容为注释内容；在调试程序时常用到多行注释。

文档注释以“/**”开头，以“*/”结尾，“/**”和“*/”之间的内容为注释内容，注释中包含一些说明性文字和标签。

```
/*
*Welcome 类（文档注释）
*@author
*@version1.0
*/
public class Welcome {
    //单行注释
    public static void main(String[] args) {
        System.out.println("Welcome!");
    }
/*
```

```
多行注释
多行注释
*/
}
```

1.4.3　案例分析

有了前面的知识作为铺垫，可以总结出开发 Java 应用程序的基本步骤如下。

（1）新建 Java 源文件，并保存为.java 文件。

（2）编写代码并保存。

（3）运行，程序如果有错，则检查错误；如果无误，则得到运行结果。

虽然可以用文本文档来编写 Java 代码并成功运行，但是文本文档调试程序不方便，并不适合 Java 开发，所以后面的 Java 程序会使用集成开发环境 Eclipse 来开发。本节详细讲解用 Eclipse 开发 Java 程序的过程。

1．Eclipse 的下载和安装

Eclipse 的下载地址是 https://www.eclipse.org/downloads/packages/，进入该网址将出现如图 1-18 所示的下载界面，单击“Eclipse IDE for Java Developers”，根据自己安装的 JDK 的版本选择下载哪个版本的 Eclipse。下载完成后，直接解压，进入解压目录，双击 eclipse.exe 文件开始安装 Eclipse。

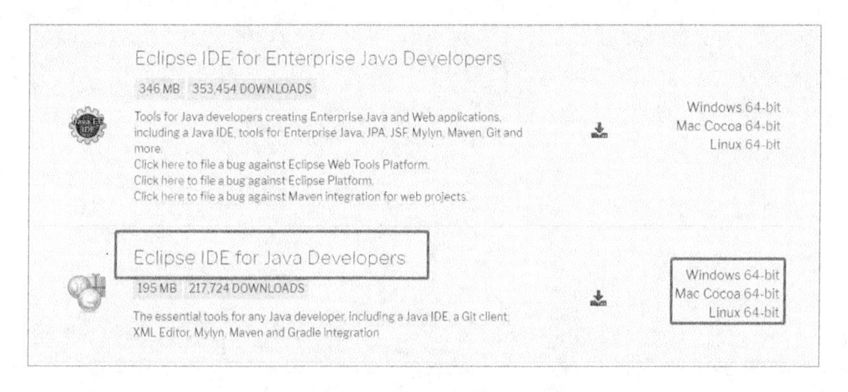

图 1-18　Eclipse 的下载界面

Eclipse 初次启动时会出现工作空间设置界面，如图 1-19 所示。工作空间是指 Java 程序的存储路径，一般采用默认设置即可，也可以根据需要进行相应修改。

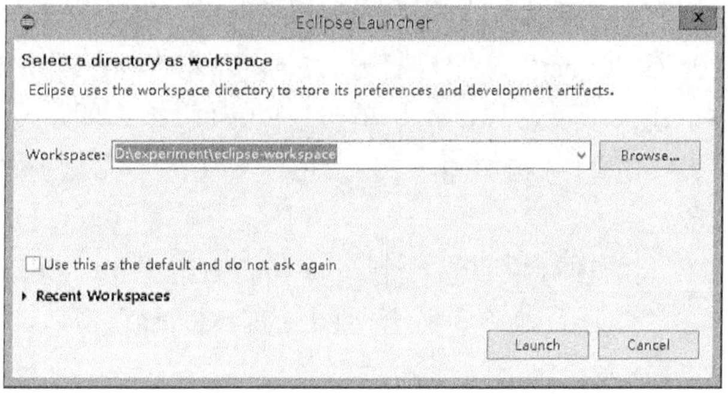

图 1-19　设置工作空间

单击“Launch”按钮，进入欢迎界面，如图 1-20 所示。关闭欢迎界面后，即可进入开发主界面，如图 1-21 所示。

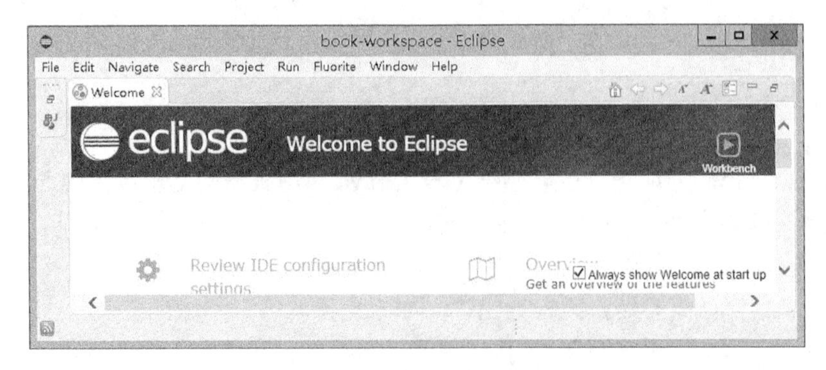

图 1-20 Eclipse 欢迎界面

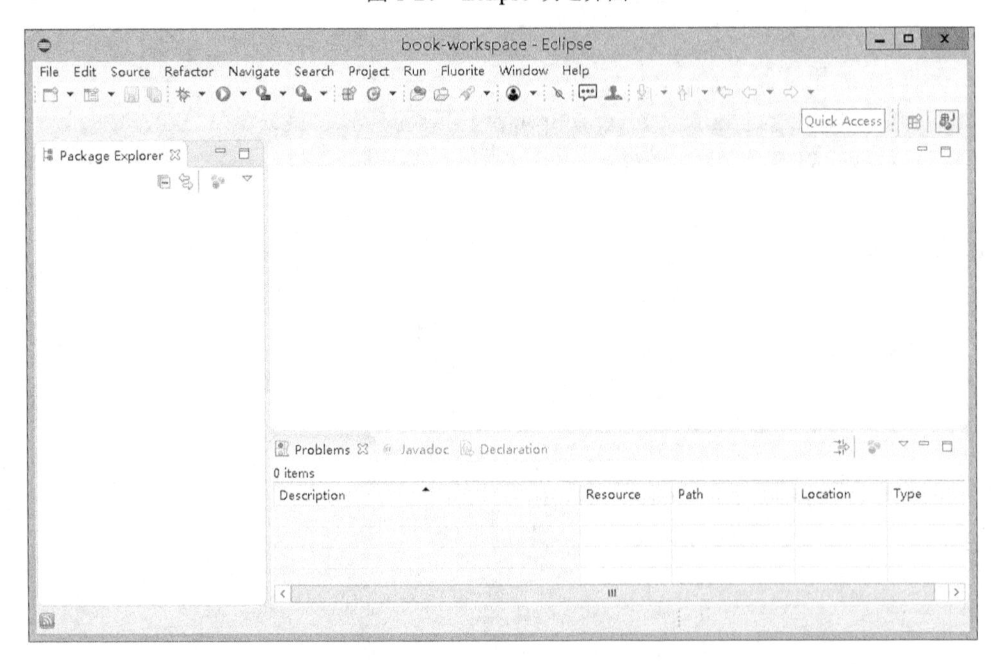

图 1-21 Eclipse 开发主界面

2. 在 Eclipse 中创建 Java 项目

在 Eclipse 中创建 Java 项目的步骤如下。

第一步：在 Eclipse 开发主界面左侧的“Package Explorer”中右击，在弹出的快捷菜单中依次选择“New”→“Java Project”命令，打开“New Java Project”窗口如图 1-22 所示。在“Project name”文本框中输入项目名称，然后单击“Finish”按钮即可。

新建项目完成后，Java 项目结构如图 1-23 所示，“src”是存放源代码的文件夹，“JavaSE-1.8”为 JDK 的版本信息。

第二步：在第一步创建的项目中新建一个 Java 类。右击“src”文件夹，在弹出的快捷菜单中依次选择“New”→“Class”命令，打开“New Java Class”窗口，在“Name”文本框中输入类名即可，如图 1-24 所示。

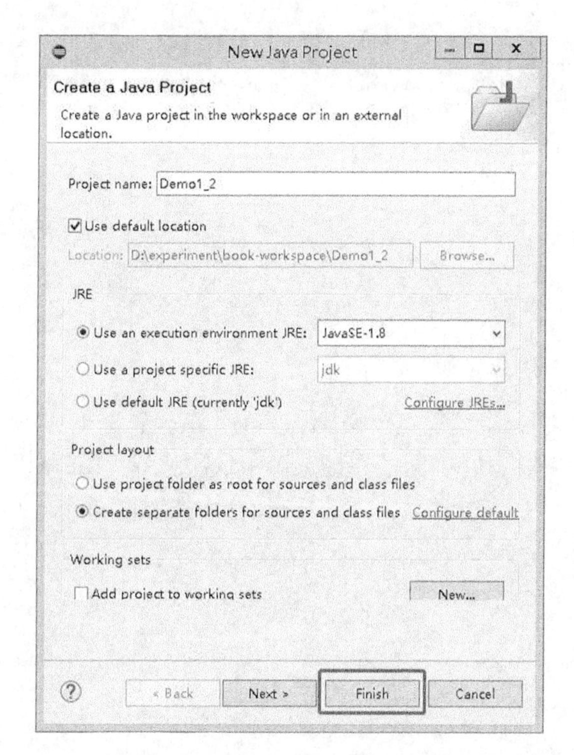

图 1-22　“New Java Project”窗口

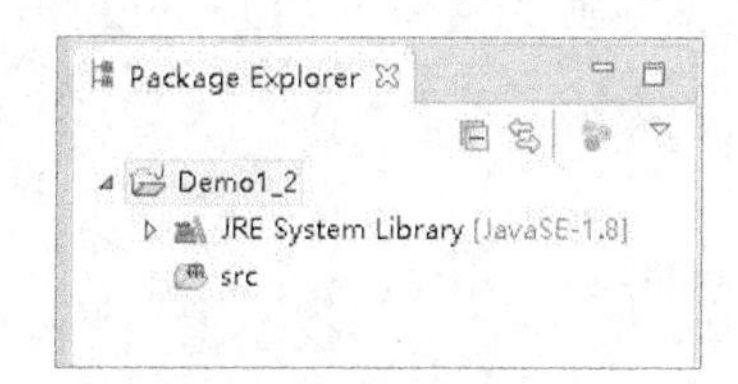

图 1-23　Java 项目结构

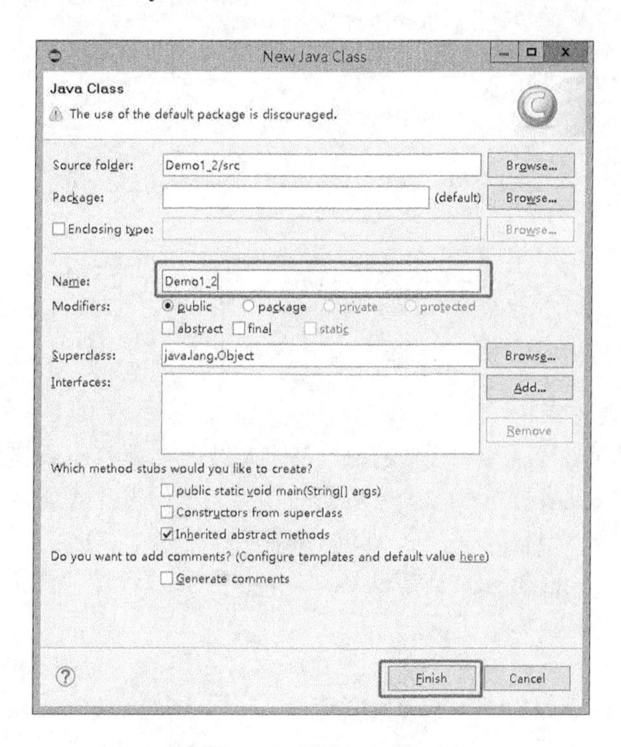

图 1-24　新建 Java 类

单击“Finish”按钮，即可完成 Java 类的新建，在“src”文件夹下面出现了创建的 Demo1_2.java 文件，如图 1-25 所示。

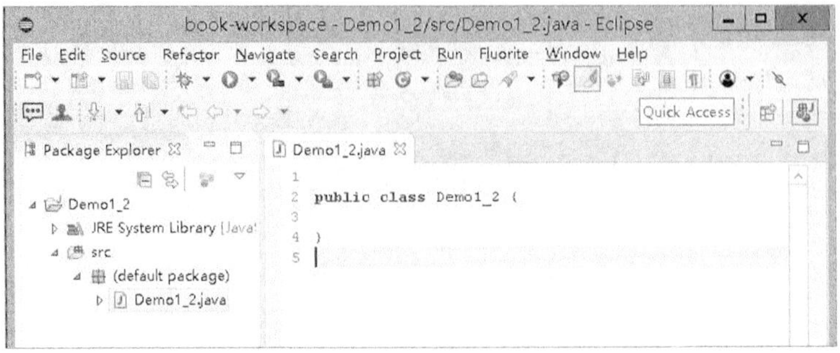

图 1-25　新建 Java 类完成

第三步：在 Eclipse 开发主界面右侧的控制台中编写第一个 Java 程序，源代码见 1.4.4 节。代码编写完成后，就可以运行了。在代码上右击，在弹出的快捷菜单中依次选择“Run as”→“Java Application”命令，或者使用快捷键“F11”，或者单击工具栏中的 按钮。Eclipse 开发主界面下方的控制台“Console”中将呈现运行结果，如图 1-26 所示。

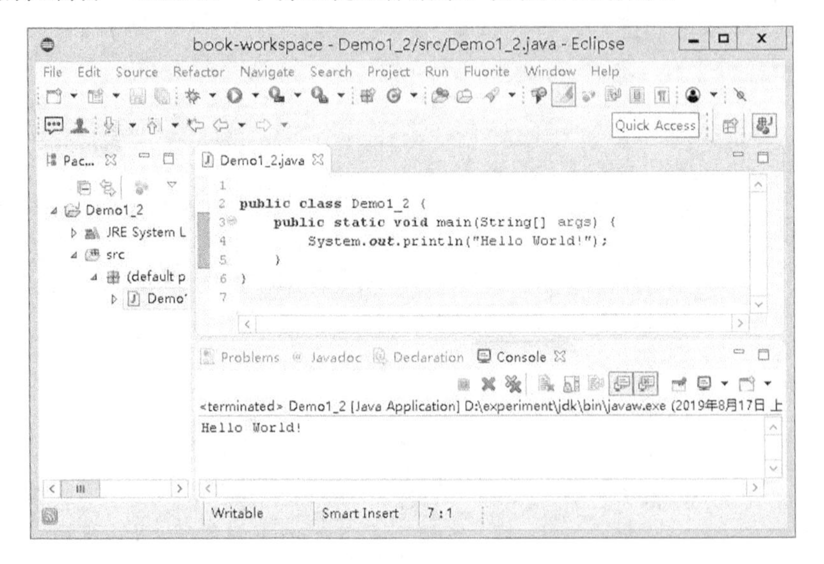

图 1-26　运行结果

3．Java 程序的基本结构

作为面向对象编程语言，Java 程序的核心要素是类。一个 Java 源文件中可以定义一个或者多个类，定义类的关键字是 class，类名后面的“{}”里的内容就是类体。一个 Java 源文件中虽然可以定义多个类，但只能有一个 public class，其被称为主类。

在主类里有一个 main()方法，其是 Java 应用程序的入口。作为程序执行的起点，main()方法的形式是固定的，具体如下所示：

```
public class 类名 {                                  //类体
    public static void main(String[] args) {     //main()方法的固定写法
                                                 //main()方法的方法体
    }
}
```

1.4.4　代码实现

文件名：Demo1_2.java

程序代码：

```
public class Demo1_2 {
    public static void main(String[] args) {
        System.out.println("Hello World!");      //在控制台输出 Hello World!
    }
}
```

1.4.5　案例拓展

本案例通过在控制台输出一条语句来讲解 Java 程序从新建、编写到运行的过程。请读者思考如何编写程序可以用“*”在控制台输出一个三角形。

第2章

Java 基础

学习目标

1. 掌握 Java 中标识符的命名规则
2. 了解 Java 中的关键字
3. 使用 Java 定义变量或声明常量
4. 掌握 Java 中 8 种基本数据类型的使用方法，了解不同数据类型转换，包括强制转换和隐式转换
5. 掌握 Java 中运算符和表达式的使用方法
6. 掌握 Java 中打印输出和键盘输入的方法

教学方式

本章以理论讲解、效果演示、代码分析为主；要求读者理解 Java 中变量的使用和声明。

重点知识

1. Java 中基本数据类型
2. Java 中变量的声明
3. Java 中键盘输入

2.1 案例 2-1 超市购物清单打印

2.1.1 案例描述

通过本案例对 Java 语法基础知识，如 Java 中的标识符、关键字、常量和变量、数据类型、运算符和表达式、常用数学方法等内容，进行学习和了解。

本案例要设计一个可实现超市购物清单的输出程序，程序运行结果如图 2-1 所示。

```
Problems  Javadoc  Declaration  Console
<terminated> Demo2_1 [Java Application] D:\experiment\jdk\bin\javaw.exe
商品    单价    数量    金额
钢笔    28.0    1       28.0
笔记本  15.0    3       45.0
Mp3     128.0   1       128.0
会员享受折扣：0.9
总计金额        ￥180.9
付款金额        ￥200
找零    ￥19.099999999999994
所获积分        18
```

图 2-1 程序运行结果

2.1.2 案例关联知识

1. Java 中的标识符

标识符是 Java 对包、类、方法、参数和变量的命名，在命名时需要遵守以下规则。

（1）标识符包括字母、数字、下画线“_”、美元符号“$”。

（2）标识符必须以字母、下画线“_”、美元符号“$”开头，不能以数字开头。

（3）标识符不能使用 Java 中的关键字。

（4）表示类名的标识符：每个单词的首字母大写，如 Man、GoodMan 等。

（5）表示方法和变量的标识符：第一个单词小写，后面单词首字母大写（驼峰原则），如 eat、eatFood 等。

例如，a、_123、$12a 是合法的标识符，1a、a#、int 不是合法的标识符。需要注意的是，由于 Java 采用 Unicode 标准国际字符集，所以字符中包括汉字，但是不建议大家使用汉字来定义标识符。

2. Java 中的关键字

Java 关键字是 Java 保留供内部使用的特定单词符号，具有专门的意义和用途，也称为保留字，不能作为用户取名的标识符。表 2-1 列出了 Java 中的关键字，这些关键字不需要强记。在程序开发过程中如果将这些关键字作为标识符，则编辑器会自动提示出错。

表 2-1 Java 中的关键字

abstract	assert	boolean	break	byte	case
catch	char	class	const	continue	default
do	double	else	extends	final	finally
float	for	goto	if	implements	import
instanceof	int	interface	long	native	new
null	package	protected	public	private	return
short	static	strictfp	super	switch	synchronized
this	throw	throws	transient	try	void
volatile	while				

对于以上关键字，有如下两点需要注意。

（1）虽然 const、goto 在 Java 中并没有任何意义，但其也是关键字，与其他关键字一样，不能作为自定义的标识符。

（2）true、false 虽然没有作为关键字列出来，却是单独的标识类型，也不能作为自定义标识符。

3. 变量和常量

程序设计过程中用到的数据是存放在存储空间中的，存储空间是确定的，但是里面存放的数据不确定。在使用这些数据时，要能够正确地访问到这个存储空间，所以变量本质上就代表可操作的存储空间，变量名称指代的就是对应的存储空间，通过操作变量实现对相应存储空间的操作。

变量作为程序中最基本的存储单元，在使用前必须声明，声明时需要清楚数据类型、变量名和作用域。声明变量的格式为：

```
type varName [=value];
```

Java 是一种强类型语言，每个变量都必须声明其数据类型，变量的数据类型决定了变量占存储空间的大小及可以存放什么样的值。例如，int a 表示变量 a 可以存储整数，空间大小为 4 字节。数据类型在后续内容中会详细介绍。

在声明变量时，变量名称必须是合法的标识符，变量声明是一条完整的语句，因此每条声明变量的语句都必须以分号结束。可以在同一行声明两个以上的变量，不同的变量之间用逗号隔开，但不建议这么做。如下代码为变量声明：

```
int a,b;       //同时声明 a 和 b 两个变量，都是整型
int x=123;     //声明变量 x 同时给初始值
```

4. 常量

常量是指在程序运行过程中固定不变的值，常量初始化后就不能够被改变。Java 用关键字 final 来定义常量，常量的声明格式为：

```
final  type  varName =value;
```

例如：

```
final double PI=3.14;        //声明一个浮点型常量 PI，并且初始化值为 3.14
PI=3.15;                     //编译错误，常量的值不能够被改变
```

5. Java 中的数据类型

数据类型是程序语言构成要素中相当重要的部分。Java 的数据类型可以分为基本数据类型和引用数据类型。数据类型的分类如图 2-2 所示。

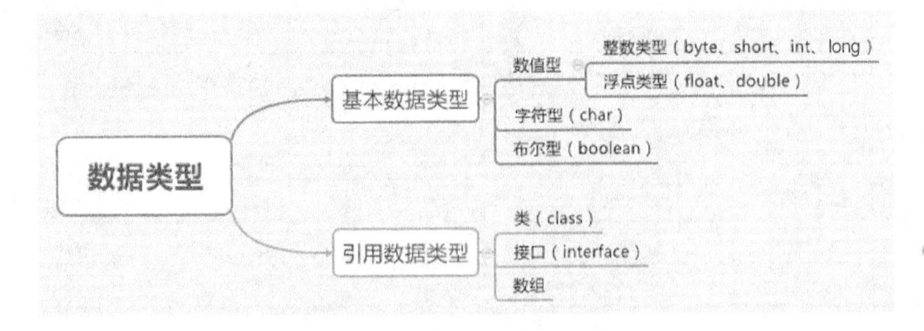

图 2-2　数据类型的分类

Java 中定义了三类共八种基本数据类型，用来存储整型、浮点型、字符型和布尔型数据。引用数据类型是指用一种特殊的方式指向变量的实体，类似于 C/C++的指针。这类变量在声明时不会分配内存，比如类的对象需要通过 new 的操作，本章只介绍基本数据类型，引用数据

类型在后面章节进行详细讲解。

1）整型

整型用于表示没有小数部分的数值，可以表示负数。Java 中提供了四种整型数据类型，分别为 byte、short、int 和 long。这四种整型数据类型的区别在于占用存储空间的大小不同，所能够表示的整数的范围不同。整型数据类型如表 2-2 所示。

表 2-2　整型数据类型

数据类型	名　称	字　节	表示的数的范围
byte	字节型	1	$-2^7 \sim 2^7-1$(−128～127)
short	短整型	2	$-2^{15} \sim 2^{15}-1$(−32768～32767)
int	整型	4	$-2^{31} \sim 2^{31}-1$(−2147483648～2147483647)
long	长整型	8	$-2^{63} \sim 2^{63}-1$

声明整数时可以根据数值的范围来选择使用哪一种整型数据类型，在 Java 中默认的整型数据类型为 int 类型，若声明 long 类型的常量需要在数值的后面加上“L”或者“l”。例如：

```
long a=12345678;         //编译成功，在 int 表示的范围内
long b=12345678999;      //数值后面没加 L，编译错误，超出 int 表示的范围
long c=12345678999L;  //数值后面加了 L，表示数据是长整型，编译成功
```

2）浮点型

在 Java 中带小数的数据用浮点型表示，浮点型可以分为单精度浮点型（float）和双精度浮点型（double）。浮点型数据类型如表 2-3 所示。

表 2-3　浮点型数据类型

数据类型	名　称	字　节	表示的数的范围
float	单精度浮点型	4	−3.403E38～3.403E38
double	双精度浮点型	8	−1.798E308～1.798E308

float 类型的数据的小数点后可以精确到 7 位有效数字，在很多情况下，float 类型是无法满足精度需求的，double 类型的数据的精度约是 float 类型的两倍，因此 Java 中小数的默认数据类型为 double 类型。如果声明 float 类型，则需要在数据后面加“F”或者“f”，如果没有加，就认为数据是 double 类型。例如：

```
float f=3.14F;
double d=3.14;
```

当要表示的数字比较大或者比较小时，可以采用科学计数法表示，如 1.35e13 或 135E11 均表示 135×10^{11}，“e”或“E”之前的常数被称为尾数部分，“e”或“E”后面的常数被称为指数部分。

3）字符型

字符型即 char 类型数据在内存中占 2 字节。Java 中使用单引号引起来以表示字符常量，如'A'表示 A 是一个字符型数据。

Java 中还可以将“\”作为转义字符将其后的字符转变为其他含义。常用的转义字符及其含义如表 2-4 所示。

表 2-4　常用的转义字符及其含义

转 义 符	含　义
\b	退格（Backspace）
\n	换行
\r	回车
\t	制表符（Tab）
\"	双引号
\'	单引号
\\	反斜杠

转义字符举例如下：

```
char ec='a';
char cc='中';
char c='\n';    //代表换行符
```

字符型数据只能存放一个字符，如果存放多个字符的数据则不能使用 char 类型，此时可以使用字符串类型 String，String 类型不属于基本数据类型，需用双引号引起来，在 Java 程序设计中，String 类型比 char 类型常用。String 类型举例如下：

```
String s="abcd";
String ss="Java 程序设计";
```

4）布尔型

布尔型数据只有两个常量值，true 和 false，除此之外，没有其他可以赋值给这种类型的变量，不可以使用 0 或非 0 来表示 true 或 false，这点和 C 语言不同。布尔型数据通常用来判断条件，用于程序流程控制，相应的内容会在下文进行详细介绍。布尔型举例如下：

```
boolean flag;     //定义一个布尔型变量 flag
flag=true;        //给 flag 赋初值为 true
```

5）基本数据类型的封装

以上介绍的基本数据类型，除了需要进行运算，有时还需要将数值型转换为数字字符串，或者将数字字符串转换为数值型。在 Java 中这样的处理是由基本数据类型的封装类来完成的，每个封装类都有一些方法对数据进行处理。基本数据类型和对应的封装类如表 2-5 所示。

表 2-5　基本数据类型和对应的封装类

基本数据类型	对应的封装类	基本数据类型	对应的封装类
boolean	Boolean	int	Integer
byte	Byte	long	Long
char	Character	float	Float
short	Short	double	Double

尽管由基本数据类型声明的变量和由其对应的类建立的类的对象都可以保存同一个值，但它们在使用上是不能互换的，因为这是两个不同的概念，一个是基本变量，一个是类的对象，下面将对其进行深入讲解。

6．Java 中的运算符和表达式

运算符和表达式是构成程序语句的要素，Java 提供了一组丰富的运算符来进行不同的运

算处理。表达式是由操作数（常量和变量）和运算符按一定的语法形式组成的符号序列。一个表达式可以是一个常量或者变量，也可以是计算值的运算式，其有确定类型的值。Java 中的运算符如表 2-6 所示。

表 2-6 Java 中的运算符

算术运算符	二元运算符	+、-、*、/、%
	一元运算符	++、--
赋值运算符		=
扩展运算符		+=、-=、*=、/=
关系运算符		==、!=、>、<、>=、<=、instanceof
逻辑运算符		&&、||、!、^
位运算符		>>、<<、>>>、&、|、^、~
条件运算符		?:
字符串连接符		+

1）算术运算符和算术表达式

算术运算符用于数值的算术运算，包括+（加）、-（减）、*（乘）、/（除）、%（求余）、++（自加 1）、--（自减 1）。由算术运算符和数值型操作数组成的表达式称为算术表达式，如(a+b)%5、i++等。

算术运算符中的加、减、乘、除大家都很熟悉，此处不再赘述，下面介绍其他三个运算符的运算。

%表示求两数相除后的余数，如 10%3=1，-7%2=-1。

++和--是一元运算符，只需要一个操作数，其功能分别为自身加 1 或减 1。它可以分为前置运算和后置运算，前置运算时运算符放在操作数前面，如++i、--i；后置运算时运算符放在操作数后面，如 i++、i--等。不管是前置运算还是后置运算，对于操作数来说其功能都是一样的，即自身增加 1 或减少 1，二者的区别是给其他变量赋值时的顺序不一样。举例如下：

```
int a=5;
int b=a++;    //++在后，先把 a 的值赋值给 b，a 再自增 1，执行后 a=6，b=5
int c=++a;    //++在前，a 先自增 1，再把 a 的值赋值给 c，执行后 a=7，c=7
```

2）赋值运算符和赋值表达式及扩展运算符和扩展表达式

在 Java 中要为不同数据类型的变量赋值时必须使用赋值运算符“=”，“=”在 Java 中并不是“等于”的意思而是“给初始值”的意思。

扩展运算符是算术运算符和赋值运算符的结合，扩展运算符的用法如表 2-7 所示。

表 2-7 扩展运算符的用法

运 算 符	用 法 举 例	等效表达式
+=	a+=b	a=a+b
-=	a-=b	a=a-b
*=	a*=b	a=a*b
/=	a/=b	a=a/b

扩展运算符举例如下：

```
int a=5;
int b=6;
a+=b;        //等效于 a=a+b，执行后 a 的值变成 11
```

3）关系运算符和关系表达式

关系运算符用来进行比较运算，包含关系运算符的表达式就是关系表达式，关系表达式运算的结果是布尔型值，如果关系表达式成立，结果则为 true；如果关系表达式不成立，结果则为 false。关系运算符如表 2-8 所示。

表 2-8　关系运算符

运　算　符	含　　义	示　　例
==	等于	a==b
!=	不等于	a!=b
>	大于	a>b
<	小于	a<b
>=	大于或等于	a>=b
<=	小于或等于	a<=b
instanceof	对象测试	

关系运算符举例如下：

```
int a=52;
int b=66;
boolean flag=(a==b)  //判断 a 与 b 是否相等，flag 的值为 false
```

4）逻辑运算符和逻辑表达式

逻辑运算的操作数和运算结果都是布尔型值，包含逻辑运算符的表达式就是逻辑表达式。Java 中的逻辑运算符如表 2-9 所示。

表 2-9　Java 中的逻辑运算符

运　算　符	含　　义	说　　明
&	逻辑与	两个操作数均为 true 时，结果才是 true；否则，结果为 false
|	逻辑或	两个操作数中有一个为 true，结果就为 true
&&	短路与	左边表达式为 false，则结果直接返回 false
||	短路或	左边表达式为 true，则结果直接返回 true
!	逻辑非	取反，即!False=true, !True=false
^	逻辑异或	两个操作数相同时，结果为 false；否则，结果为 true

逻辑运算符举例如下：

```
int a=52, b=60;
double x=5.5, y=10.2;
boolean b1=(a==b)||(x>y)        //b1=false
boolean b2=(x<y)&&(a!=b)        //b2=true
```

5）位运算符和位表达式

位运算符主要用于整数的二进制位运算，包括移位运算和按位运算，Java 中的位运算符如表 2-10 所示。

表 2-10 Java 中的位运算符

运 算 符	说 明
~	按位取反
&	按位与
|	按位或
^	按位异或
<<	左移运算符，左移 1 位相当于乘以 2
>>	右移运算符，右移 1 位相当于除以 2
>>>	不带符号的右移，在数学运算上没有意义

注 意　“&”和“|”既是逻辑运算符，又是位运算符。如果运算符两侧的操作数是布尔型值，那么其就属于逻辑运算符；如果运算符两侧的操作数是整型值，那么其就属于位运算符。

6）条件运算符和条件表达式

条件运算符（?:）是三元运算符，由条件运算符组成的条件表达式语法格式如下：

```
逻辑（关系）表达式 ? 表达式1 : 表达式2
```

条件运算符的功能是：如果逻辑（关系）表达式的值为 true，则取表达式 1 的值；否则，取表达式 2 的值。条件运算符用于对常用语的简单分支进行处理。条件运算符举例如下：

```
max=(a>b) ? a : b      //max 取 a 和 b 中较大的值
```

7）字符串连接符

“+”在 Java 中是一个有二义性的运算符，它既可以表示加法运算，又可以表示字符串连接运算。如果“+”两侧都是数值型数据，则表示加法运算；如果“+”两侧有一个是 string 型数据，那么系统将自动把另一个操作数转换为字符串然后进行连接操作。字符串连接符举例如下：

```
int a=12;
System.out.println(“a=” +a);    //输出结果是 a=12
```

8）运算符优先级

当一个表达式含有两个或两个以上的运算符时，就会涉及运算符的优先级，表达式中运算内容的先后顺序由运算符的优先级确定，表 2-11 列出了 Java 运算符的优先级。

表 2-11 Java 运算符的优先级

优 先 级	运 算 符	类 别	结 合 性
1	()	括号运算符	由左至右
2	!、+（正号）、-（负号）	一元运算符	由左至右
2	~	位运算符	由右至左
2	++、--	自增自减运算符	由右至左
3	*、/、%	算术运算符	由左至右
4	+、-	算术运算符	由左至右
5	<<、>>	移位运算符	由左至右
6	>、<、>=、<=	关系运算符	由左至右

续表

优先级	运算符	类别	结合性
7	==、!=	关系运算符	由左至右
8	&	位运算符、逻辑运算符	由左至右
9	^	位运算符、逻辑运算符	由左至右
10	|	位运算符、逻辑运算符	由左至右
11	&&	逻辑运算符	由左至右
12	||	逻辑运算符	由左至右
13	?:	条件运算符	由右至左
14	=、+=、-=、*=、/=	赋值、扩展运算符	由右至左

7. 数据类型转换

前面介绍了 Java 中有 8 种基本数据类型，其中除布尔型之外，整型、浮点型和字符型是可以相互转换的。如果一个表达式存在整型、浮点型和字符型数据，则需要将不同类型的数据先转换为同一个类型后再进行运算。

在一般情况下，系统自动将容量小的数据类型转换为容量大的数据类型，然后再进行运算。如图 2-3 所示，其中 int 和 long 转换为 float、long 转换为 double 可能会损失精度。

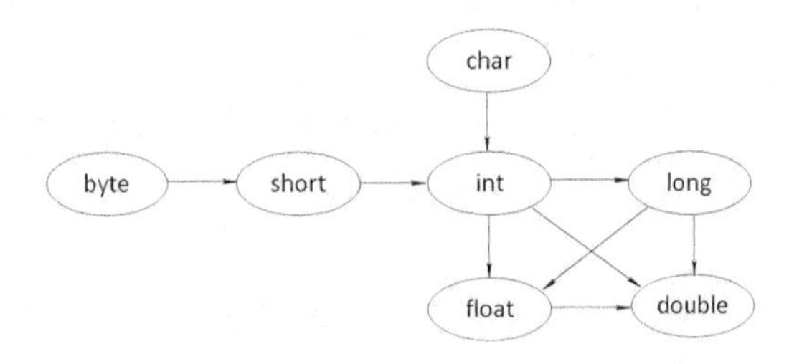

图 2-3　自动类型转换

如果要将容量大的类型的数据转换成容量小的类型的数据，则需要对数据进行强制类型转换，这样做有可能会导致数据溢出或精度下降。强制类型转换的语法格式为：

```
(type) var              //type 表示值 var 想要转换成的目标数据类型
double x=3.14;
int nx=(int)x;          //nx 的值为 3
char c='a';
int d=c+1;              //'a'的 Unicode 码 97，加 1，d 的值是 98
```

当把一种类型的数据强制转换成另一种类型的数据，而值又超出了目标类型的数的表示范围时，数据就会被截断成为一个完全不同的值。需要注意的是，布尔型数据和任何类型的数据之间都不能进行转换。

2.1.3　案例分析

案例 2-1 主要涉及变量的定义及赋值、数学运算符的使用，在定义变量时需要考虑变量的数据类型。在计算积分时需要用到数学运算符，由于积分只能是整数，所以需要使用数据类型的转换。

2.1.4 案例实现

在 Eclipse 中新建应用程序，在应用程序中新建 Demo2_1.java 文件，具体步骤可以参考 1.4.3 节。

文件名：Demo2_1.java

程序代码：

```
public class Demo2_1 {
    public static void main(String[] args) {
        double pen = 28.0;
        int penNo = 1;
        double diary = 15.0;
        int diaryNo = 3;
        double Mp3 = 128.0;
        int Mp3No = 1;
        double discount = 0.9;
        System.out.println("*********消费单***********");
        System.out.println("商品\t" + "单价\t" + "数量\t"+"金额");
        System.out.println("钢笔\t" + pen + "\t" + penNo+"\t" + pen * penNo);
        System.out.println("笔记本\t" + diary + "\t" + diaryNo + "\t" + diary * diaryNo);
        System.out.println("Mp3\t" + Mp3 + "\t" + Mp3No + "\t" + Mp3 * Mp3No);
        System.out.println("会员享受折扣 : 0.9");
        double All = (pen * penNo + diary * diaryNo +  Mp3 * Mp3No) * discount;
        System.out.println("总计金额\t\t" + "¥" + All);
        int Pay = 200;
        System.out.println("付款金额\t\t" + "¥" + Pay);
        double change = Pay - All;
        System.out.println("找零\t" + "¥" + change);
        int integral = (int)All / 10;
        System.out.println("所获积分\t\t" + integral);
    }
}
```

2.1.5 案例小结

案例 2-1 中金额和单价都有可能出现小数，所以应用浮点型定义；由于数量不会出现小数，所以用整型定义。输出结果中的空格可以通过手动在输出语句的双引号中加入空格的方法实现，本案例的源代码中使用的是“\t”，这是一个制表符，即按照表格的形式输出内容。在计算积分的时候，每消费 10 元积 1 分，所以其表达式为总金额除以 10，但是直接计算出来的结果可能会出现小数，所以在给积分变量 integral 赋值的时候进行了强制类型转换，将浮点型强制转换成整型。

虽然这个程序比较简单，但其综合了数据类型、运算符及数据类型转换的知识点，建议同学们在 Eclipse 中编写该程序并运行，加深对案例相关知识的理解。

2.1.6 案例拓展

现有 5 名学生，每名学生有 3 次成绩，请设计一个计算每名学生的平均成绩的程序，并将 5 名学生的姓名、3 次成绩和平均成绩用表格的形式在控制台打印输出。学生姓名和成绩的数值可以自行确定。

2.2 案例 2-2 计算圆的面积和周长

2.2.1 案例描述

2.1 节的案例中的所有变量都是在代码中进行赋值的，如果要修改变量的值就必须修改源代码，这使得程序的健壮性不高。如果能够在程序运行后输入所需要的值，则将极大地提高程序的健壮性。

本案例要设计一个程序，在程序运行后可以通过键盘来输入圆的半径，程序根据输入的值计算出圆的面积和周长，并在控制台输出结果。

2.2.2 案例关联知识

在任何程序中，输入数据和输出结果都是必不可少的，Java 没有提供专用的输入、输出命令和语句，它的输入、输出是通过系统提供的输入、输出类的方法来实现的，本节简单介绍 Java 通过键盘输入数据的方法和在控制台输出结果的方法。

1. Java 中的输出

Java 在控制台输出由 Java 的基类 System 提供，常用的输出格式有以下两种。

格式 1：System.out.print(表达式);

格式 2：System.out.println(表达式);

这两种格式的功能都是在控制台输入表达式的值，区别在于格式 1 输出表达式的值后不换行；格式 2 输出表达式的值后换行。

文件名：Demo2_2.java

程序代码：

```
public class Demo2_2 {
    public static void main(String[] args) {
        System.out.print("这是 print 用法");
    System.out.print("不换行");
    System.out.println("——————");
    System.out.println("这是 println 用法");
    System.out.println("换行");
    }
}
```

Demo2_2.java 的运行效果如图 2-4 所示。

```
Problems  Javadoc  Declaration  Console
<terminated> Demo2_2 [Java Application] D:\experiment\jdk\bin\javaw.exe
这是print用法不换行——————
这是println用法
换行
```

图 2-4　Demo2_2.java 的运行效果

2．Java 中的输入

为了让用户可以通过键盘与程序进行交互，Java 在 JDK 1.5 版本中增加了 Scanner 类，可以进行简单的键盘输入。Scanner 类可以获取任意的输入值，放在 Java 的 util 包中，所以在使用前需要在类前加载 util 包，其语法为：

```
import java.util.Scanner;
```

创建一个 Scanner 类的对象 scan，让对象可以调用类中的方法，语法为：

```
Scanner scan=new Scanner(System.in);
```

用 input 对象根据值的类型来调用对应的方法，如输入一个整型变量的语法为：

```
//int a 是定义一个整型变量 a，input 对象调用 nextInt()方法即可从键盘上接收一个整数赋值给 a
int a=scan.nextInt();
```

Scanner 对象的方法说明如表 2-12 所示。

表 2-12　Scanner 对象的方法说明

方　　法	说　　明
nextByte()	读取一个 byte 类型的整数
nextShort()	读取一个 short 类型的整数
nextInt()	读取一个 int 类型的整数
nextLong()	读取一个 long 类型的整数
nextFloat()	读取一个 float 类型的数
nextDouble()	读取一个 double 类型的数
next()	读取一个字符串，该字符串在一个空白符之前结束
nextLine()	读取一行文本，回车结束

2.2.3　案例分析

本案例主要实现 Java 的输入，根据上文的内容可以知道需要使用 Scanner 类来接收键盘输入的数据，但是 Scanner 类的对象在调用方法接收半径的值时需要考虑选择哪种方法，也就是说半径这个变量属于什么数据类型。在本案例中圆周率是固定不变的量，同学们思考一下在程序中应该如何定义。接收到半径的值后根据数学公式计算圆的面积和周长，用控制台输出语句并打印输出相应结果。

2.2.4　案例实现

在 Eclipse 中新建应用程序，在应用程序中新建类 Demo2_3.java。

文件名：Demo2_3.java

程序代码：

```
import java.util.Scanner;
public class Demo2_3 {
    public static void main(String[] args) {
        Scanner scan=new Scanner(System.in);
        final double pi=3.14;
        double radius=scan.nextDouble();
```

```
        double area;        //定义面积
        double perimeter;   //定义周长

        area=pi*radius*radius;
        perimeter=2*pi*radius;

        System.out.println("圆的面积为: "+area);
        System.out.println("圆的周长为: "+perimeter);
    }
}
```

2.3.5 案例小结

在本案例中，圆周率虽然是一个众人皆知的值，但在写程序时需要通过定义常量的方法将其写在程序中。半径可能为小数，所以用 double 类型来定义。在接收键盘输入时 Scanner 类的对象调用的方法选择与数据类型相对应的 nextDouble()，如果使用别的方法，那么程序编译将不会通过。面积和周长可以定义，也可以不定义；如果不定义面积和周长用计算的公式直接替换输出语句中的变量即可。上述代码将“+”作为字符串连接符。

2.2.6 案例拓展

本案例学习了如何接收通过键盘输入的数据，并将其存储到程序的变量中。那么计算圆柱体的表面积和体积的程序该如何设计呢？

第3章

Java 程序控制结构

学习目标

1. 熟悉流程图的相关概念和基本知识
2. 掌握绘制流程图的基本方法和技巧
3. 掌握顺序、分支和循环结构的流程和语法
4. 熟练使用程序结构控制语法进行相关程序设计

教学方式

本章以理论讲解、案例演示、代码分析为主。借助流程图进行问题分析，并进行相应程序的设计。

重点知识

1. 三种基本类型流程图的绘制
2. 多种分支结构语法规则，根据实际需求选择合适的分支结构
3. 三种典型的循环结构语法规则，根据实际需求选择合适的循环结构

3.1 案例 3-1 商品竞价

3.1.1 案例描述

给出一种商品，要求用户竞猜其价格，如果猜对了，则给出商品价格，并提示一共猜测了几次；如果猜错了，则提示猜高了或猜低了，用户进行下一次尝试，一共限定 5 次机会。

要求使用流程图描述商品竞价过程，并设计相应程序。

3.1.2 案例关联知识

1．问题解决与流程图

在现实工作和生活中，人们一直在试图解决各种问题。对于不同类型的问题，人们研究

出了不同的解决办法，通常用算法来描述解决问题的过程。为了更清晰地表达算法，可以将解决问题的步骤整理成流程图。

流程图是一种被广泛用于描述算法的工具，它使用美国国家标准化学会（American National Standards Institute，ANSI）规定的一些图框、线条来形象、直观地描述算法过程。常用的流程图符号如表 3-1 所示。

表 3-1　常用的流程图符号

名　称	图形元素	功　能
开始或结束框	圆角矩形	表示算法的开始或结束
处理框	矩形	表示算法的一般处理操作
判断框	菱形	表示对一个给定的条件进行判断
流程线	→ ↓	表示算法的执行走向
输入或输出框	平行四边形	表示算法的输入或输出操作

2．基本结构流程图

在解决问题的过程中，有三种基本控制结构，即顺序结构、分支结构和循环结构。

1）顺序结构

顺序结构是问题描述中简单常用的一种结构，即按照算法的流程，自上而下，依次执行。

例 3-1　用流程图描述去图书馆借书的过程。

分析：在图书馆借书需要先在检索台查询图书条形码；再根据条形码查找图书位置并找到图书；最后在借书处登记借书。顺序结构流程图如图 3-1 所示。

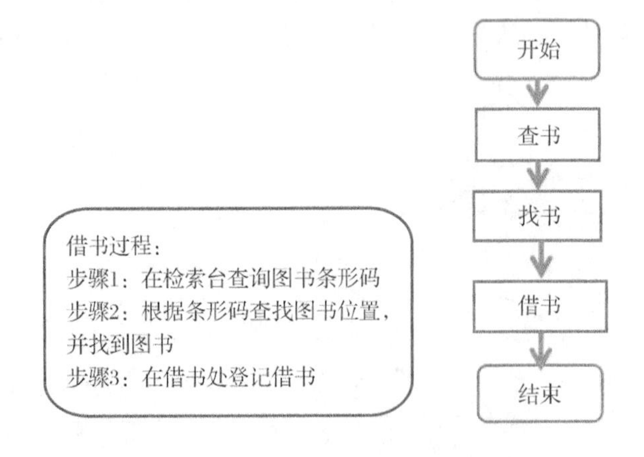

图 3-1　顺序结构流程图

借助如图 3-1 所示的流程图，可以很清晰地看出图书馆借书的步骤，顺序结构流程图也是几种流程图中相对简单且常见的一种，顺序流程图主要由起始框和处理框组成。

例 3-2　请根据下述公式，将用户录入的摄氏温度转换为华氏温度。

华氏温度 = 摄氏温度×（9/5）+32

分析：将用户录入的温度数据根据上式进行转换即可，因此，可用顺序结构流程图表示。例 3-2 的顺序结构流程图如图 3-2 所示。

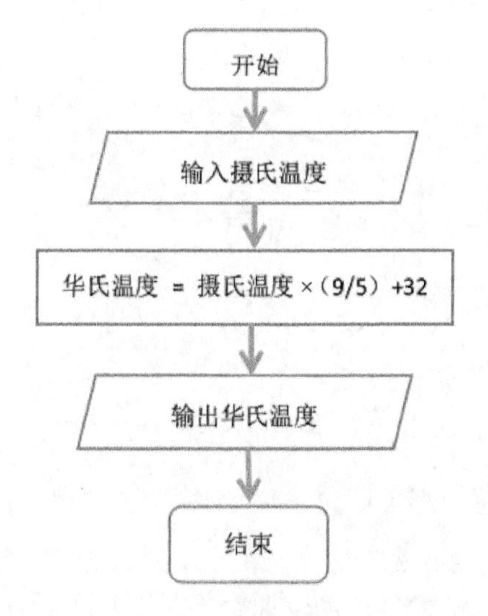

图 3-2 例 3-2 的顺序结构流程图

2）分支结构

分支结构又称选择结构，此种结构在处理问题时需要根据条件进行判断。根据要处理的分支不同，分支结构可分为单分支结构和多分支结构。分支结构流程图如图 3-3 所示。

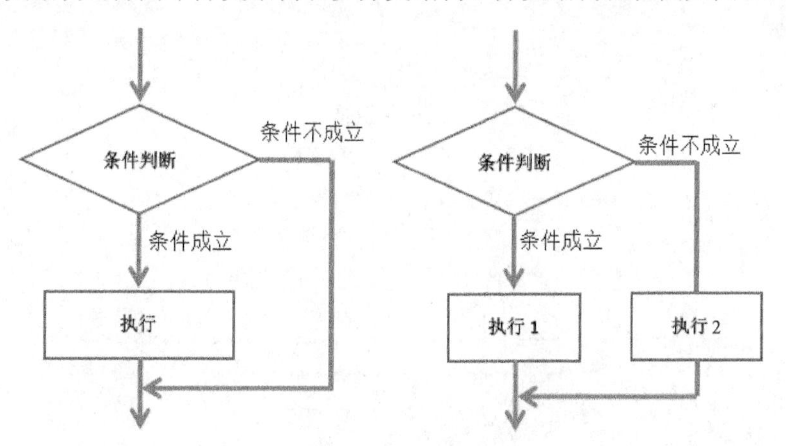

图 3-3 分支结构流程图

例 3-3 在用户输入合法（0～100）的语文、数学、英语成绩后，计算并输出三科的平均成绩。

分析：首先判断输入的语文、数学、英语成绩是否合法，合法则计算平均成绩，否则不计算。例 3-3 的分支结构流程图如图 3-4 所示。

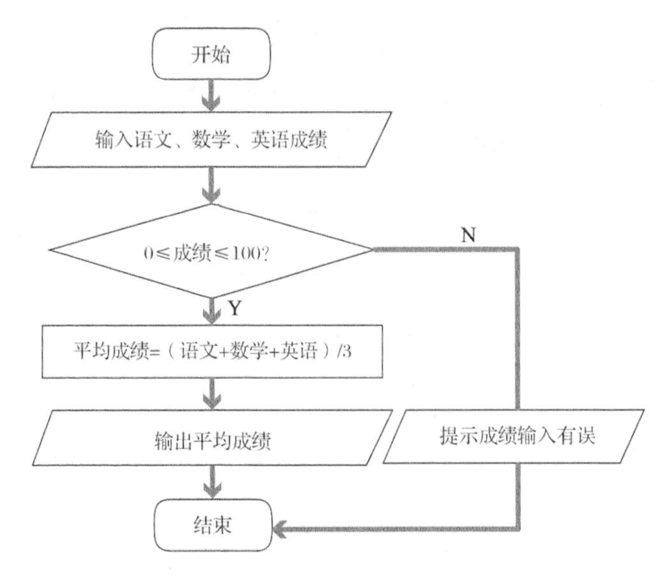

图 3-4　例 3-3 的分支结构流程图

例 3-4　某物业公司收取物业费，房屋面积小于或等于 $80m^2$ 时物业费为 3 元/m^2；如果房屋面积大于 $80m^2$，则超过 $80m^2$ 的部分的物业费为 5 元/m^2，请根据住户的房屋面积计算需要交多少物业费？

分析：当房屋面积 $0m^2<S\leqslant 80m^2$ 时，物业费为 $M=S\times 3$ 元；当房屋面积 $S>80m^2$ 时，物业费为 $M=80\times 3+(S-80)\times 5$ 元。例 3-4 的分支结构流程图如图 3-5 所示。

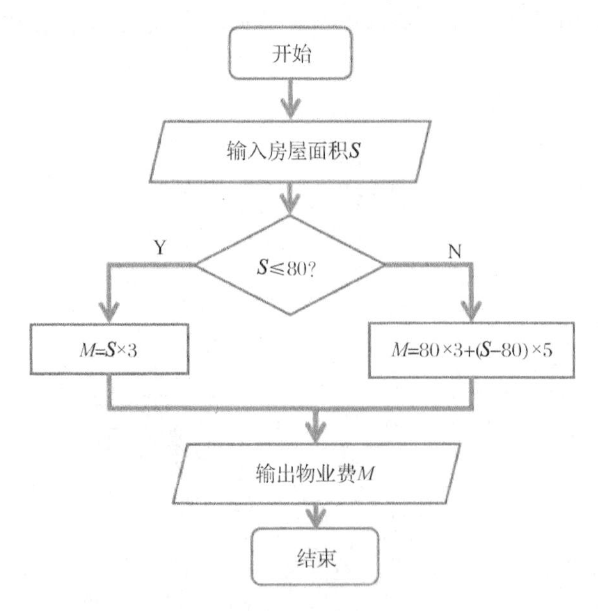

图 3-5　例 3-4 的分支结构流程图

例 3-5　输入 3 个数然后将其按照从大到小的顺序输出，请用流程图描述其算法。

分析：此问题为三个数的降序排序问题，三个数需要两两进行大小比较，然后根据比较结果进行排序。例 3-5 的分支结构流程图如图 3-6 所示。

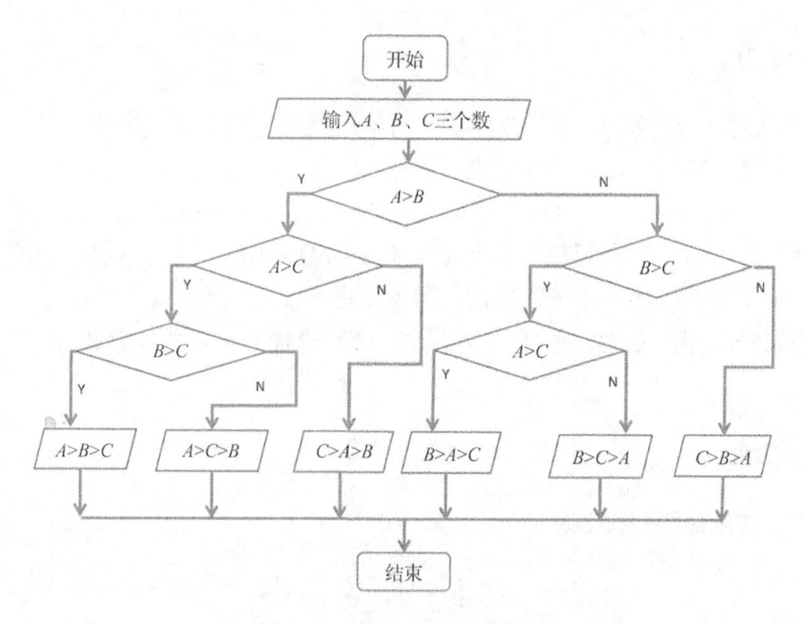

图 3-6　例 3-5 的分支流程图

3）循环结构

循环结构适用于处理根据给定条件重复执行某一部分的操作的情况，其流程图与顺序结构、分支结构比较大的区别就是，执行过程不是依次顺序向下，而是根据条件判断结构确定流程后重新回到流程判断的地方。

例 3-6　计算 1+2+…+100 的结果。

分析：此问题是求解 100 以内所有整数的和，如果加数小于或等于 100，则重复进行累加求和，加数递增 1，继续求和；如果加数大于 100，则结束。此过程是一个典型的循环结构。例 3-6 的循环流程图如图 3-7 所示。

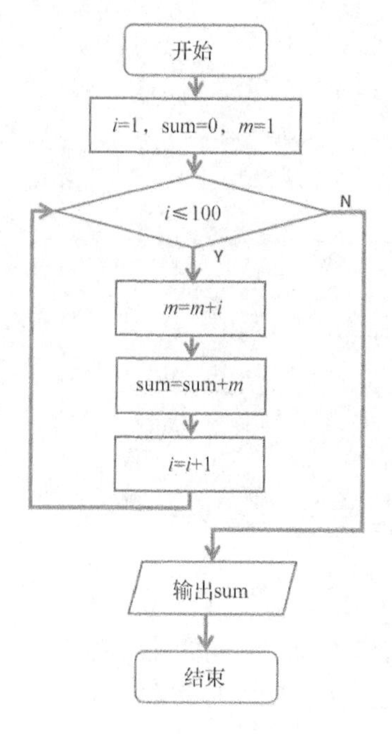

图 3-7　例 3-6 的循环流程图

3.1.3　案例分析

有了案例关联知识的铺垫，接下来我们分析一下商品竞猜案例的基本过程。

（1）竞猜价格和真正的商品价格需要进行比较，如果二者相等，竞猜正确，则执行提示结果正确输出商品价格的分支；否则，重复进行下一次商品价格的竞猜操作。

（2）在每次竞猜前判定是否已经达到最大竞猜次数，如果已经达到最大竞猜次数，则提示竞猜失败；如果没有达到最大竞猜次数，则可以进行下一次判断。

此案例的流程图涉及分支、循环两种结构，借助流程图可以更清晰地分析出竞猜的基本过程。

3.1.4　案例实现

商品价格竞猜流程图如图 3-8 所示。

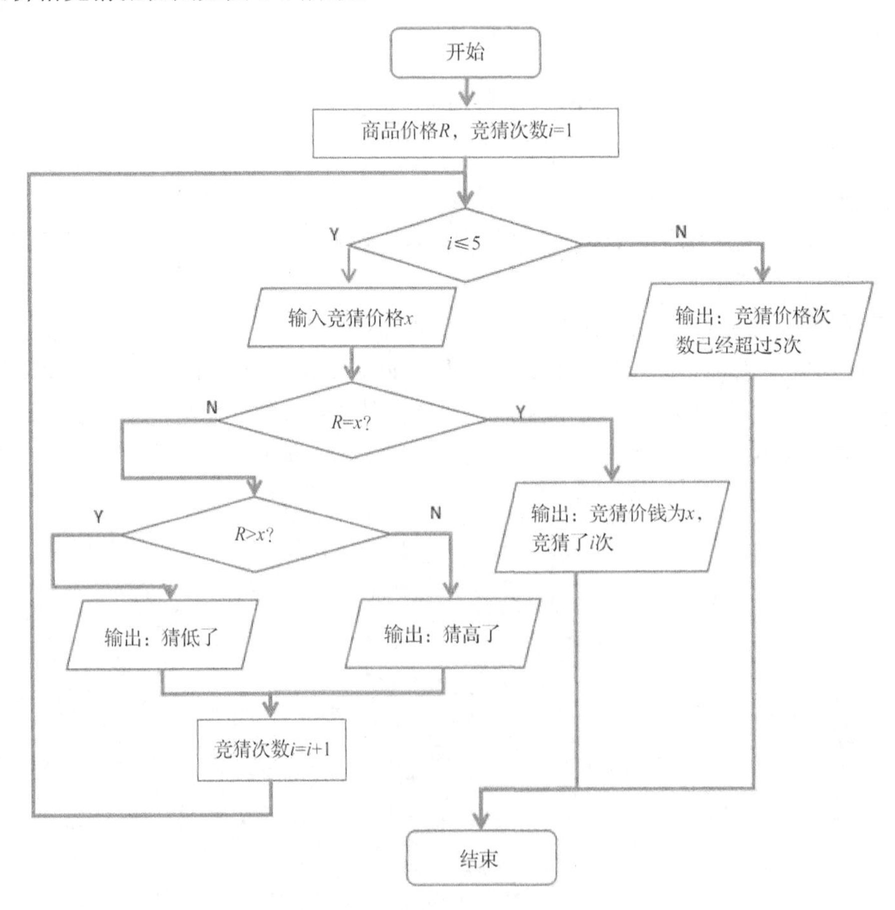

图 3-8　商品价格竞猜流程图

3.1.5　案例小结

本案例主要侧重于对分支结构和循环结构的流程图进行设计，设计过程中需要注意的是，流程图以开始框开始，以结束框结束；判断框需要对成立和不成立分支进行明确绘制，不可遗漏。

3.1.6　案例拓展

同学们可以进一步在本案例的基础上考虑如下情况：如果现有商品一共是 5 种，需要分别竞猜价格，那么应如何用流程图描述竞猜过程呢？

3.2　案例 3-2 出租车计费

3.2.1　案例描述

上海出租车计费标准如下所示。

白天（5:00—23:00）：起步价为 14 元（3 公里以内）；超过 3 公里后，每公里价格为 2.4 元；超过 10 公里后，每公里价格为 3.6 元。

夜间（23:00—次日 5:00）：起步价为 18 元（3 公里以内）；超过 3 公里后，每公里价格为 3.1 元；超过 10 公里后，每公里价格为 4.7 元。

时速低于 12 公里时（等候费）每 5 分钟收费 2 元。

请根据乘客输入的公里数、乘车时间（白天或夜间）、是否等候等数据来计算乘客的出租车费。

3.2.2　案例关联知识

1. Java 顺序结构

例 3-7　根据用户输入的半径来计算圆面积，请给出程序设计实现。

文件名：Demo3_1.java

程序代码：

```
import java.util.Scanner;                         //导入 Scanner 类所在的包
public class Demo3_1 {
    public static void main(String[] args) {
        double r;                                 //声明半径
        double area;                              //声明面积
        Scanner sc = new Scanner(System.in);      //创建键盘输入类对象
        System.out.println("请输入圆的半径：");
        r = sc.nextDouble();                      //用户输入半径
        area = 3.14*r*r;                          //计算面积
        System.out.println("该圆的面积为："+area);
    }
}
```

Demo3_1.java 的运行结果如图 3-9 所示。

程序解析：上述代码按照语句的先后顺序逐句执行，即顺序结构程序。上例程序流程如下所示。

（1）通过键盘输入圆的半径。

（2）根据圆的半径计算圆的面积。

（3）显示该半径对应的圆的面积值。

```
Console
<terminated> Demo3_1 (1) [Java Application] D:\java\jdk1.8.0_25\bin\javaw.exe (2019年9月3日 上午10
请输入圆的半径：
10
该圆的面积为：314.0
```

图 3-9　Demo3_1.java 的运行结果

例 3-8　实现对于例 3-2 的代码，即将摄氏温度转换为华氏温度。

文件名：Demo3_2.java

程序代码：

```
import java.util.Scanner;                        //导入 Scanner 类所在的包
public class Demo3_2 {
    public static void main(String[] args) {
        double C;                                //声明摄氏温度
        double F;                                //声明华氏温度
        Scanner sc = new Scanner(System.in);     //创建键盘输入类对象
        System.out.println("请输入要转换的摄氏温度：");
C = sc.nextDouble();                             //用户输入摄氏温度
F=C*9/5.0+32;                                    //计算华氏温度
        System.out.println("该摄氏温度："+C+" 对应的华氏温度为："+F);
    }
}
```

Demo3_2.java 的运行结果如图 3-10 所示。

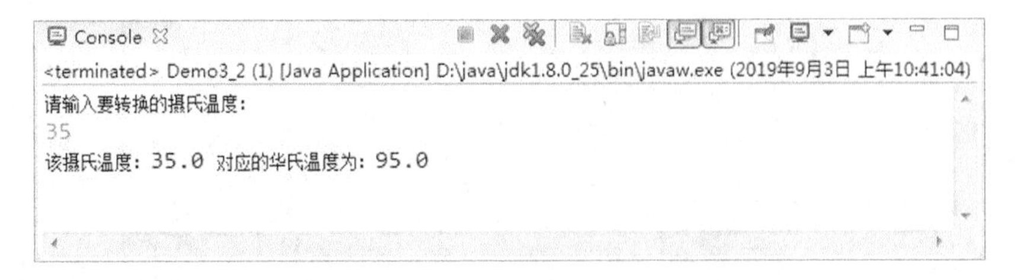

图 3-10　Demo3_2.java 的运行结果

程序解析：上述代码结构与例 3-7 相似，为顺序结构程序设计实现。

2. Java 分支结构

Java 提供了两种基本的分支选择语句，分别为 if 语句和 switch 语句。

1）if 语句（单分支）

```
if(条件表达式)
    语句
```

上述语句也称单分支结构，由关键字 if 及括号内的条件表达式和执行语句组成，如果条件表达式的运行结果为 true，则执行语句；如果条件表达式的运行结果为 false，则跳过该语句执行后续语句。单分支结构流程图如图 3-11 所示。

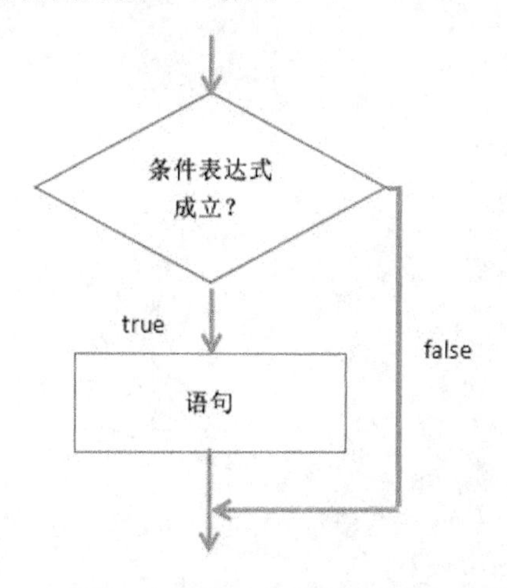

图 3-11　单分支结构流程图

例 3-9　根据用户输入的半径进行圆的面积的计算，增加用户输入的合法性判断。

文件名：Demo3_3.java

程序代码：

```
import java.util.Scanner;                    //导入 Scanner 类所在的包
public class Demo3_3 {
   public static void main(String[] args) {
      double r;
      double area;
      Scanner sc = new Scanner(System.in);
      System.out.println("请输入圆的半径：");
      r = sc.nextDouble();
      if(r>=0)
      {
      area = 3.14*r*r;
      System.out.println("该圆的面积为："+area);
      }
   }
}
```

Demo3_3.java 的运行结果如图 3-12 所示。

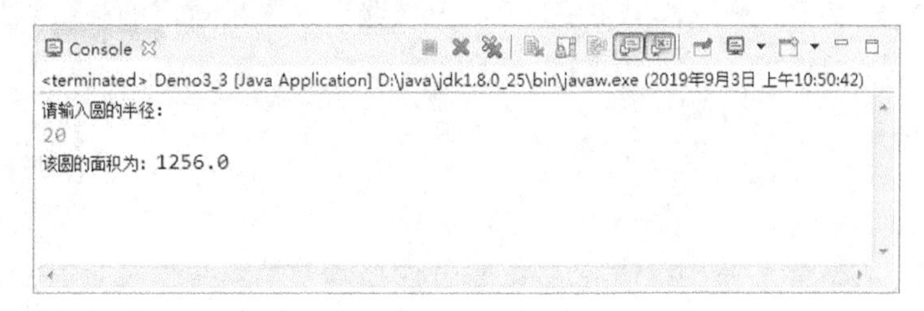

图 3-12　Demo3_3.java 的运行结果

程序解析：与例 3-7 相比，上述代码使用了 if 语句来判断用户输入的半径的合法性，如果输入的数据合法，则进行圆面积计算。该代码属于单分支结构。

例 3-10　完成例 3-3 的代码设计实现，即求输入合法的三科成绩的平均分。

文件名：Demo3_4.java

程序代码：

```
import java.util.Scanner;                          //导入 Scanner 类所在的包
public class Demo3_4 {
    public static void main(String[] args) {
        int iChinese,iMath,iEnglish;
        iChinese = 0;
        iMath = 0;
        iEnglish = 0;
        double avg = 0;
        Scanner sc = new Scanner(System.in);
        System.out.println("请分别输入语文、数学、英语成绩(0~100)：");
        iChinese = sc.nextInt();
        iMath = sc.nextInt();
        iEnglish = sc.nextInt();
        if((iChinese>=0 && iChinese<=100) &&(iMath>=0 && iMath<=100) &&
                (iEnglish>=0 && iEnglish<=100)){
            avg = (iChinese+iMath+iEnglish)/3.0;
            System.out.printf("对应的平均成绩为：%.2f",avg);
        }
    }
}
```

Demo3_4.java 的运行结果如图 3-13 所示。

```
Console
<terminated> Demo3_4 (1) [Java Application] D:\java\jdk1.8.0_25\bin\javaw.exe (2019年9月3日 上
请分别输入语文、数学、英语成绩(0~100):
78 92 86
对应的平均成绩为：85.33
```

图 3-13　Demo3_4.java 的运行结果

程序解析：上述代码在计算平均成绩前，需要有成绩录入的合法性判断，限定成绩为 0～100 分，再进行平均成绩求解。代码中使用了 printf 输出，限定输出的小数点后的位数为 2。

2）if 语句（双分支）

```
if(条件表达式)
    语句 1
else 语句 2
```

上述语句也称为双分支结构，if()内部的条件表达式的结果必须是布尔型的。当需要某个条件表达式的值为 true 执行某语句，其值为 false 执行另一语句时，可以在 if 语句中增加一个 else 子句构建一条 if...else 语句来处理这种情况。双分支程序结构流程图如图 3-14 所示。

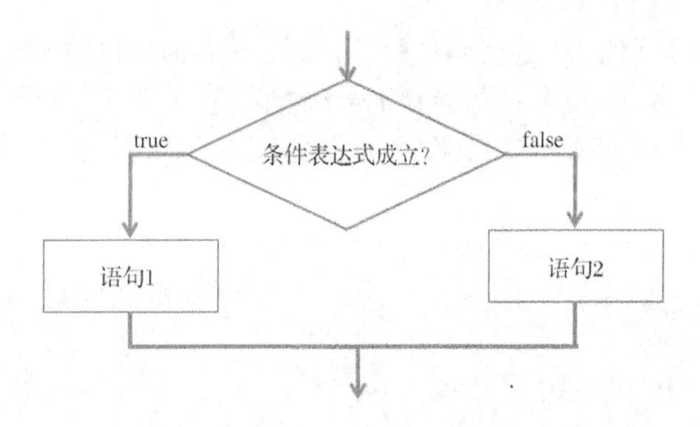

图 3-14　双分支程序结构流程图

注 意　图 3-14 中的语句 1 和语句 2 可以是一条语句，也可以是多条语句构成的语句块，还可以是嵌套的 if...else 语句。

例 3-11　根据用户输入的半径计算圆的面积，增加用户输入的合法性判断，如果用户输入的半径值大于或等于 0，则进行圆面积计算；否则，输出“您输入的圆半径不合法”。

文件名：Demo3_5.java

程序代码：

```
import java.util.Scanner;                          //导入 Scanner 类所在的包
public class Demo3_5 {
   public static void main(String[] args) {
       double r;
       double area;
       Scanner sc = new Scanner(System.in);
       System.out.println("请输入圆的半径：");
       r = sc.nextDouble();
       if(r>=0)
       {
       area = 3.14*r*r;
       System.out.print("该圆的面积为："+area);
       }
       else
       {
System.out.println("您输入的圆半径不合法");
       }
   }
}
```

Demo3_5.java 的运行结果如图 3-15 所示。

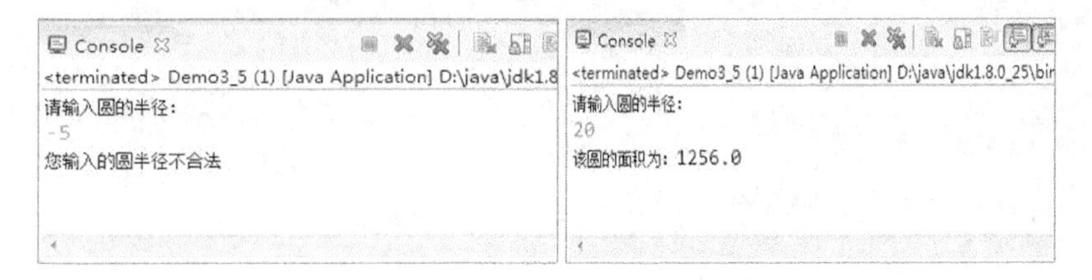

图 3-15　Demo3_5.java 的运行结果

程序解析：与例 3-9 相比，上述代码使用了 if 语句来判断用户输入的半径的合法性，合法则计算圆半径；否则，输出“您输入的半径不合法”的提示。

例 3-12　完成例 3-5，即输入 3 个数并按照从大到小的顺序将其输出的程序设计实现。

文件名：Demo3_6.java

程序代码：

```
import java.util.Scanner;                                  //导入 Scanner 类所在的包
public class Demo3_6 {
    public static void main(String[] args) {
        int a,b,c;
        a=b=c=0;
        Scanner sc = new Scanner(System.in);
        System.out.println("请输入 a,b,c 三个整数：");
        a = sc.nextInt();
        b = sc.nextInt();
        c = sc.nextInt();
        if(a>b){                                           //1
            if(a>c){                                       //2
                if(b>c){                                   //3
                    System.out.println("a>b>c");
                }
                else{                                      //与 3 配对
                    System.out.println("a>c>b");
                }
            }
            else{                                          //与 2 配对
                System.out.println("c>a>b");
            }
        }
        else{                                              //与 1 配对
            if(b>c){                                       //4
                if(a>c){                                   //5
                    System.out.println("b>a>c");
                }
                else{                                      //与 5 配对
                    System.out.println("b>c>a");
                }
            }
            else{                                          //与 4 配对
                System.out.print("c>b>a");
            }
        }
    }
}
```

Demo3_6.java 的运行结果如图 3-16 所示。

```
Console
<terminated> Demo3_6 (1) [Java Application] D:\java\jdk1.8.0_25
请输入a,b,c三个整数:
2 3 1
b>a>c
```

图 3-16　Demo3_6.java 的运行结果

程序解析：上述代码属于双分支结构，该代码的每个分支结构中又嵌套了分支结构。需要注意的是，在这种多分支嵌套的情况下，为避免嵌套的 if...else 语句的二义性，Java 规定，else 总是与在其之前未配对的最近的 if 配对，例 3-12 中各个 else 配对的 if 参见其中给出的注释。

3）if 语句（多分支）

```
if(条件表达式 1)
    语句 1
else if(条件表达式 2)
    语句 2
else if(条件表达式 3)
    语句 3
...
else if(条件表达式 m)
    语句 m
else
    语句 n
```

上述语句也称为多分支结构，在执行该语句时，先计算 if 的表达式 1 的值，如果表达式 1 为 true，则执行语句 1；否则，执行 else if 的表达式 2 的值。如果 else if 的表达式 2 为 true 成立，则执行语句 2；否则，依次计算后面的 else if 的表达式 3 的值，以此类推。如果所有表达式的值都是 false，则执行 else 后面的语句，结束整体判断。

使用 if...else if...else 语句的时候，需要注意以下几点。

（1）if 语句至多有 1 个 else 语句，else 语句在所有 else if 语句之后。

（2）if 语句可以有若干个 else if 语句，它们必须在 else 语句之前。

（3）一旦有一个 else if 语句检测为 true，其他 else if 及 else 语句都将跳过执行。

例 3-13　请根据用户从键盘输入的月份，判断该月份属于一年中哪个季度。

文件名：Demo3_7.java

程序代码：

```
import java.util.Scanner;                        //导入 Scanner 类所在的包
public class Demo3_7 {
    public static void main(String[] args) {
        int month;
        Scanner sc = new Scanner(System.in);
        System.out.println("请输入一个月份（1~12 的整数）");
        month = sc.nextInt();
        if(month>=1 && month<=3){
            System.out.println("该月是第一季度");
```

```
        }
        else if(month>=4 && month<=6){
            System.out.println("该月是第二季度");
        }
        else if(month>=7 && month<=9){
            System.out.println("该月是第三季度");
        }
        else if(month>=10 && month<=12){
            System.out.println("该月是第四季度");
        }
        else{
            System.out.println("您输入的月份不合法");
        }
    }
}
```

Demo3_7.java 的运行结果如图 3-17 所示。

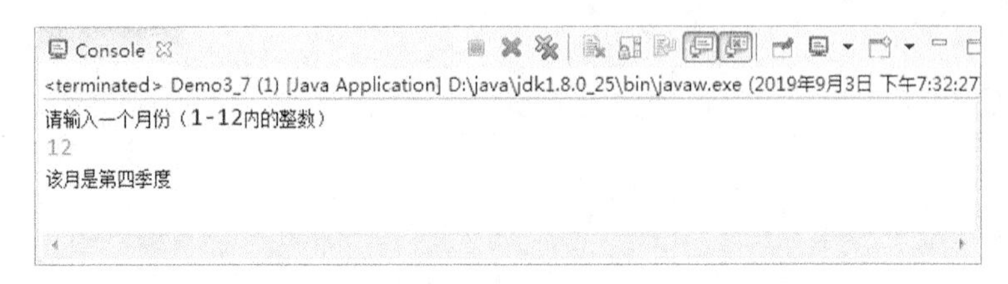

图 3-17　Demo3_7.java 的运行结果

程序解析：通过对键盘输入的月份值进行判断，哪个分支成立就执行哪个语句块。

例 3-14　请根据表 3-2 计算出个人所得税。

表 3-2　个人所得税率计算表

工资、薪金所得适用个人所得税累进税率表			
级数	全月应纳税所得额	税率%	速算扣除数（元）
一	不超过 3000 元的	3	0
二	超过 3000 元至 12000 元的部分	10	210
三	超过 12000 元至 25000 元的部分	20	1410
四	超过 25000 元至 35000 元的部分	25	2660
五	超过 35000 元至 55000 元的部分	30	4410
六	超过 55000 元至 80000 元的部分	35	7160
七	超过 80000 元的部分	45	15160

文件名：Demo3_8.java

程序代码：

```
import java.util.Scanner;                    //导入 Scanner 类所在的包
public class Demo3_8 {
    public static void main(String[] args) {
Scanner sc = new Scanner(System.in);
```

```
    System.out.println("应发工资为：");
        double salary = sc.nextDouble();
        double tax = 0.0;
        double money = salary-3000;
        if(money<0)
            System.out.println("你不需要缴税，努力吧");
        else if(money<=3000)
            tax = money*0.03;
        else if(money<=12000)
            tax = money*0.1 -210;
        else if(money<=25000)
            tax = money*0.2-1410;
        else if(money<=35000)
            tax =money*0.25-2660;
        else if(money<=55000)
            tax =money*0.3-4410;
        else if(money<=80000)
            tax =money*0.35-7160;
        else
            tax =money*0.45-15160;
        System.out.println("实发工资为："+(salary-tax)+",应缴税为："+tax);
    }
}
```

Demo3_8.java 的运行结果如图 3-18 所示。

```
Problems  @ Javadoc  Declaration  Console
<terminated> Demo3_8 [Java Application] D:\experiment\jdk\bin\javaw.exe
应发工资为：
8000
实发工资为：7710.0,应缴税为：290.0
```

图 3-18　Demo3_8.java 的运行结果

程序解析：主要解决个人所得税计算问题，共包括七个判断区间，需要根据用户输入的收入进入对应分支进行税收计算。需要注意的是，多分支判断 else if 之间是互斥的，不可以同时进入多个分支操作，即在练习时，注意不可写成如下判断形式：

```
if(money<0)
        ...
    if(money<=3000)
        ...
    if(money<=12000)
        ...
```

若写成这种形式，如果月收入是 5 万元，那么就会输出之前的“你不需要缴税，努力吧”，且会重复多次计算 tax，导致结果不正确。

4）switch 语句

switch 语句是 Java 中的另一种条件语句，执行过程为：先判断一个变量与一系列值中的某个值是否相等，每一个值构成一个分支，如果相等，则从多条分支中选择对应相等的分支来执行。使用 if 多分支语句也可以实现同样的效果，但是相较而言使用 switch 语句会使得代码的可读性更强。

```
switch(表达式){
case 常量值1:
    语句块
    break;
case 常量值2:
    语句块
    break;
…
case 常量值n:
    语句块
    break;
default:
    语句块
}
```

switch 语句先计算一个表达式的值，然后将该值和几个可能的 case 子句取值进行匹配，每种取值都有与之关联的执行语句。当计算出表达式的值后，将执行与表达式值相匹配的 case 子句。如果没有与 case 子句的值相匹配的值，则流程会执行由 default 指定的默认语句。

需要特别注意的是：

（1）switch 语句中开始的表达式运算结构必须是 char、byte、short 或 int 类型。

（2）每一个 case 子句中的表达式必须为常量，不能为变量或其他表达式。

（3）当执行到每个 case 子句结束处的 break 语句时，会退出 switch 语句中对应的 case 子句执行。如果没有 break 语句，则会继续执行后面 case 指示的若干语句。

例 3-15　用 switch 语句实现用户从键盘输入一个代表月份的整数，程序输出该月份所属的季度。

文件名：Demo3_9.java

程序代码：

```
import java.util.Scanner;                    //导入 Scanner 类所在的包
public class Demo3_9 {
    public static void main(String[] args) {
        int month;
        Scanner sc = new Scanner(System.in);
        System.out.println("请输入一个月份（1~12 的整数）");
        month = sc.nextInt();
            switch(month){
                case 1:
                case 2:
                case 3:
                    System.out.println("该月是第一季度");
                    break;
                case 4:
```

```
                case 5:
                case 6:
                    System.out.println("该月是第二季度");
                    break;
                case 7:
                case 8:
                case 9:
                    System.out.println("该月是第三季度");
                    break;
                case 10:
                case 11:
                case 12:
                    System.out.println("该月是第四季度");
                    break;
                default:
                    System.out.println("您输入的月份不合法");
            }
        }
    }
```

Demo3_9.java 的运行结果如图 3-19 所示。

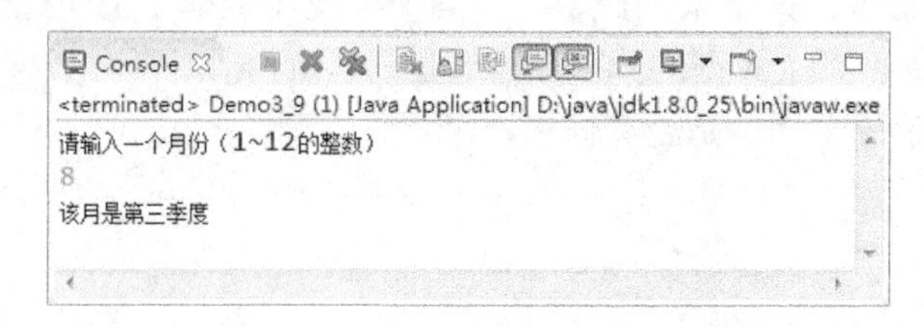

图 3-19　Demo3_9.java 的运行结果

程序解析：上述代码首先对月份进行判断，根据用户输入的月份执行和表达式匹配的 case 子句。如果整型变量 month 的值为 1、2、3，则"显示该月是第一季度"，跳过后续的判断；否则，跳过 case 1、case 2、case 3 子句，进入后续 case 判断。

如果上述代码没有 break 语句，程序如下面所示。

```
        switch(month){
        case 1:
        case 2:
        case 3:
    System.out.println("该月是第一季度");
        case 4:
        case 5:
        case 6:
    System.out.println("该月是第二季度");
        case 7:
        case 8:
        case 9:
    System.out.println("该月是第三季度");
        case 10:
```

```
        case 11:
        case 12:
    System.out.println("该月是第四季度");
default:
    System.out.println("您输入的月份不合法");
    }
```

例 3-15 中没有 break 语句时的运行结果如图 3-20 所示。

```
请输入一个月份（1~12的整数）
8
该月是第三季度
该月是第四季度
您输入的月份不合法
```

图 3-20　例 3-15 中没有 break 语句时的运行结果

从图 3-20 中可以看出，从当前 case8 开始，后续所有 case 的值都会被输出，如果后续的 case 语句块有 break 语句，那么程序将会跳出判断。

3.2.3　案例分析

有了关联知识的铺垫，接下来我们编写代码来实现出租车计费。通过对案例需求的分析可知，出租车收费时涉及几个典型的分支判断过程，包括：判断是白天乘车还是夜晚乘车、乘车距离是否超过起步价的里程、是否有候车情况等。

3.2.4　案例实现

文件名：Demo3_10.java

程序代码：

```
import java.util.Scanner;                    //导入 Scanner 类所在的包
public class Demo3_10 {
    public static void main(String[] args) {
double money_dis,money_tim;
        double distance;
        int waittime=0;
        Scanner t=new Scanner(System.in);
        System.out.println("输入出租车等车时间");
        waittime=t.nextInt();
        money_tim=2*waittime/5;
        System.out.println("请输入白天还是夜晚行车（白天输入 1，夜晚输入其他数值：）");
        int tt=t.nextInt();
        if(tt==1){
            System.out.println("输入白天出租车行驶里程：");
            distance=t.nextDouble();
            if(distance<=3) {money_dis=12;}
            else if(distance<=10) {money_dis=12+2.4*(distance-3);}
            else{money_dis=+12+7*2.4+3.6*(distance-10);}
```

```
        }
        else {
            System.out.println("输入夜晚出租车行驶里程");
            distance=t.nextDouble();
            if(distance<=3){money_dis=16;}
            else if(distance<=10){money_dis=16+3.1*(distance-3);}
            else{money_dis=16+3.1*7+4.7*(distance-10);}
        }
        double money= money_dis+money_tim;
        System.out.println("***********消费清单*************");
        System.out.println("     亲，一共行驶"+(distance)+"公里");
        System.out.println("        等待时间"+(waittime)+"分钟");
        System.out.println("          收取费用￥"+(money)+"元");
        System.out.println("**************************");
    }
}
```

Demo3_10.java 的运行结果如图 3-21 所示。

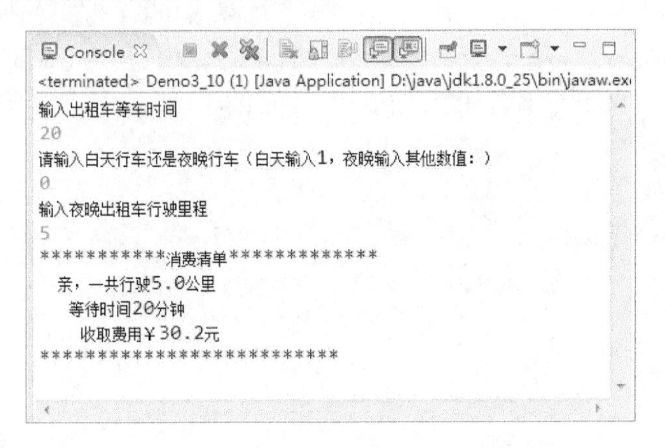

图 3-21　Demo3_10.java 的运行结果

3.2.5　案例小结

本案例主要用来练习分支语句的使用，包括双分支结构、多分支结构实现，代码实现可以采用 if…else 语句或嵌套的 if 语句，具体选用什么语句视实际情况而定。

3.2.6　案例拓展

通过本案例相关知识及案例实现，同学们对如何设计 Java 中的分支结构程序有了比较深入的理解。如果某位乘客是白天乘车，行程较长，直到夜间才到地点，请同学们进一步完善该程序。

3.3 案例 3-3 闰年求解

3.3.1 案例描述

请求解出 20 世纪一共有多少个闰年，并将结果输出显示出来。

3.3.2 案例关联知识

顺序结构的程序语句只能被执行一次，如果同样的语句被执行多次，那么就需要使用循环结构。Java 中有三种主要的循环结构：while 循环、do…while 循环、for 循环。

1. while 循环

```
while(表达式){
    语句或语句块
}
```

while 循环是基本的循环，像 if 语句一样先计算布尔表达式的值，当值为 true 时执行循环体语句，循环体执行完毕后再次计算表达式的值。当表达式的值不为 true 时，结束 while 语句。

例 3-16 使用 while 语句计算 100 以内的奇数的和。

文件名：Demo3_11.java

程序代码：

```
import java.util.Scanner;                         //导入 Scanner 类所在的包
public class Demo3_11 {
    public static void main(String[] args) {
        int sum = 0;
        int i = 1;
        while(i<100){
        sum+=i;
        i+=2;
    }
        System.out.println("sum:"+sum);
```

Demo3_11.java 的运行结果如图 3-22 所示。

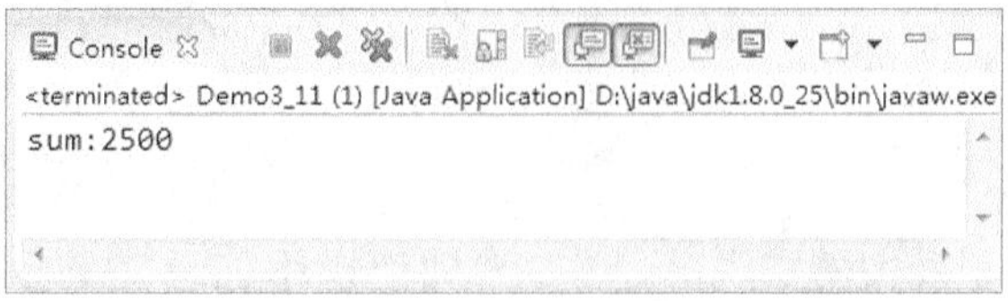

图 3-22 Demo3_11.java 的运行结果

程序解析：例 3-16 通过 while 循环实现了 100 以内的奇数的和的计算，只要判断条件 i<100 为真，就会进行加和计算，并且循环变量每次增量为 2，之后循环判断下一个数，直到不满足判断条件为止。需要特别注意的是，程序中“i+=2”语句用于修改循环变量，不可缺少；否则，程序将会一直循环执行，不断加和，无法退出。

2．do…while 循环

```
do{
    语句或语句块
}while(表达式);
```

do…while 也是循环的一种形式，do…while 循环中的循环体至少被执行一次，与 while 循环的区别可以通过如图 3-23 所示的流程图进一步区别开。

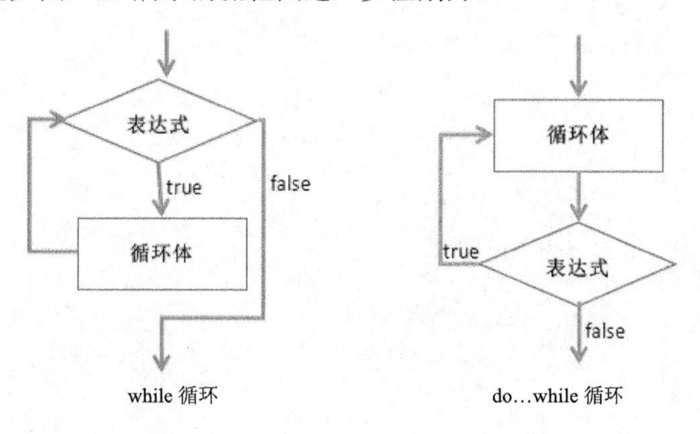

图 3-23　while 循环和 do…while 循环流程图对比

从图 3-23 中可以看出，在 do…while 循环中，循环体至少会被执行一次；while 的循环体在表达式不成立的时候，一次都不会被执行。

例 3-17　使用 do…while 语句计算 100 以内的奇数的和。

文件名：Demo3_12.java

程序代码：

```
import java.util.Scanner;                        //导入 Scanner 类所在的包
public class Demo3_12 {
   public static void main(String[] args) {
      i=1;
      sum=0;
      do{
            sum+=i;
            i+=2;
      }while(i<100);
      System.out.println("sum:"+sum);
   }
}
```

Demo3_12.java 的运行结果如图 3-24 所示。

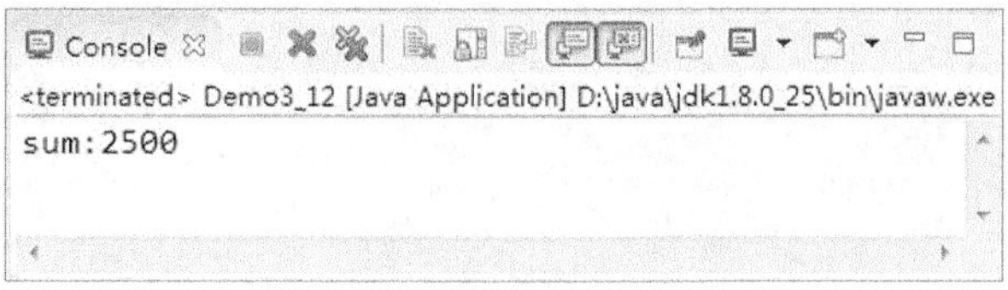

```
Console
<terminated> Demo3_12 [Java Application] D:\java\jdk1.8.0_25\bin\javaw.exe
sum:2500
```

图 3-24　Demo3_12.java 的运行结果

程序解析：例 3-17 通过 do…while 循环实现了 100 以内的奇数的和的计算，与 while 循环不同，do…while 循环是先执行循环体再进行判断的，只要判断条件为真，就会进行加和计算，直到不满足判断条件为止。由图 3-24 可以看出，使用 do…while 语句的程序运行结果与使用 while 语句的程序运行结果是一致的。

例 3-18　对比 while 循环和 do…while 循环。

首先使用 while 循环进行实现，代码如下所示。

文件名：Demo3_13.java

程序代码：

```
public class Demo3_13 {
    public static void main(String[] args) {
        int x = 10;
          while( x <=10 &&x>=0) {
             if(x%2==0){
                System.out.println("偶数 x=: " + x );
             }
             x--;
          }
      }
}
```

在 Demo3_13.java 基础上使用 do…while 循环进行实现，代码如下所示。

文件名：Demo3_14.java

程序代码：

```
public class Demo3_14 {
    public static void main(String[] args) {
         int x = 10;
          do{
              if(x%2==0){
                  System.out.println("偶数 x=: " + x ); }
                 x--;
          }while( x<=10&&x>=0 );
    }
}
```

此时 Demo3_13.java 和 Demo3_14.java 的运行结果相同，如图 3-25 所示。

```
偶数x=: 10
偶数x=: 8
偶数x=: 6
偶数x=: 4
偶数x=: 2
偶数x=: 0
```

图 3-25　运行结果

程序解析：如果将 Demo3_13.java 和 Demo3_14.java 中 x 的初始值修改为 11，那么因为

while 的判断条件不为真，所以不进入循环，不输出任何数据；而 do…while 循环因为先执行了一次循环体语句，将 x 变量进行了减一操作，所以其判断条件为真，进入循环，输出结果与初始值为 10 时的结果一样。

因此，在程序设计过程中，while 循环和 do…while 循环的判断条件采用的是同一个语句。需要注意的是当 while 循环内的判断条件不成立时，是不会进行循环操作的，但是，do…while 循环内无论 while 条件成立与否，都会执行一次循环体。

3. for 循环

当循环次数无法确定时，最好使用 while 循环或者 do…while 循环。如果具体循环次数确定，那么通常使用 for 循环更合适。for 循环的一般格式如下：

```
for(表达式 1;表达式 2;表达式 3) {
    循环语句;
}
```

for 循环的控制头中包含如下三个由分号隔开的部分。

（1）表达式 1 用于初始化，在循环过程中只执行一次；

（2）表达式 2 是一个布尔表达式，在执行循环体之前需要进行判断，如果其值为 true，则继续执行循环语句；

（3）表达式 3 用来修改循环变量，改变循环条件。

需要注意的是，for 循环中三个表达式都可以省略，即 for(;;)这种形式。for 循环执行过程流程图如图 3-26 所示。

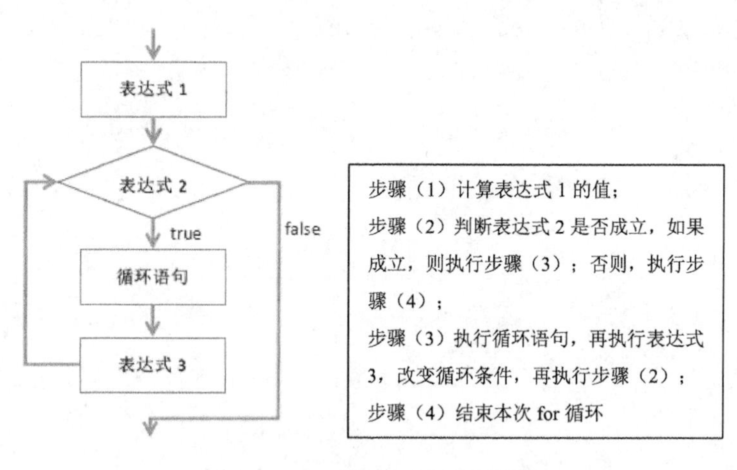

图 3-26　for 循环执行过程流程图

例 3-19　使用 for 循环计算出 100 以内的所有奇数的和。

文件名：Demo3_15.java

程序代码：

```
public class Demo3_15 {
    public static void main(String[] args) {
int sum = 0;
        for(int i = 1;i<100;i+=2){
            sum+=i;
        }
```

```
        System.out.println("sum:"+sum);
    }
}
```

Demo3_15.java 的运行结果如图 3-27 所示。

```
Console
<terminated> Demo3_15 [Java Application] D:\java\jdk1.8.0_25\bin\javaw.exe (20
sum:2500
```

图 3-27　Demo3_15.java 的运行结果

程序解析：例 3-19 使用了 for 循环，将循环变量初始化、循环条件判断、循环变量修改放在 for 循环控制语句中。与 for 循环相比，while 循环和 do…while 循环程序更简洁。

例 3-20　使用 for 循环输出一个三角形，要求每行“*”的数量逐步递增输出。

文件名：Demo3_16.java

程序代码：

```
public class Demo3_16 {
    public static void main(String[] args) {
final int MAX_NUM = 10;
        for(int i=1;i<=MAX_NUM;i++){
            for(int j=1;j<=i;j++){
                System.out.print("*");}
System.out.println();}
    }
}
```

Demo3_16.java 的运行结果如图 3-28 所示。

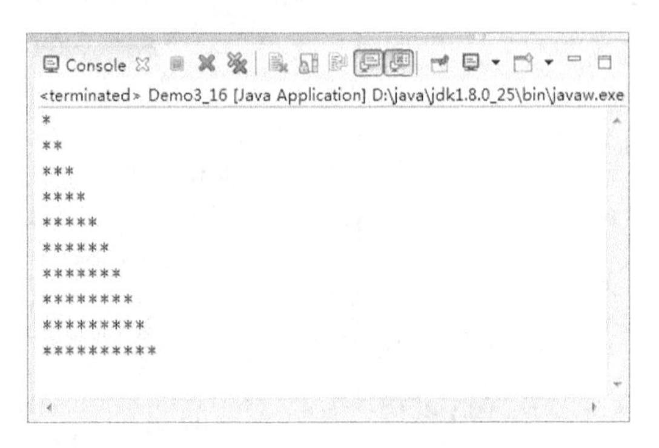

图 3-28　Demo3_16.java 的运行结果

程序解析：例 3-20 的实现使用了双重 for 循环，外层 for 循环用来控制三角形中的“*”的输出行数，内层 for 循环用来控制每行输出的“*”的个数。

4．跳转语句

Java 中用来控制程序跳转的语句主要是 break 语句或 continue 语句。

break 语句用在 switch 结构中，其作用是强制退出 switch 结构，执行 switch 结构后的语句。break 语句用在单层循环结构的循环体中，其作用是强制退出循环体。

continue 语句也称短路语句。在循环结构中，当程序执行到 continue 语句时就返回到循环体的入口处，执行下一次循环，而使循环体内的 continue 语句后面的语句不被执行。

例 3-21　比较 break 语句和 continue 语句的输出结果。

文件名：Demo3_17.java

程序代码：

```
public class Demo3_17 {
    public static void main(String[] args) {
        int stop = 4;
        for(int i=1;i<=10;i++){
            if(i==stop) break;
                System.out.println("i="+i);
        }
    }
}
```

文件名：Demo3_18.java

程序代码：

```
public class Demo3_18 {
    public static void main(String[] args) {
int skip = 4;
        for(int i=1;i<=10;i++){
            if(i==skip) continue;
                System.out.println("i="+i);
        }
    }
}
```

Demo3_17.java 的运行结果如图 3-29 所示，当循环到 i=4 时，退出循环。

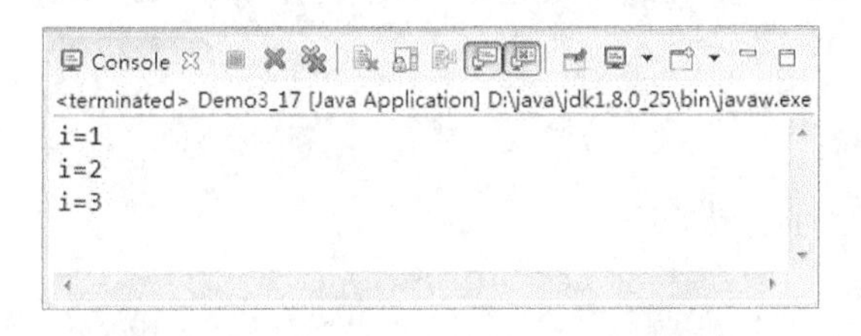

图 3-29　Demo3_17.java 的运行结果

Demo3_18.java 的运行结果如图 3-30 所示，当循环到 i=4 时，跳过了此次打印。

Console
<terminated> Demo3_18 [Java Application] D:\java\jdk1.8.0_25\bin\javaw.exe
i=1
i=2
i=3
i=5
i=6
i=7
i=8
i=9
i=10

图 3-30　Demo3_18.java 的运行结果

例 3-22　商品价格竞猜程序设计实现。

文件名：Demo3_19.java

程序代码：

```
import java.util.Scanner;                        //导入 Scanner 类所在的包
public class Demo3_19 {
   public static void main(String[] args) {
int price = (int)(Math.random()*901)+100;
       System.out.println("商品价格在 100~1000 元之间，请输入你的竞猜价格：");
       Scanner sc = new Scanner(System.in);
       double guess = sc.nextInt();
       int time = 1;
       while(guess!=price){
           if(time>5)
               break;
           if(guess>price){
               System.out.println("你给的价格太高了");
           }
           else{
               System.out.println("你给的价格太低了");
           }
           guess = sc.nextInt();
           time++;
       }
       if(time<=5){
           System.out.println("你竞猜的价格正确，为："+price+" 竞猜次数为："+time);
       }
       else{
           System.out.println("你已经连续 5 次竞猜的价格不正确，商品价格为："+price);
       }
   }
}
```

Demo3_19.java 的运行结果如图 3-31 所示。

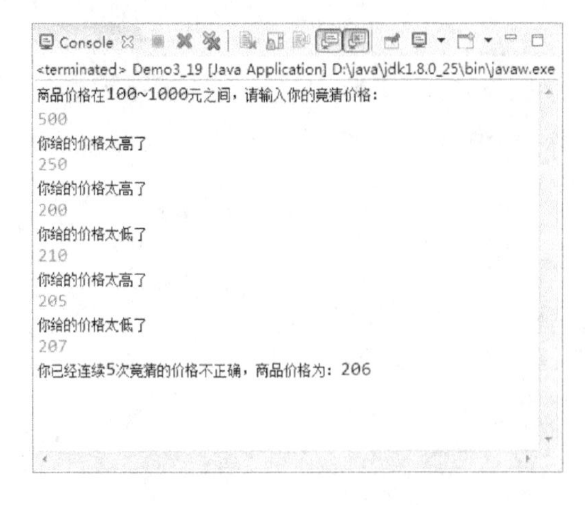

图 3-31　Demo3_19.java 的运行结果

3.3.3　案例分析

20 世纪是从公元 1901 年到公元 2000 年，循环判断下限是 1901 年，上限是 2000 年。闰年是指能被 400 整除的年份，或者不能被 100 整除能被 4 整除的年份。判断语句为：

```
if(  (year%400==0)   ||  (  (year%100!=0)  &&  (year%4==0)    )    )
```

3.3.4　案例实现

文件名：Demo3_20.java

程序代码：

```
public class Demo3_20 {
    public static void main(String[] args) {
int year=0;
        int sum=0;
        for(year=1901;year<=2000;year++){
            if((year%400==0)||((year%100!=0)&&(year%4==0)))
{
                sum++;
                System.out.println("year:"+year+"是闰年");
            }}
        System.out.println("20 世纪一共有"+sum+"个闰年");
    }}
```

Demo3_20.java 的运行结果如图 3-32 所示。

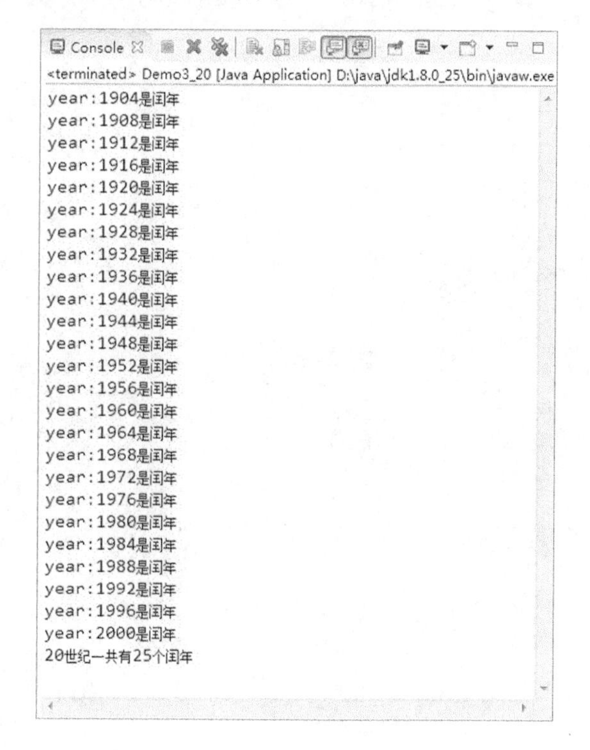

图 3-32　Demo3_20.java 的运行结果

3.3.5 案例小结

本案例重点练习的内容是循环结构和分支结构的综合使用，建议同学们在编码时，重点练习 if 多分支、switch 结构、循环结构等内容，从而熟练掌握本章知识内容。

3.3.6 案例拓展

通过学习本案例，同学们应该对循环结构设计有更为清晰的认识，可以进一步进行案例拓展内容设计实现。例如，求解出生年份是否为闰年，这些闰年中有哪些年份的生肖是一致的。

第4章

Java 面向对象基础

学习目标

1. 熟悉类和对象的基本概念和相关知识
2. 掌握类的设计，包括成员变量、成员函数的定义规则，熟悉类的使用方法
3. 理解类中封装性、继承性和多态性的概念，并能根据问题需求进行类的设计
4. 熟悉 Java 内存的分配机制

教学方式

本章以理论讲解、案例演示、代码分析为主。学习本章内容之前，建议同学们先了解案例描述，带着设计要求学习案例中涉及的知识点，再进行编码实现，需要关注的是：

1. 案例 4-1 重点学习如何定义类
2. 案例 4-2 从封装的角度对前一个案例进行优化
3. 案例 4-3 的重点在于继承方式的设计
4. 案例 4-4 的难点在于多态性设计实现
5. 案例 4-5 从包管理及内存管理的角度进行设计

重点知识

1. 类的定义规则及实现
2. 对象的定义规则及实现
3. 数据成员、成员函数的定义规则

4.1 案例 4-1 设计第一个类

4.1.1 案例描述

使用面向对象的思想设计一个宠物类，该类可以实现如下功能：

（1）支持宠物的基本信息设置，包括宠物的名字、毛发颜色、年龄、体重、售价等；

（2）支持宠物的基本状态查询；

（3）支持宠物的基本信息介绍。

实例化该宠物类的多个宠物对象来进行验证。

4.1.2 案例关联知识

1. 面向对象思想

面向对象的思想简称 OOP，其本质是从现实世界出发的，以实际生活中的各种具体事物为中心来认识问题，思考问题，并将事物的本质抽象为对象，使对象具备属性和行为。在一个软件系统中构造多个对象，各对象间通过消息传递调用彼此的方法来协同工作。目前面向对象程序设计已经成为一种主流的程序设计模式。

面向对象编程有如下三个重要的特征。

1）封装

可以认为封装是面向对象编程的核心体现，通过封装将数据和对数据的操作结合为一个整体，对外提供必要的接口。以日常所用的通信工具——手机为例，描述任意一款手机都会涉及的几个重要参数，如品牌、价格、CPU 频率、屏幕、电池容量，以及重要功能，如拨打电话、收发短信、播放音乐等。人们从多个不同的手机实例中抽取公共的属性和功能并形成一个概念，即手机类，具体某一款手机就是手机类的一个实例，即对象。通过封装操作，人们通过手机提供的接口可以进行基本参数设置和功能使用，一般不需关注功能的实现过程及手机内部的结构。

封装隐藏了对象的内部细节，大大降低了模块间的耦合性，从而降低了开发过程和软件维护过程的复杂性。

2）继承

继承是从现有类派生新类的过程，所表达的就是一种对象之间的相交关系。通过继承，新类自动包含了原始类的变量和方法，并可以根据需要对新类进行增删和修改。继承简化了人们对事物的认识和描述，它可以清晰地体现类之间的层次结构关系，继承不仅是增强软件开发功能的重要手段，还是面向对象编程技术的基石。

3）多态

多态是面向对象软件的一个基本机制，体现为同一个操作被不同类型对象调用时可能产生不同的行为。以给员工付薪酬为例，志愿者是无偿工作的，普通职员是按基本月薪领取薪酬的，管理者除了基本月薪可能还可以领取一定奖金等。

多态在设计实现时需要允许编码过程中与父类保持统一风格，具体差异体现在种类繁多的相关类中，子类在具体事件处理中依赖于父类，这样在程序维护过程中只需调整父类即可，降低了维护难度。

2. 类的定义

在面向对象程序设计过程中，对事物的描述尽可能与现实世界保持一致，类和对象是面向对象方法的核心。

对象是对事物的抽象；而类则是对对象的抽象，是对某一类事物的描述，是抽象的、概念上的定义。通过抽象将反映出与当前事物有关的本质特性体现出来，忽略掉与当前事物无关的非本质特性，把具有共同性质的事物归结为一类，这就是类的本质。类作为一个独立的程序单位，是抽取了对象相同的属性和行为的集合。对象是实际存在的事物的个体，因此经常被称为实例。图 4-1 是类与对象的示例，最上层的抽象的汽车图就是类，下层的实际的汽车图就是按照该类产生的对象。

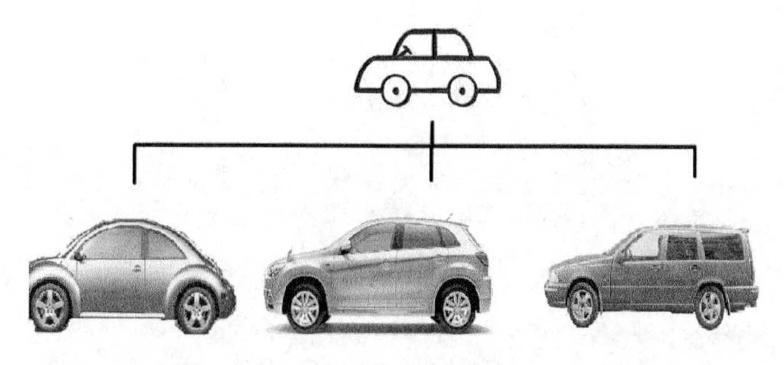

图 4-1　类与对象的示例

在 Java 中，如果要使用类就必须先进行声明，类的声明的基本格式如下：

```
[访问修饰符] class 类名[extends 父类][ implements 接口名]
{
    成员变量;  //属于类，不属于任何方法，描述类的静态属性
    构造方法;  //初始化成员变量
    成员函数;  //实现类的行为 }
```

其中，用[]括起来的内容不是必需项，是可选项。

定义类的基本要求如下。

（1）class 符号表示开始定义类，其中，class 关键字表明是类定义，class 后面类名的命名需要遵循标识符的命名规则，即类名应由字母、数字、下画线组成，且首字母一般大写，如 Pet、Animal、Person。

（2）访问修饰符需要放在 class 定义之前，类定义的访问修饰符可以有如下几种。

public：指明该类是公共类，可以被任何包中的其他类使用。一般把包含 main()方法的类定义为 public 类，并将该类名命名为源文件名。如果某类定义为 public class Animal{}，那么包含该类的源文件名应该为 Animal.java，并且该文件中不能有其他由 public 修饰的类。

无修饰符：此种默认情况，该类只能被同一个源程序文件或同一个包中的其他类使用。

abstract：此关键字标识该类是抽象类，不能进行实例化对象，定义该类的主要目的是用它来创建子类。

final：此关键字标识该类是最终类，即不能用它来创建子类。

（3）extends：如果定义时有此部分内容，则说明该类是一个子类，紧跟在父类名之后。子类与父类之间有继承关系，子类会继承父类的相关属性和行为。Java 规定的继承属于单继承方式，因此只有一个父类。

（4）implements：如果定义时有此部分内容，则说明该类会实现指定 implements 接口对应的方法。Java 中要实现的接口可以是多个，因此，接口名也可以是一个接口列表。例如，class MouseAdaptDemo extends JFrame implements MouseListener,MouseMotionListener 定义了一个名字为 MouseAdaptDemo 的类，该类是 JFrame 的子类，并且实现了 MouseListener 和 MouseMotionListener 两个接口，该类继承了 JFrame 类的相关属性和行为，并且可以实现两个接口的所有方法。

（5）类体：类的具体定义包含在一对花括号内，在类中定义的变量称为成员变量，成员变量可以是基本数据类型，也可以是引用数据类型。在类中定义的方法称为成员方法。

下面通过 Pet 类定义来进一步熟悉类的定义规则。

```
class Pet{                    //定义一个名字为 Pet 的类
   String name;               //宠物名字——成员变量
   String color;              //毛发颜色——成员变量
   int age;                   //年龄——成员变量
   double weight;             //体重——成员变量
   double price;              //售价——成员变量
   public void showInfo()//显示属性——成员方法
   {
      System.out.println("宠物的名字为: "+name);
      System.out.println("宠物的毛发颜色为: "+color);
      System.out.println("宠物的年龄为: "+age);
      System.out.println("宠物的体重为: "+weight);
      System.out.println("宠物的售价为: "+price);
   }}
```

上述代码首先用 class 声明了一个名为 Pet 的类，该类声明了 name、color、age、weight、price 这些成员变量，以及声明了 showInfo()方法。类中各成员关系如图 4-2 所示。

Pet	
name	:String
color	:String
age	:int
weight	:double
price	:double
showInfo():	void

图 4-2　类中各成员关系

3．对象定义

前面已经创建好了 Pet 类，即模板已经确定好了，如果要使用它就必须按照该类的规则创建对象。只要创建了对象，就可以使用该类提供的方法。与基本类型变量一样，对象变量也必须进行声明，定义对象的类名可以视为对象的类型。

1）对象声明

对象的声明语法为：

```
类名  对象名;
```

例如

```
Pet p;          //声明一个 Pet 类的对象 p
```

上述对象声明的第一句，建立了一个 Pet 型的变量，该变量保存了指向 Pet 对象的引用，即该对象的地址，因此，对象变量也可称为对象引用变量。此时 Java 系统会在栈内存中对变量 p 进行内存申请。此时，引用变量在内存的分配如图 4-3 所示，目前 p 还没有在堆内存中开辟空间，即没有引用任何实体，因此，此时的 p 值为 null。

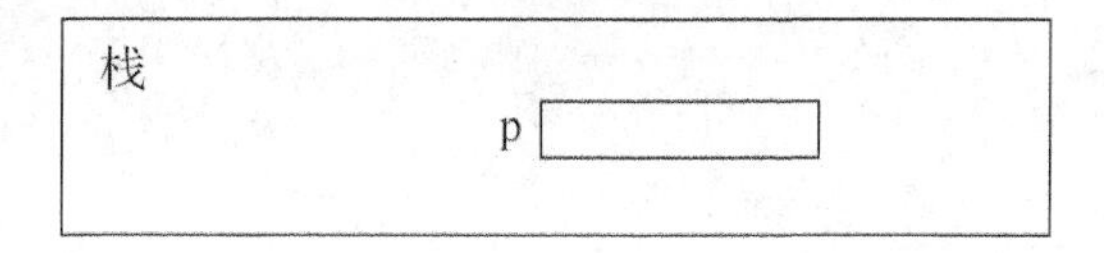

图 4-3　引用变量在内存中的分配示意图

2）对象初始化

对象初始化的语法如下：

```
对象名 = new 类名();
```

此部分是对对象进行初始化，通过 new 运算符来获取新对象的地址。建立对象后，系统将自动调用类的构造方法（和类名相同的方法）初始化新对象。

例如：

```
p = new Pet();              //用 new 关键字初始化 Pet 类的对象 p
```

通过该语句，为该对象的数据成员 name、color、age、weight、price 分配内存空间，并将这些数据成员内存位置的首地址赋给对象变量 p。对象初始化过程示意图如图 4-4 所示。

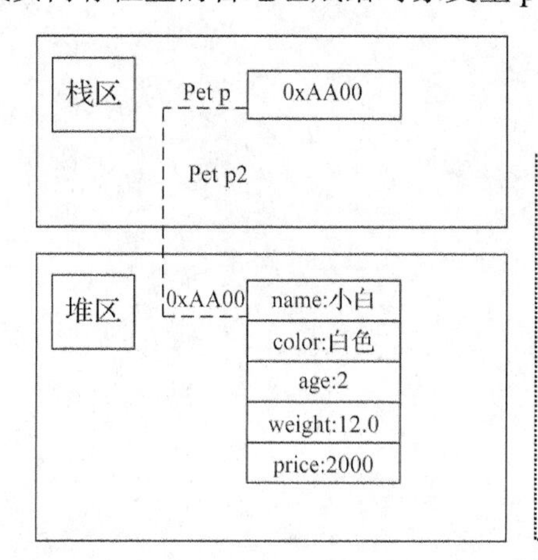

（1）Pet p;语句声明 Pet 类的对象 p，在栈区申请了空间，目前空间内没有填写任何内容。

（2）p = new Pet();语句使用 new 关键字在堆区开辟了内存，且内存首地址为 0xAA00，把堆内存的引用赋值给了 p，p 的值为 0xAA00，此时 p 为初始化了的 Pet 类对象。

图 4-4　对象初始化过程示意图

3）对象使用

要访问对象的数据成员和多个方法，如：

```
对象名.数据成员                    //访问对象的某个属性
        对象名.成员函数(实参) //访问对象的某个行为
```

对象可以通过运算符“.”实现对自己的变量访问和方法调用。

例 4-1　类的定义及对象创建方法。

文件名：Demo4_1.java

程序代码：

```
class Pet{                          //定义一个名为 Pet 的类
    String name;                    //宠物名字——成员变量
    String color;                   //毛发颜色——成员变量
    int age;                        //年龄——成员变量
```

```
    double weight;              //体重——成员变量
    double price;               //售价——成员变量
    public void showInfo()      //显示方法——成员方法
    {
        System.out.println("宠物的名字为: "+name);
        System.out.println("宠物的毛发颜色为: "+color);
        System.out.println("宠物的年龄为: "+age);
        System.out.println("宠物的体重为: "+weight);
        System.out.println("宠物的售价为: "+price);
    }
}
public class Demo4_1 {
    public static void main(String[] args) {
        Pet p;
        p = new Pet();
        p.name = "小白";
        p.color ="白色";
        p.age = 2;
        p.weight = 12.0;
        p.price = 2000.0;
        p.showInfo();
    }
}
```

Demo4_1.java 的运行结果如图 4-5 所示。

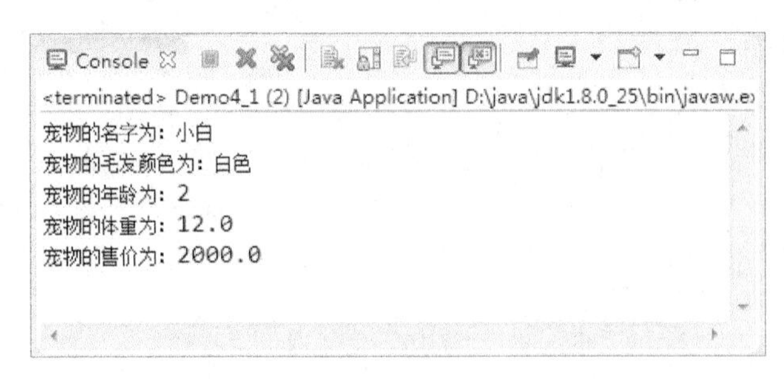

图 4-5　Demo4_1.java 的运行结果

程序解析：上述代码定义了两个类，即 Pet 类和主类 Demo4_1，Pet 类中定义了 name（宠物的名字）、color（宠物的毛发颜色）、age（宠物的年龄）、weight（宠物的体重）、price（宠物的售价）5 个数据变量，以及信息显示方法 showInfo()。主类声明并创建了 Pet 类的对象 Pet p，对 p 的属性进行了初始化，并输出了宠物的基本信息。

4．成员变量

类定义的基本组成部分包含属性和方法，一般使用类的成员变量来描述类中的静态特征，类中成员变量的声明形式为：

```
[修饰符] 类型　成员变量名 1，成员变量名 2，…；
```

定义成员变量的基本规则有以下几个方面。

（1）修饰符用[]括起来，这说明其在成员变量定义时是可选项。此处修饰符可以包含两类，一类用来指明成员变量的访问权限，此类修饰符有 public、protected、private；另一类用来指明成员变量非访问权限，此类修饰符有 static、final 等。

（2）成员变量类型，可以是 int、float、char 等基本数据类型，也可以是引用数据类型。

（3）成员变量的命名规则要符合标识符的定义要求，当成员变量名是一个或多个数据成员名时，要求用逗号间隔开，变量名的首字母小写，其余单词的首字母大写。

实际上，在一个类中可以包含如下类型的变量。

（1）局部变量：定义在方法中或者语句块中的变量称为局部变量，局部变量没有默认值，在使用之前必须先进行初始化，在一般情况下，随着方法调用结束将自动销毁。

例 4-2　局部变量的使用。

文件名：Demo4_2.java

程序代码：

```
class Pet{                          //定义一个名字为 Pet 的类
    String name;                    //宠物名字——成员变量
    String color;                   //毛发颜色——成员变量
    int age;                        //年龄——成员变量
    double weight;                  //体重——成员变量
    double price;                   //售价——成员变量
    public void AddPrice(){         //售价在原来基础上提高 300 元——成员方法
        double money;               //局部变量 money
        money = 300;
        price += money;
    }
    public void showInfo()          //显示方法——成员方法
    {
        System.out.println("宠物的名字为："+name);
        System.out.println("宠物的毛发颜色为："+color);
        System.out.println("宠物的年龄为："+age);
        System.out.println("宠物的体重为："+weight);
        System.out.println("宠物的售价为："+price);
}
}
public class Demo4_2 {
    public static void main(String[] args) {
        Pet p;
        p = new Pet();              //初始化第一只宠物 p
        p. showInfo();              //成员变量默认值
        p.name = "小白";
        p.color ="白色";
        p.age = 2;
        p.weight = 12.0;
        p.price = 2300.0;
        p.AddPrice();
        p.showInfo();
    }
}
```

Demo4_2.java 的运行结果如图 4-6 所示。

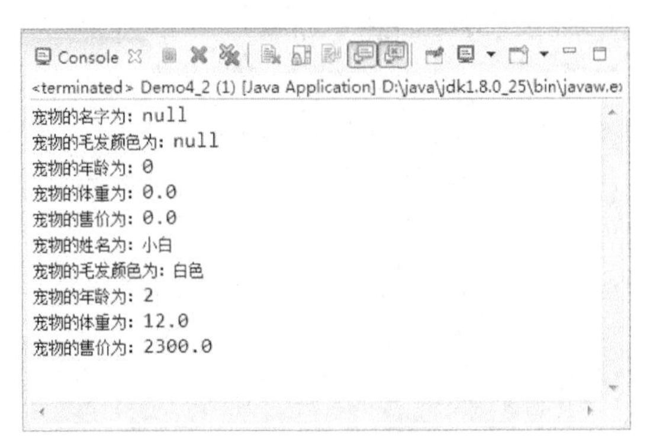

图 4-6　Demo4_2.Java 的运行结果

程序解析：上述代码定义了两个类，即 Pet 类和主类 Demo4_2，Pet 类在例 4-1 的基础上增加了一个成员方法为 AddPrice()，该成员方法主要用于修改成员变量 price 的值，该方法定义了局部变量 money，它的作用范围就在 AddPrice()中，且该局部变量声明后在使用前必须先进行初始化，如果去掉初始化代码 money = 300;，那么系统将提示“variable number might not have been initialized”编译错误。

同时，从例 4-2 可以看出，如果不给类的成员变量赋初始值，那么系统将不会提示出错，这是因为将对象进行初始化时，如果对象没有赋值，那么系统将自动给对应成员变量赋予对应类型的默认值，例 4-2 中 String 类型的成员变量默认被赋予了初始值 null，int 类型的成员变量默认被赋予了初始值 0，double 类型成员变量的默认值为 0.0，其余数据类型成员变量的默认值如表 4-1 所示。

表 4-1　其余数据类型的默认值

数 据 类 型	默 认 值
整数型（byte、short、int、long）	0
单精度浮点型（float）	0.0f
双精度浮点型（double）	0.0d
字符型（char）	'\u0000'
布尔型（boolean）	false
引用类型	null

（2）类变量：定义在类中方法体之外用 static 修饰的变量称为类变量，也称为静态变量。静态变量的特点是其可以由所有的类实例共享，声明一个静态变量的语句如下：

```
static int count = 0;
```

程序第一次引用含有静态变量的类时，将为静态变量分配存储空间，之后该类的所有对象共用该存储空间，在一个对象中改变静态变量的值将直接影响其他对象。静态变量在对象实例化后的引用形式有如下两种：

```
类名.静态变量名
```

或

```
对象名.静态变量名
```

在类 Pet 中增加一个静态变量 count 来统计宠物的数量，对该变量的访问有如下两种形式。

例 4-3 类的静态成员变量的使用。

文件名：Demo4_3.java

程序代码：

```
class Pet{                          //定义一个名字为 Pet 的类
    String name;                    //宠物名字——成员变量
    String color;                   //毛发颜色——成员变量
    int age;                        //年龄——成员变量
    double weight;                  //体重——成员变量
    double price;                   //售价——成员变量
    static int count = 0;           //数量——类变量
    public void showInfo()          //显示属性——成员方法
    {
        System.out.println("宠物的名字为: "+name);
        System.out.println("宠物的毛发颜色为: "+color);
        System.out.println("宠物的年龄为: "+age);
        System.out.println("宠物的体重为: "+weight);
        System.out.println("宠物的售价为: "+price);
    }
}
public class Demo4_3 {
    public static void main(String[] args) {
        Pet p;
        p = new Pet();                                  //实例化第一只宠物 p
        p.name = "小白";
        p.color ="白色";
        p.age = 2;
        p.weight = 12.0;
        p.price = 2000.0;
        p.count++;
        p.showInfo();
        System.out.println("宠物数量为: "+p.count);    //对象名.类变量
        Pet p2 = new Pet();                             //实例化第二只宠物 p2
        p2.name = "小花";
        p2.color = "灰色";
        p2.age = 1;
        p2.weight = 15.0;
        p2.price = 3000.0;
        p2.count++;
        p2.showInfo();
        System.out.println("宠物数量为: "+p2.count);   //对象名.类变量
        System.out.println("宠物数量为: "+Pet.count);  //类名.类变量
        System.out.println("宠物数量为: "+p.count);    //对象名.类变量

    }
}
```

Demo4_3.java 的运行结果如图 4-7 所示。

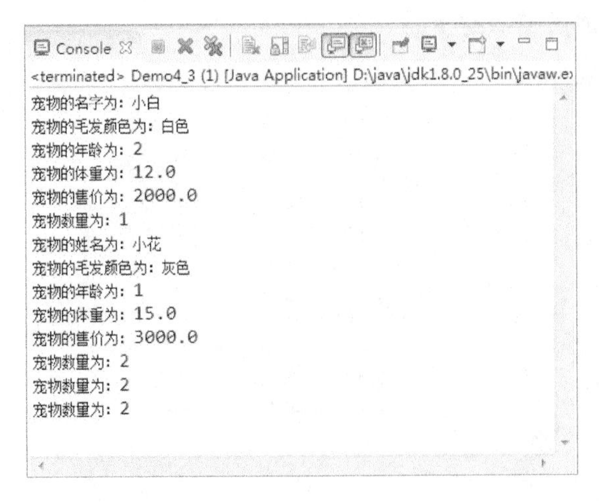

图 4-7　Demo4_3.java 的运行结果

程序解析：上述代码定义了两个类，即 Pet 类和主类 Demo4_3，Pet 类在例 4-2 的基础上增加了一个变量 count，该变量被定义为 static 类型，属于类变量。在主类 Demo4_3 中，声明并实例化了 Pet 类的对象 p 和 p2，对 p 和 p2 的属性进行初始化，并输出宠物的基本信息。需要注意的是，对于变量 count 的访问，可以采用两种方式，即对象名.count 和类名.count，而且由代码最后一行可知，使用 p.count 访问宠物数量时，p2.count 的值随着 p2.count++语句的执行也进行了修改，这进一步印证了类变量的存储空间被该类的所有对象共用。

（3）成员变量：定义在类中方法体之外且没有 static 修饰的变量称为成员变量，也称为实例变量。与定义在方法内的局部变量不同，成员变量的作用域是整个类，可以被类中的方法、构造方法和特定类的语句块访问。成员变量在定义时可以进行初始化，也可以不进行初始化，如果没有赋初始值，那么系统会自动给对应成员变量赋以对应类型的默认值。

例 4-3 中的类的每个对象都有自己不同的变量存储空间，可以通过对象来修改对象的属性的值，同时成员变量使得对象与对象可差异化区别开。Demo4_3.java 内存分配示意图如图 4-8 所示。

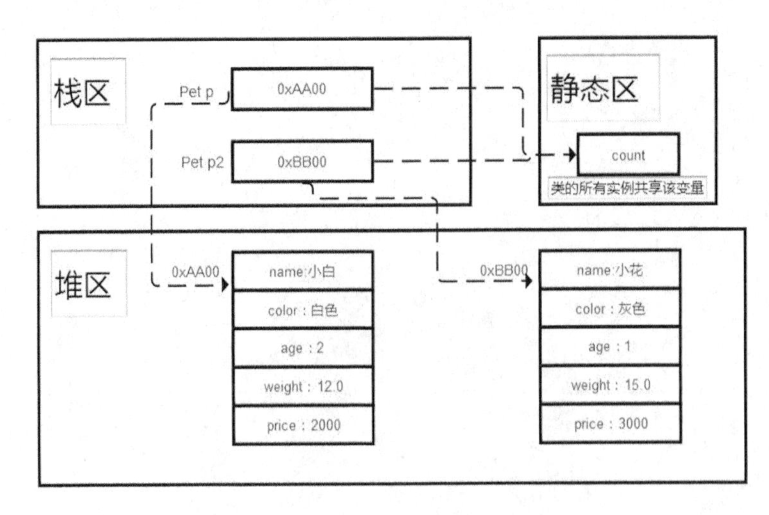

图 4-8　Demo4_3.java 内存分配示意图

与类变量在对象初始化后的引用形式不同，成员变量是区分于具体实例的，所以引用形式只有如下这一种：

```
对象名.成员变量名
```

例如：

```
Pet p = new Pet();System.out.println(p.name);
```

上述语句输出的是 p 对象的成员变量 name 的值，而不是其他对象的成员变量的值。

下面通过例 4-4 来进一步熟悉成员变量的一般用法。

例 4-4　定义圆形类和矩形类。

文件名：Demo4_4.java

程序代码：

```
class Circle {
        int radius;
        static double PI = 3.14159265;
    }
    class Rectangle {
        double width = 20.5;
        double height = 30.1;
    }
    public class Demo4_4{
        public static void main(String args[]) {
            Circle    x;
            Rectangle y;
            x = new Circle();
            y = new Rectangle();
            System.out.println("radius = " + x.radius);
            System.out.println("width = " + y.width+"height = " + y.height);
        }
    }
```

Demo4_4.java 的运行结果如图 4-9 所示。

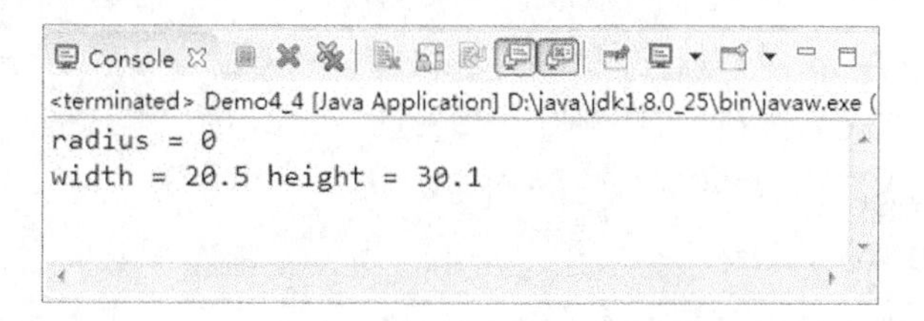

图 4-9　Demo4_4.java 的运行结果

程序解析：上述代码定义了三个类，第一个类为圆形类 Circle，第二个类为矩形类 Rectangle，第三个类包含主方法的测试类 Demo4_4。在圆形类中，定义了一个成员变量 radius，一个静态变量 PI，其中只有 PI 进行了初始化。在矩形类中，定义了两个成员变量，即 width 和 height。在主类 Demo4_4 的 main()方法中通过 Circle 类的对象 x 和 Rectangle 类的对象 y 分别对各自的属性进行了访问，x 和 y 使用的都是“对象名.成员变量”的引用形式。

成员变量在定义时，如果用 final 修饰，那么这个数据成员就被设定为常量，常量的名字一般是大写的。可以在常量声明的同时进行初始化，或者在对象被构造时由构造方法对常量进行初始化，一旦常量赋初值，在程序执行过程中不允许再被修改。

5．成员函数

成员函数也称为成员方法，描述的是类的任何一个实例对象所具有的功能或操作。在一个类中可以定义多个成员函数，在 Java 程序中代码执行的过程就是每个成员函数的调用。定义成员函数的一般格式如下：

```
[修饰符] 函数返回值类型 函数名字（[形式参数表]）{
    局部变量列表;
    语句块;
}
```

定义成员函数的规则有如下几个方面。

（1）返回值前面的修饰符是可选项，代表函数与定义成员变量前的修饰符相似，可以是 public、private 等进行权限控制的关键字，也可以是 static 等非访问权限的修饰符。

（2）函数返回值类型用来说明函数返回值的数据类型，可以是 Java 允许的任何一种类型，包括基本数据类型和引用数据类型。如果函数有返回值，则成员函数中会用到 return 语句，return 语句之后的表达式类型应该与返回值类型保持一致；如果成员函数没有返回值，则返回值的类型为 void，在成员函数体中不必使用 return 语句。

（3）在定义函数名字时要求函数名字必须是 Java 允许的用户自定义标识符，一般以小写字母开头。函数名字应该尽可能体现要实现的功能含义，尽可能做到见名知义。

（4）函数形式参数列表指明了函数在被调用时需要传递的参数的个数及类型，形式参数的写法如下：

```
类型 形式参数 1,类型 形式参数 2,…,类型 形式参数 n
```

形式参数可以有多个，各个参数之间用“，”间隔。如果成员函数没有参数，那么参数列表就为空。

在 Java 中，允许多个成员函数使用相同的名字，即允许方法重载，但是形式参数必须不同，如参数个数或参数类型的区别。

（5）函数体是用“{ }”括起来的用来实现类的功能的多行语句，一般包括两部分，即变量定义和功能实现语句。在函数体内定义的变量称为局部变量，局部变量只作用于函数自身，局部变量定义前不允许有修饰符，且在使用前必须先进行初始化。

成员函数在对象实例化后的引用形式如下：

```
对象名.成员函数（实际参数列表）
```

此处调用时传递的实际参数的类型和个数与形式参数一一对应，形式参数类似于数学公式 $z=f(x,y)$ 中的 x、y 变量，而实际参数则类似于求解结果时代入数学公式计算的具体的 x 和 y 的值。如果参数类型为基本数据类型，那么进行的是值传递；如果参数类型是对象类型或者数组时，那么进行的是引用传递，此部分参数传递类型的区别详见例 4-8。

例 4-5　优化圆形类和矩形类，增加面积计算方法。

文件名：Demo4_5.java

程序代码：

```
    class Circle {
    int radius;
    static double PI = 3.14159265;
    public double calcArea(){
       return PI*radius*radius;
    }
  }
    class Rectangle {
    double width = 20.5;
    double height = 30.1;
    public double calcArea(){
       return width*height;
    }
  }
    public class Demo4_5{
       public static void main(String args[]) {
          Circle   x,z;
          Rectangle y;
          x = new Circle();
          z = new Circle();
          y = new Rectangle();
          System.out.println("radius = " + x.radius+",area = "+x.calcArea());
          System.out.println("width = " + y.width+"height = " + y.height+",area = 
"+y.calcArea());
          x.radius = 5;
          System.out.println("radius = " + x.radius+",area = "+x.calcArea());
          System.out.println("in radius,PI = " + Circle.PI);
          System.out.println("in radius,PI = " + x.PI);
    }
  }
```

Demo4_5.java 的运行结果如图 4-10 所示。

```
Console
<terminated> Demo4_5 [Java Application] D:\java\jdk1.8.0_25\bin\javaw.exe (2019年
radius = 0,area = 0.0
width = 20.5height = 30.1,area = 617.0500000000001
radius = 5,area = 78.53981625
in radius,PI = 3.14159265
in radius,PI = 3.14159265
```

图 4-10　Demo4_5.java 的运行结果

程序解析：与例 4-1 相比，上述代码在圆形类和矩形类中增加了成员函数，需要注意的是，虽然此处两个类都增加了一个名为 calcArea()的方法，但是该方法分属于两个独立的类，且两个类的计算方法各不相同。在 Demo4_5 类中可以看到，具体的某个圆的面积的计算调用规则为圆的实例对象 x.calcArea()；矩形面积的计算调用规则为矩形的实例对象 y.calcArea()。执行 Demo4_5.java 程序后，JVM 在运行时的内存分配示意图如图 4-11 所示。

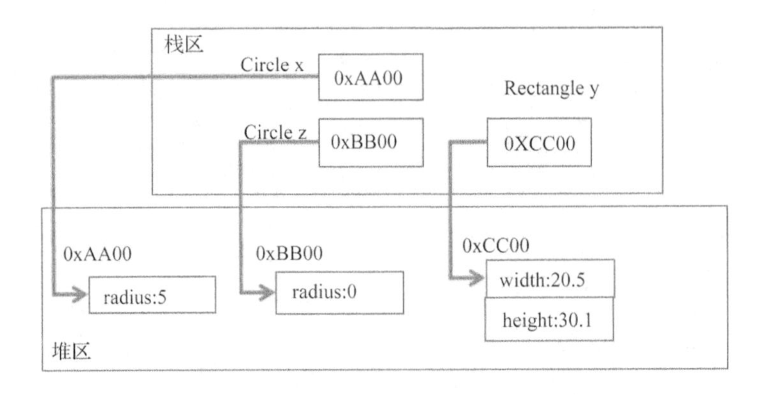

图 4-11　Demo4_5.java 内存分配示意图

在了解了成员方法的基本引用形式后，我们通过下面几个例子来进一步学习成员方法定义过程中需要关注的返回值、重载、参数的定义方法及常用的 equals()方法。

在 Java 中用 static 修饰的方法被称为静态方法或类方法，与静态变量类似，该方法是属于整个类的方法，可以使用“类名.方法()”或者“对象名.方法()”两种形式来调用，且该方法只能访问 static 数据成员和 static()方法，main()方法就是典型的静态方法，是每个程序的入口。下面通过例 4-6 来进一步熟悉 static 修饰的方法。

例 4-6　static 修饰的方法示例。

文件名：Demo4_6.java

程序代码：

```
public class Demo4_6 {
    int x = 5;
    static int sx=15;
    void printX(){
        System.out.println("x="+x);
        System.out.println("sx="+sx);
    }
    static void printSx(){
        int x_x = 6;
        sx = x_x;
        //System.out.println("x="+x);
        System.out.println("sx="+sx);

    }
    public static void main(String[] args) {
         printSx();
        //printX();
        Demo4_6 obj = new Demo4_6();
        obj.printX();
        obj.printSx();
    }

}
```

Demo4_6.java 的运行结果如图 4-12 所示。

```
Console
<terminated> Demo4_6 (1) [Java Application] D:\java\jdk1.8.0_25\bin\javaw.exe
sx=6
x=5
sx=6
sx=6
```

图 4-12　Demo4_6.java 的运行结果

程序解析：上述代码定义了一个整型成员变量 x 和一个静态变量 sx，还定义了一个非 static 方法 printX()和一个 static 方法 printSx()，从该例中可以看出如下几点。

（1）普通成员方法 printX()可以访问非 static 数据成员变量，也可以访问 static 数据成员变量。

（2）静态方法 printSx()只能访问 static 数据成员变量，不能访问非 static 数据成员变量，静态方法中局部变量的访问与普通成员方法没有区别。

（3）静态方法 main()中不能直接引用非 static 类型的方法 printX()，可以直接引用 static 类型的方法，也可以通过局部对象引用 static 或非 static 类型的方法。

例 4-7　方法的返回值和重载示例。

文件名：Demo4_7.java

程序代码：

```
public class Demo4_7 {
    public static void main(String[] args) {
        System.out.println(add(2,3));
        System.out.println(add(2.2,3));
        System.out.println(add(2.0f,3.0f));
        System.out.println(add("Hello"," World!"));
    }
    public static int add(int x,int y){
        System.out.println("整型数据加法被调用");
        int z = x+y;
        return z;
    }
    public static float add(float x,float y){
        System.out.println("单精度浮点型数据加法被调用");
        float z = x+y;
        return z;
    }
    public static double add(double x,double y){
        System.out.println("双精度浮点型数据加法被调用");
        double z = x+y;
        return z;
    }
    public static String add(String x,String y){
        System.out.println("字符串型数据加法被调用");
```

```
        String z = x+y;
        return z;
    }
}
```

Demo4_7.java 的运行结果如图 4-13 所示。

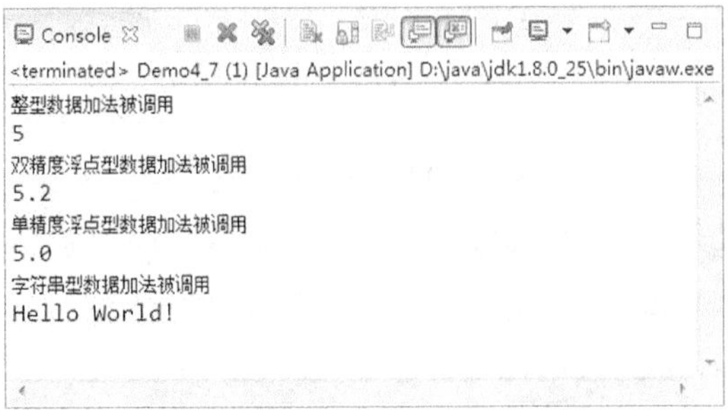

```
Console
<terminated> Demo4_7 (1) [Java Application] D:\java\jdk1.8.0_25\bin\javaw.exe
整型数据加法被调用
5
双精度浮点型数据加法被调用
5.2
单精度浮点型数据加法被调用
5.0
字符串型数据加法被调用
Hello World!
```

图 4-13　Demo4_7.java 的运行结果

程序解析：上述代码定义了包含 main()方法在内的 5 个静态方法，因此，方法可以直接通过“类名.方法()”来调用。上述代码所有的方法都在同一个类中，所以直接调用 add()方法即可。除 main()方法外，其余 4 个方法名都为 add()，且参数类型各不相同，构成了成员函数的重载。每个方法都有返回值，在方法体中用 return 语句指明其返回的值。测试中，系统会根据 add()方法传入的参数类型来确定调用哪个 add()方法。add(2,3)传入的两个实际参数都是整型，因此，调用第一个 add()方法；add(2.2,3)第一个参数默认为双精度浮点型数据，因此，调用 double 类型参数的 add()方法；其他方法调用类似，相应的计算结果返回值也与参与计算的数据类型保持一致。

例 4-8　方法的参数传递。

文件名：Demo4_8.java

程序代码：

```
class Pet{                                  //定义一个名字为 Pet 的类
    String name;                            //宠物名字——成员变量
    String color;                           //毛发颜色——成员变量
    int age;                                //年龄——成员变量
    double weight;                          //体重——成员变量
    double price;                           //售价——成员变量
     public double getPrice() {
        return price;
    }
    public void setPrice(double price) {
        this.price = price;
    }
    public void showInfo()                  //显示属性——成员方法
    {
        System.out.println("宠物的名字为: "+name);
        System.out.println("宠物的毛发颜色为: "+color);
        System.out.println("宠物的年龄为: "+age);
```

```
        System.out.println("宠物的体重为: "+weight);
        System.out.println("宠物的售价为: "+price);
    }
}
public class Demo4_8 {
    static void changeMoney(double money){
        money+=300;
    }
    static void changePrice(Pet p,double money){
        double price = p.getPrice();
        p.setPrice(price+money);
    }
    public static void main(String[] args) {
        Pet p = new Pet();
        p.name = "小花";
        p.color = "灰色";
        p.age = 1;
        p.weight = 15;
        p.price = 3000;
        double money = 50;
        changeMoney(money);
        System.out.println("money = "+money);
        System.out.println(p.price);
        changePrice(p,money);
        System.out.println(p.price);

    }
}
```

Demo4_8.java 的运行结果如图 4-14 所示。

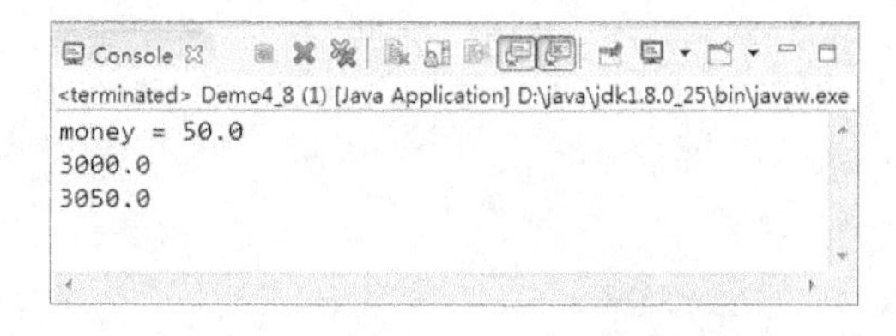

图 4-14　Demo4_8.java 的运行结果

程序解析：上述代码定义了两个类，其中类 Pet 在前例中已有，主类 Demo4_8.java 中除 main()方法外还有 2 个静态方法，第一个方法 changeMoney()，参数进行的是值传递，当调用该方法时，实际参数 money 的值没有发生变化，即传入的初始值是 50，执行完 changeMoney()方法后，该值还是 50，没有改变，说明值参数在传递时只能由实际参数传递给形式参数，不能由形式参数传递值给实际参数。第二个方法 changePrice()，参数 1 传递的是 Pet 类的对象 p，即进行的是引用参数传递，参数 2 的 money 传递的是值，可以看到在调用该方法前对象 p 的 price 值是 3000，执行完 changePrice()方法后，对象 p 的 price 值变为了 3050，说明此处在进行实际参数传递时，对 p 本身也进行了修改，传递的是对象的地址，形式参数的修改也就是对实际参数对象的修改。

在 Java 程序设计过程中，经常会对两个数据进行比较，如果是基本数据类型，那么使用“==”即可完成比较值是否相等；如果进行两个引用对象的比较，那么使用“==”则比较的是两个对象的地址是否相等，使用 equals()方法可用于比较两个对象的内容是否一致，也可以在每个类中定义自己的 equals()方法来确定比较的是否为同一对象。

例 4-9 equals()方法的使用。

文件名：Demo4_9.java

程序代码：

```
class Student{
    int sNo;
    String sName;
    String sSex;
    double sWeight;
    @Override   //表示下述方法是对父类中该方法的重写
    public boolean equals(Object obj) {
        //判断调用者和传递进来的对象是否一致
        if(obj==this){
            return true;
        }
        //判断传递进来的学生对象是否学号一致，如果一致，则认为相等
        if(obj instanceof Student){
        Student tempobj = (Student)obj;
            return (tempobj.sNo==this.sNo);
        }
          return false;
    }
}
public class Demo4_9 {
    public static void main(String[] args) {
       Student s = new Student();
       s.sNo = 2019001;
       Student s1 = new Student();
       s1.sNo =2019001;
       if(s==s1){
       System.out.println("s==s1");
       }
       else{
       System.out.println("s!=s1");
       }
       if(s.equals(s1)){
       System.out.println("s equals s1");
       }
       else{
       System.out.println("s !equals s1");
       }
    }
}
```

Demo4_9.java 的运行结果如图 4-15 所示。

```
Console
<terminated> Demo4_9 (1) [Java Application] D:\java\jdk1.8.0_25\bin\javaw.exe
s!=s1
s equals s1
```

图 4-15　Demo4_9.java 的运行结果

程序解析：由上述代码运行结果可知，s 不等于 s1，但是如果从内容上来比较，就会发现两者并没有不相等之处，此处使用“==”比较的是两者实例化的地址，但是这两个对象指向不同的内存空间，所以二者的地址肯定不相同，因此 s 不等于 s1。由于所有的类都是 Object 类的子类，该类中的 equals()方法用于比较对象间是否相等，上述代码重写了 equals()方法，规定只要两个对象的 sNo 相等，则认为两个对象相同，从运行结果也可以看出，s equals s1 比较的是具体的内容，因此 s 与 s1 是相等的。

6．构造方法

在类定义中，类体里有一部分方法称为构造方法，该方法可以用来给对象的数据成员赋初值，因此，在创建类的对象时需要使用构造方法。我们可以将构造方法看成是一类特殊的成员函数，语法如下：

```
class 类名
{
      [访问修饰符] 构造方法名（类型 1 参数 1，类型 2 参数 2，…） {
         //完成给对象属性赋初值功能
         程序语句;
     }
}
```

此处构造方法名就是类名，构造方法之前的访问修饰符可以为 public 和 private 两种。一般定义为 public，这样在新创建对象时可以自动调用，如果修饰符为 private，那么该构造方法在类以外的地方不可调用。

一旦使用“new 构造方法()”创建了一个新的对象，就会为该对象开辟内存空间，构造方法就会被 Java 系统自动调用。使用构造方法需要注意以下几个方面。

（1）构造方法名跟类名相同，且没有返回值。

（2）构造方法的主要功能是进行对象数据成员初始化操作。

（3）构造方法的调用时机与普通成员方法不同，它是在创建对象时由系统自动调用的，不需要显式地直接调用。

（4）如果类定义中没有提供任何形式的构造方法，那么系统会为类提供一个默认的构造方法，此构造方法没有参数，方法体中也不包含任何操作。当新建一个类的对象时，系统会自动调用该方法完成新的对象的初始化操作。但是如果类定义中已经显式地提供了构造方法，那么系统将不再提供默认的构造方法。

例 4-10　增加圆形类和矩形类的构造方法示例。

文件名：Demo4_10.java

程序代码：

```
class Circle {
    int radius;
    static double PI = 3.14159265;
    Circle(){}
    Circle(int r){
        radius = r;
    }
    public double calcArea(){
        return PI*radius*radius;
    }
}
class Rectangle {
    double width;
    double height;
    Rectangle(double w,double h){
        width = w;
        height =h;
    }
public double calcArea(){
    return width*height;
    }
}
public class Demo4_10{
    public static void main(String args[]) {
Circle   x,z;
Rectangle y;
        x = new Circle();
        z = new Circle(5);
        y = new Rectangle(4,5);
    System.out.println("radius = " + x.radius+",area = "+x.calcArea());
       System.out.println("width = " + y.width+",height = " + y.height+",area =
"+y.calcArea());
       System.out.println("radius = " + z.radius+",area = "+z.calcArea());
    }
}
```

Demo4_10.java 的运行结果如图 4-16 所示。

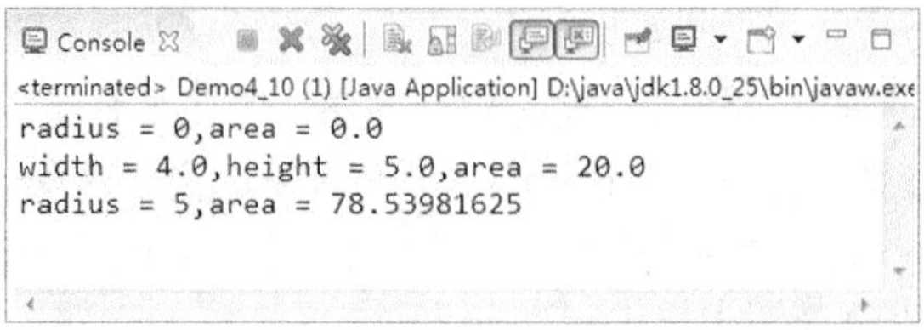

```
Console
<terminated> Demo4_10 (1) [Java Application] D:\java\jdk1.8.0_25\bin\javaw.exe
radius = 0,area = 0.0
width = 4.0,height = 5.0,area = 20.0
radius = 5,area = 78.53981625
```

图 4-16　Demo4_10.java 的运行结果

程序解析：在上述代码中，Circle 类定义了两个构造方法 Circle()和 Circle(int r)，可以实现对 Circle 类对象的数据成员的初始化操作。Rectangle 类定义了构造方法 Rectangle(double w, double h)，利用该构造方法，可以完成对 Rectangle 类对象的数据成员赋值。

与成员方法相同，构造方法也允许重载，重载时构造方法需要通过参数进行区别，将带参数的构造方法实例化时，参数应该在个数、次序和类型上匹配。例 4-10 中 Circle 类有两个构造方法，也有构造方法重载，在对对象 x 和对象 z 进行实例化时，系统会根据参数的个数来确定调用哪个构造方法对对象成员变量进行初始化。假设已经显式地提供了构造方法，再调用系统默认的构造方法是否可行呢？分析下述测试代码：

```
public class Demo4_10{
    public static void main(String args[]) {
        Circle   x,z;
        Rectangle y,y1;
        x = new Circle();
        z = new Circle(5);
        y = new Rectangle(4, 5);
        y1=new  Rectangle();
        System.out.println("radius = " + x.radius+",area = "+x.calcArea());
        System.out.println("width = " + y.width+"height = " + y.height+",area = 
"+y.calcArea());
        System.out.println("radius = " + z.radius+",area = "+z.calcArea());
    }
}
```

修改后的 Demo4_10.java 的运行结果如图 4-17 所示。

```
Console
<terminated> Demo4_10 (1) [Java Application] D:\java\jdk1.8.0_25\bin\javaw.exe (2019年9月3日 下午9:57:50)
Exception in thread "main" java.lang.Error: Unresolved compilation problem:
        The constructor Rectangle() is undefined

        at Demo4_10.main(Demo4_10.java:30)
```

图 4-17 修改后的 Demo4_10.java 的运行结果

上述代码在例 4-10 的基础上新增了一个矩形 Rectangle 类对象 y1，并使用系统提供的无参构造方法，但是目前编译报错，指出构造方法 Rectangle()未定义。这是因为如果在 Java 程序中已经显式声明了构造函数，那么默认的构造函数就不会再自动生成。可以在 Rectangle 类中增加一个与 Circle 类相似的不带参数且不做任何操作的构造方法，即 Rectangle(){}就可以解决此问题。

4.1.3 案例分析

根据案例需求，要设计一个宠物类，该类包括的数据成员有宠物名字、毛发颜色、年龄、体重、售价等，该类包括的成员方法有宠物基本信息查询，如查询宠物名字、毛发颜色、年龄等基本信息。最后通过定义类的对象来进行功能验证。

4.1.4　案例实现

文件名：Demo4_11.java

程序代码：

```
class Pet{                    //定义一个名字为 Pet 的类
    String name;          //宠物名字——成员变量
    String color;         //毛发颜色——成员变量
    int age;              //年龄——成员变量
    double weight;        //体重——成员变量
    double price;         //售价——成员变量
    public Pet( String n,String c,int a,double w,double p){
    name = n;
    color= c;
    age = a;
weight = w;
price = p;
    }
    public String name(){
        return name;
    }
    public String color(){
        return color;
    }
    public int age(){
        return age;
    }
    public double weight(){
    return weight;
    }
    public double price(){
        return price;
    }
    public void showInfo() //显示属性——成员方法
    {
        System.out.println("宠物的名字为："+name);
        System.out.println("宠物的毛发颜色为："+color);
        System.out.println("宠物的年龄为："+age);
        System.out.println("宠物的体重为："+weight);
        System.out.println("宠物的售价为："+price);
    }
}
public class Demo4_11 {
    public static void main(String[] args) {
        Pet p;
        p = new Pet("小白","白色",2,12,2000);
        p.showInfo();
        System.out.println("宠物名字为"+p.name()+"年龄为："+p.age());}
}
```

Demo4_11.java 的运行结果如图 4-18 所示。

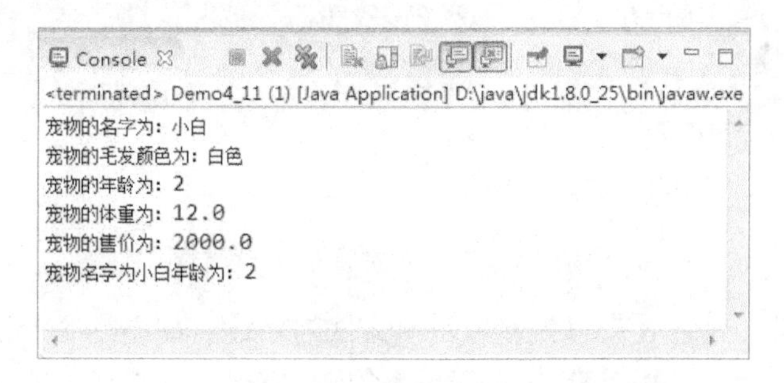

图 4-18　Demo4_11.java 的运行结果

4.1.5　案例小结

本案例侧重于类的设计，包括构造方法、成员变量、成员方法的定义，以及主类中生成类的对象、进行对象初始化、对象的成员变量和成员方法的引用。

4.1.6　案例拓展

通过学习本案例，大家应该对如何定义类、如何建立对象有了一定认识，可以在此案例的基础上进一步拓展，如通过提供多个构造方法，以及增加类变量和类方法的定义，实例化多个对象，输出对象属性等，以达到进一步熟悉如何进行类的定义和使用的目的。

4.2　案例 4-2 优化宠物类

4.2.1　案例描述

现在需要在案例 4-1 的基础上对宠物的一些方法进行修改，要求如下所述。

（1）增加修改宠物的基本信息的方法，并且要求宠物的年龄值在 0～50 之间，否则提示年龄设置有误；要求宠物的体重值在 0～100 之间，否则提示体重设置有误。

（2）不允许外部类对宠物的年龄、售价等属性进行直接访问或修改。

4.2.2　案例关联知识

1. 封装

通过对象的声明及引用方法可知，对象的实例数据只能由对象自己进行修改。为了防止类之外的代码对类内部的变量进行不适当的访问或修改，需要将对象进行封装。在 Java 中，使用修饰符实现对象封装，通过将静态属性私有化，提供公有的方法访问私有属性来隐藏实现的细节。客户与对象的方法进行交互，如图 4-19 所示。

如果类的成员变量设置为 public 可见性，则对象的外部代码可以直接访问，此时允许类的外部代码访问或修改类中的数据值，这将会破坏类的封装性。如果类的成员设置为 private 可见性，则只能由类的内部访问，不允许类的外部代码访问，这样可以确保类的封装性。

图 4-19　客户与对象的方法进行交互

类的成员方法是否允许客户可见，取决于方法的用途，如果为了方便客户引用，那么类的成员方法限定为 public。如果方法仅能在类的内部被引用，那么类的成员方法应该限定为 private 可见。为了方便类的成员方法为客户进行实例数据值的修改和访问，一般会定义针对成员变量的访问和修改方法，访问方法的形式定义为 getX，修改方法的形式定义为 setX。

因此，通过以上分析，封装的实现一般包括如下几个操作。

（1）修改属性的可见性来限制对属性的访问。

（2）为每个属性创建一个赋值（set）和取值（get）的方法，用于对这些属性的访问。

（3）在赋值和取值方法中根据需要增加对属性的存取限制。

例 4-11　类的封装示例。

文件名：Demo4_12.java

程序代码：

```
class Student{
   private int sNo;
   private String sName;
   private String sSex;
   private double sWeight;
   public int getsNo() {
      return sNo;
   }
   public void setsNo(int sNo) {
      this.sNo = sNo;
   }
   public String getsName() {
      return sName;
   }
   public void setsName(String sName) {
      this.sName = sName;
   }
   public String getsSex() {
      return sSex;
   }
   public void setsSex(String sSex) {
      if(sSex.equals("男")||sSex.equals("女"))
          this.sSex = sSex;
      else
         System.out.println("设置性别有误");
   }
```

```
    public double getsWeight() {
        return sWeight;
    }
    public void setsWeight(double sWeight) {
        this.sWeight = sWeight;
    }
}
public class Demo4_12 {
    public static void main(String[] args) {
        Student s = new Student();
        //s.sNo = 2019001;      属性已经设置为private，不能在外部访问
        s.setsName("张三");
        s.setsSex("M");
        s.setsSex("男");
        s.setsWeight(80);
        System.out.println("学生学号为:"+s.getsNo()+" 姓名为:"+s.getsName()+" 性别为:
"+s.getsSex()+" 体重为: "+s.getsWeight());
    }
}
```

Demo4_12.java 的运行结果如图 4-20 所示。

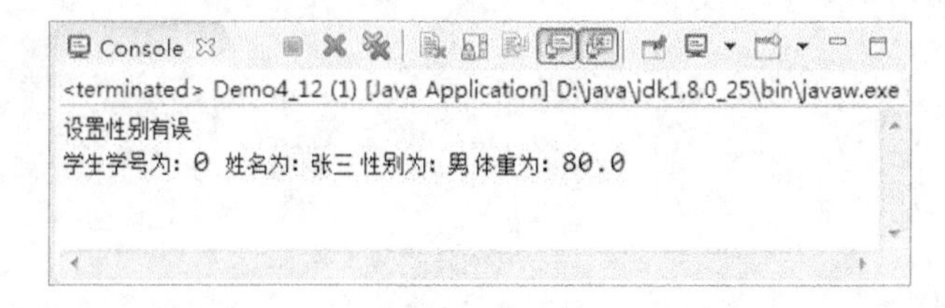

图 4-20 Demo4_12.java 的运行结果

程序解析：在上述代码中，将 sNo、sName、sSex、sWeight 属性设置为 private，只能本类才能访问，其他类都不能访问，该设置实现了对信息的隐藏，同时，通过在类中针对每个属性的 get 和 set 方法，将其设置为 public 属性，方便了对外的访问。注意，程序中的 this 关键字可以详见案例 4-3，其目的是为了解决成员变量与局部变量的命名冲突问题。

4.2.3 案例分析

根据案例需求可知，同案例 4-1 相比，新增功能更符合实际数据操作逻辑，新增功能的优点有以下两种：一是对成员变量进行修改和查询的合理性设计，二是对外隐藏要保护的细节信息。此需求按照封装操作过程来实现即可。

4.2.4 案例实现

文件名：Demo4_13.java
程序代码：

```
class Pet{                        //定义一个名字为 Pet 的类
    private String name;          //宠物名字——成员变量
        private String color;     //毛发颜色——成员变量
        private int age;          //年龄——成员变量
        private double weight;    //体重——成员变量
        private double price;     //售价——成员变量
        public Pet( String n,String c,int a,double w,double p){
        name = n;
        color= c;
        age = a;
        weight = w;
        price = p;
        }
        public String getName() {
            return name;
        }
        public void setName(String name) {
            this.name = name;
        }
        public String getColor() {
            return color;
        }
        public void setColor(String color) {
            this.color = color;
        }
        public int getAge() {
            return age;
        }
        public void setAge(int age) {
            if(age>0 && age<=50)
            {
                this.age = age;
            }
            else
    System.out.println("您设置的年龄有误");
        }
        public double getWeight() {
            return weight;
        }
        public void setWeight(double weight) {
            if(weight>0 && weight<=100)
            {
                this.weight= weight;
            }
            else
                System.out.println("您设置的体重有误");
        }
        public double getPrice() {
```

```
        return price;}
    public void setPrice(double price) {
        this.price = price;}
    public void showInfo() //显示属性——成员方法
    {
        System.out.println("宠物的名字为："+name);
        System.out.println("宠物的毛发颜色为："+color);
        System.out.println("宠物的年龄为："+age);
        System.out.println("宠物的体重为："+weight);
        System.out.println("宠物的售价为："+price);
    }
  }
  public class Demo4_13 {
    public static void main(String[] args) {
        Pet p;
        p = new Pet("小白","白色",2,12,2000);
        p.showInfo();
        System.out.println("宠物名字为"+p.getName()+"年龄为："+p.getAge());
        p.setAge(3);
        p.setPrice(1500);
        p.showInfo();
  }
}
```

Demo4_13.java 的运行结果如图 4-21 所示。

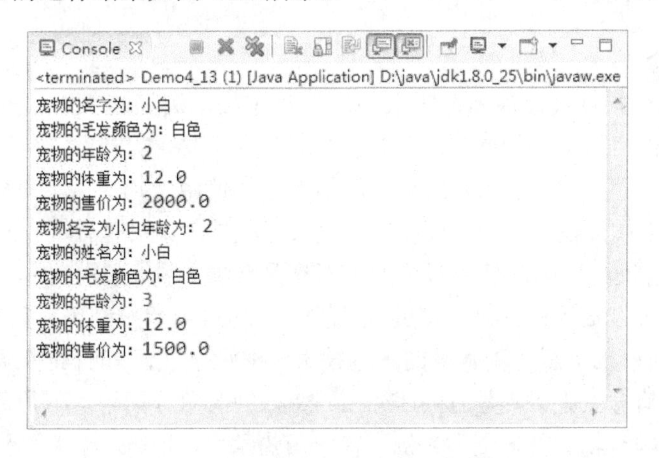

图 4-21　Demo4_13.java 的运行结果

4.2.5　案例小结

本案例侧重在类的封装实现上，类中的数据成员 name、color、age、weight、price 被设置为 private 访问权限，同时为了方便对对象的数据成员进行访问和修改，相关代码提供了每个数据成员的访问和修改方法。通过此种方式能够实现类的细节的隐藏，同时不影响数据成员的访问和修改，达到对象封装的目的。

4.2.6 案例拓展

我们可以在已有学习内容的基础上，进一步增加宠物的属性设置，如喜好、品种等，并按照封装性需求来实现属性隐藏，对外提供属性的访问和设置方法，最后实例化并给对象赋值，输出对象属性。

4.3 案例 4-3 宠物多样性设计

4.3.1 案例描述

请基于案例 4-2 进一步完成满足如下多样化要求的宠物设计。

（1）在 Pet 类中增加移动的 move()方法，打印“我是可以移动的”，增加 enjoy()方法，打印“我很高兴”。

（2）定义 Pet 类的子类——鸟类 Bird，属性有爪子数量（number），并重写移动的方法 move()，打印“我是可以飞的”。重写 enjoy()方法，打印“我很高兴，啾啾啾”。

（3）定义 Pet 类的子类——猫类 Cat，属性有品种（kind），并重写移动的方法 move()，打印“我是可以跑的”，重写 enjoy()方法，打印“我很高兴，喵喵喵”。

（4）测试主类：实现一个 Cat 对象、一个 Bird 对象，实现它们的 move()方法和 enjoy()方法。

4.3.2 案例关联知识

1. 继承的概念

继承泛指一个对象直接使用另一对象的属性和方法，例如继承人、继承文化遗产等。事实上，在软件领域也沿用了这一概念。过去，软件人员开发新的软件，能从已有的软件中直接选用完全符合要求的不多，一般都要进行许多修改才能使用，实际上有很大一部分功能代码要重新编写，这使得工作量很大。随着软件应用领域逐渐扩大，人们对软件的使用需求已经不再局限于基本功能的层面上，因此软件版本的更新也是愈加频繁，鼓励软件重用来缩短软件产品开发周期现已成为大多数软件开发公司的战略要求，通过继承机制可有效解决这个问题。

在 Java 中，继承是组织和创建类的基本技术，继承是从已有的类中派生出新类的过程。从之前学习的类的概念上来讲，类是将具有相同特征的对象分门别类的思想，常用于描述具有相对层次关系的一类事物。以学生类为例，有统一的学号、年级、学习课程等特征，再具体到一组具体的学生，如大学生，具备学生的全部特征，而且他们还有一些独有的特点，这使得他们有别于其他学生。那么在软件开发领域，则可以通过定义一个 Student 类来描述学生共有的状态和行为，而定义一个 College 类，其从 Student 类派生而来，具备 Student 类的所有状态与行为，再在该类中增加其所特有的一些变量和方法，以便和其他学生区别开，同样还可以派生出相似的 Pupil 小学生类、MiddleSchool 中学生类、HighSchool 高中生类。从一个父类派生出的多个子类之间构成了一个类层次结构，继承的过程使得两个类之间建立了“是一种（is kind of）”关系，用于派生新类的被称为父类，或是超类，被派生出的类被称为子类或派生类，也可将 Pupil 小学生类、MiddleSchool 中学生类、HighSchool 高中生类和 College 类称为兄弟类，共享从父类继承下来的特征，但它们之间又相互区别，其示意图如图 4-22 所示。

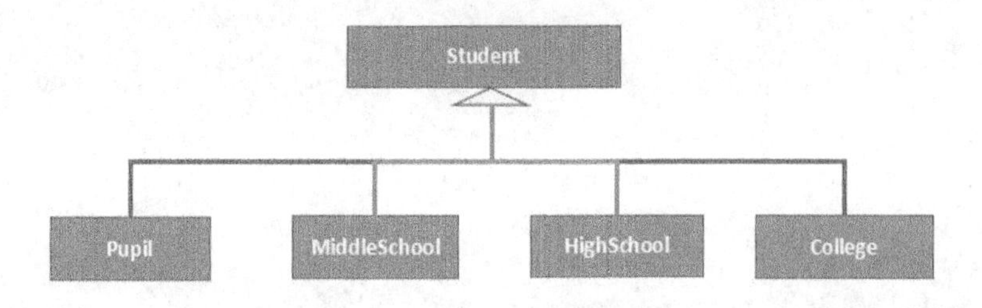

图 4-22　类与派生类关系示意图

通过此种继承派生方式，新类自动包含了原始类的变量和方法，然后可以根据需要将新变量和方法添加到派生的新类中，可以快速地构建一个区别于父类和兄弟类的新类，最大化了现有类重用的可能性，因此，在软件领域普遍公认继承使软件重用成为可能。

在 Java 中只允许单继承，不允许多继承，即一个类的父类只有一个，不允许出现如图 4-23 所示的情况。

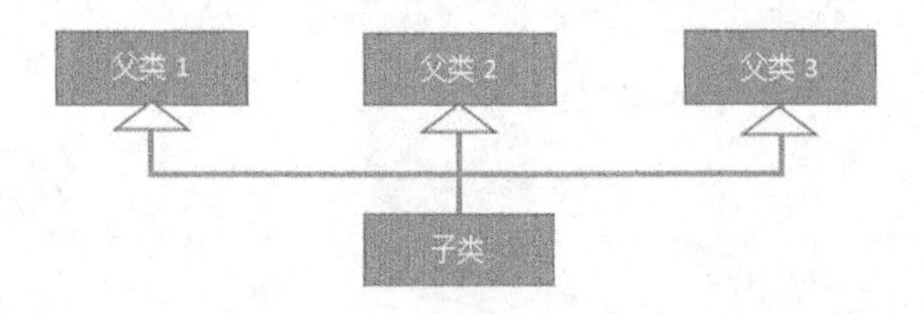

图 4-23　子类继承多个父类关系示意图

在 Java 中定义子类是使用 extends 关键字指明的，具体格式如下：

```
class 子类 extends 父类 {
…
}
```

例如：

```
class Student{
//类体
}
class CollegeStudentextends Student
{
//类体
}
```

其中，CollegeStudent 声明为 Student 类的子类，而 Student 类为 CollegeStudent 类的父类。子类的类体中有一部分是自己定义的，另一部分是从父类继承而来的，包括成员变量、成员方法的继承。

例 4-12　派生子类示例。

文件名：Demo4_14.java

程序代码：

```
class Cat extends Pet{
   Cat( String n,String c,int a,double w,double p){
```

```
            super(n,c,a,w,p);
        }
    }
    class Dog extends Pet{
        Dog( String n,String c,int a,double w,double p){
            super(n,c,a,w,p);
        }
    public class Demo4_14 {
        public static void main(String[] args) {
        Cat c = new Cat("咪咪","灰色",1,10,5000);
            c.showInfo();
            c.setPrice(6000);
            c.showInfo();
            Dog d = new Dog("旺旺","土黄色",3,30,4000);
            d.showInfo();
            d.setColor("金黄色");
            d.showInfo();}
    }
```

Demo4_14.java 的运行结果如图 4-24 所示。

```
Console ☒
<terminated> Demo4_14 [Java Application] D:\java\jdk1.8.0_25\bin\javaw.exe
宠物的名字为：咪咪
宠物的毛发颜色为：灰色
宠物的年龄为：1
宠物的体重为：10.0
宠物的售价为：5000.0
宠物的姓名为：咪咪
宠物的毛发颜色为：灰色
宠物的年龄为：1
宠物的体重为：10.0
宠物的售价为：6000.0
宠物的姓名为：旺旺
宠物的毛发颜色为：土黄色
宠物的年龄为：3
宠物的体重为：30.0
宠物的售价为：4000.0
宠物的姓名为：旺旺
宠物的毛发颜色为：金黄色
宠物的年龄为：3
宠物的体重为：30.0
宠物的售价为：4000.0
```

图 4-24　Demo4_14.java 的运行结果

程序解析：通过从 Demo4_13 的 Pet 类派生出 Cat 和 Dog 两个子类，这两个子类中分别定义了各自类的带参数的构造方法，并在构造方法中使用 super()方法进行了 Pet 父类的构造函数调用，并进行了成员变量初始化。在主类中，建立了 Cat 类对象 c，并进行初始化，调用了从 Pet 类继承过来的 showInfo()和 setPrice()等方法。同时，还建立了 Dog 类对象 d，并进行初始化，也调用了继承自父类的 showInfo()和 setColor()等方法。

从例 4-12 可以看出，尽管在 Cat 类和 Dog 类中除了定义构造方法外，没有定义其他方法，但是由于都是 Pet 类的子类，继承了 Pet 类的方法，这些方法就与在子类中直接声明一样，在使用上没有区别。

2．访问权限修饰

通过前面对继承概念和实例的学习可知，子类可以继承父类的成员变量和成员方法，但并不是所有的父类成员变量和成员方法都可以被子类继承，成员变量和成员方法前的访问权限修饰符决定了子类可以访问的父类部分。

Java 提供了 4 个用于访问权限控制的关键字，即 public、protected、默认、private 来限定以下几个不同的访问级别。

（1）公开级别：用 public 修饰，对外公开。

（2）受保护级别：用 protected 修饰，对子类和同一个包中的类公开。

（3）默认级别：没有修饰符，对同一个包中的类公开。

（4）私有级别：用 private 修饰，只有类本身可以访问，不对外公开。

Java 访问控制权限如表 4-1 所示。

表 4-1　Java 访问控制权限

访 问 级 别	访问控制修饰符	同　类	同包不同类	不同包子类	不　同　包
公开	public	√	√	√	√
受保护	protected	√	√	√	×
默认	没有修饰符	√	√	×	×
私有	private	√	×	×	×

上述“√”表示可以访问，“×”表示不可以访问。由表 4-1 第三列可知，只要指明是在同一类中，无论哪种访问修饰符都可以相互访问。

例 4-13　同一个类的成员变量和成员方法访问示例。

文件名：Demo4_15.java

程序代码：

```
class A {
      public int a = 10;
      private int b = 20;
      protected int c = 30;
      int d = 40;
      private int getB(){
         return b;
      }
      protected int getC(){
         return c;
      }
      public int getA()  {
         return a;
      }
     int getD(){
         return d;
      }
      public int add(){
         return (getA()+getB()+getC()+getD());
      }
```

```
        public void showInfo(){
            System.out.println("a:"+this.a);
            System.out.println("b:"+this.b);
            System.out.println("c:"+this.c);
            System.out.println("d:"+this.d);
        }
}
public class Demo4_15 {
    public static void main(String[] args) {
        A x = new A();
          x.showInfo();
          System.out.println(x.add());
}
}
```

Demo4_15.java 的运行结果如图 4-25 所示。

```
Console
<terminated> Demo4_15 [Java Application] D:\java\jdk1.8.0_25\bin\javaw.exe
a:10
b:20
c:30
d:40
100
```

图 4-25　Demo4_15.java 的运行结果

程序解析：上述代码在类 A 中分别定义了 4 种控制访问修饰符对应的成员变量和成员方法，通过该类的 showInfo()方法可以看出，同一类的内部，对于任何修饰符限定的成员变量都是可以正常访问的，通过该类的 add()方法可以看出，同一个类的内部，对于任何修饰符修饰的成员方法都是可以正常访问的。

由表 4-1 第四列可知，指明在同一个包中定义的类或者方法，只要不是私有修饰符限定的，都可以访问，也包括同一个包中的子类的情况，详见例 4-14。

例 4-14　同一个包的不同类的成员变量和成员方法访问示例。

文件名：Demo4_16.java

程序代码：

```
class A {
        public int a = 10;
        private int b = 20;
        protected int c = 30;
        int d = 40;
        private int getB(){
            return b;
        }
        protected int getC(){
            return c;
        }
        public int getA()  { return a; }
```

```
        int getD(){
            return d;
        }
        public int add(){
            return (getA()+getB()+getC()+getD());
        }
        public void showInfo(){
            System.out.println("a:"+this.a);
            System.out.println("b:"+this.b);
            System.out.println("c:"+this.c);
            System.out.println("d:"+this.d);
        }
}
class B extends A{
    public void showInfo(){
        System.out.println("a:"+this.a);
        //System.out.println("b:"+this.b);     ①
        System.out.println("c:"+this.c);
        System.out.println("d:"+this.d);
    }
    public int add(){
        int a1,b1,c1,d1;
        a1 = getA();
        //int b1 = getB();             ①
        b1 = 0;
        c1 = getC();
        d1 = getD();
        return a1+b1+c1+d1;
    }
}
public class Demo4_16 {
    public static void main(String[] args) {
        A x = new A();
        x.a = 1;
        //x.b = 2;               ②
        x.c = 3;
        x.d = 4;
        System.out.println(x.add());
        System.out.println("x.a:="+x.getA());
        //System.out.println("x.b:="+x.getB());   ②
        System.out.println("x.c:="+x.getC());
        System.out.println("x.d:="+x.getD());
    }
}
```

Demo4_16.java 的运行结果如图 4-26 所示。

```
Console
<terminated> Demo4_16 (1) [Java Application] D:\java\jdk1.8.0_25\bin\javaw.exe
28
x.a:=1
x.c:=3
x.d:=4
```

图 4-26　Demo4_16.java 的运行结果

程序解析：上述代码在 Demo4_16.java 文件中定义了三个类，类 A、类 B 和 Demo4_16，三者属于同一个包的不同类，例 4-14 中需要注释掉标注为①和②之处的代码才可以正常编译通过。①处是子类 B 对父类 A 中 private 修饰的成员变量和成员方法的访问，根据表 4-1 可知，同包中 private 修饰成员方法和成员变量是不允许不同类访问的。与①处注释一样，②处是其他类 Demo4_16 对父类 A 中 private 修饰的成员变量和成员方法的访问，同样也是不允许访问的。

由表 4-1 第五列可知，不同包的子类只可以访问用 public 修饰的和 protected 修饰的成员变量和成员方法。表 4-1 第六列则限定更为严格，不同包的非派生类除 public 修饰的类的成员方法和成员变量外，其余均不可访问。

3．Object 类

在 Java 中，所有类的顶层都是 Object 类，如果类的定义中没有显式的 extends 语句，那么该类则默认为是从 Object 类派生的，如前面讲述过的 Student 类，默认其父类为 Object 类。所有 Java 类都直接或间接地由 Object 类派生，相应地，所有类都会继承 Object 类的所有方法。Object 类的两个最常见的方法如下所述。

（1）boolean equals(Object obj)指明是否有其他对象与当前对象相同。

equals()方法在前面已经学习过，该方法的作用是确定两个对象是否相同，如果两个对象实际引用相同的对象，那么 equals()方法将返回真。

（2）StringtoString()返回一个描述对象本身的字符串。

使用从 Object 类继承的 toString()方法时，将得到一个字符串，该字符串将描述对象本身的信息，调用 println()方法时，将会自动调用 toString()方法并进行打印输出。

如果一个类想定义自身的 toString()方法，则重写该方法即可。

例 4-15　toString()方法使用示例。

文件名：Demo4_17.java

程序代码：

```
class Person{
    private String id;
    private String name;
    private String telno;
    public Person(String id, String name, String telno) {
        super();
        this.id = id;
        this.name = name;
        this.telno = telno;
    }
```

```
    public String getId() {
        return id;
    }
    public void setId(String id) {
        this.id = id;
    }
    public String getName() {
        return name;
    }
    public void setName(String name) {
        this.name = name;
    }
    public String getTelno() {
        return telno;
    }
    public void setTelno(String telno) {
        this.telno = telno;
    }
}
public class Demo4_17{
    public static void main(String[] args) {
        Person p =new Person("410371196506170018","李明","13478941230");
        System.out.println(p);
    }
}
```

Demo4_17.java 的运行结果如图 4-27 所示。

图 4-27　Demo4_17.java 的运行结果

从运行结果中可以看出，Object 类派生的 toString()方法输出的是"类名@内存地址"信息，且在 Println()方法中传递对象名称时自动调用。如果在 Person 类中增加 toString()方法，如下所示：

```
@Override
public String toString() {
    return "Person [id=" + id + ", name=" + name + ", telno=" + telno + "]";
}
```

再运行该程序，修改后的 Demo4_17.java 的运行结果如图 4-28 所示。

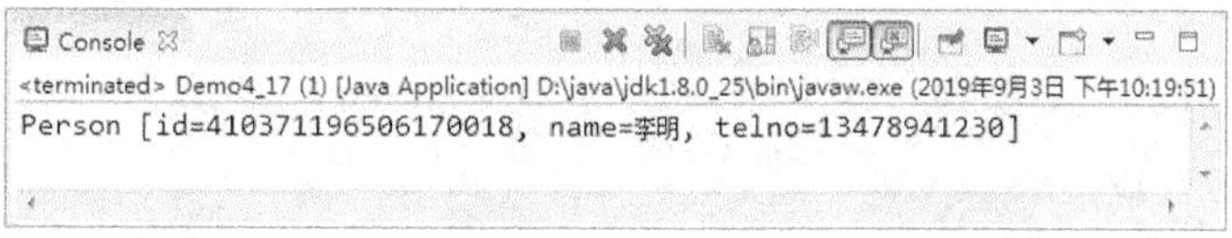

Console
<terminated> Demo4_17 (1) [Java Application] D:\java\jdk1.8.0_25\bin\javaw.exe (2019年9月3日 下午10:19:51)
Person [id=410371196506170018, name=李明, telno=13478941230]

图 4-28　修改后的 Demo4_17.java 的运行结果

从运行结果中可以看出，Person 类重写了 toString()方法，方法中输出了各个属性域的值，同时创建了对象 p，并在实例化后执行 System.out.println(p)语句，系统会自动调用 toString()方法输出对象 p 的各个属性值，此处 System.out.println(p)和 System.out.println(p.toString())方法相同，一般使用 System.out.println(对象名)方法更为直观。

4．成员变量继承

成员变量在继承过程中，需要注意如下几点。

（1）子类继承的是父类的非私有类型的数据成员，子类不能直接访问从父类中继承的私有属性，但可以使用公有（及保护）方法进行访问。

例 4-16　数据成员继承实例。

文件名：Demo4_18.java

程序代码：

```
public class A {
   public int a = 10;
   private int b = 20;
   protected int c = 30;
   public int getb()  { return b; }
}
public class B extends A {
   public int d;
   public void tryVariables() {
      System.out.println(a);              //允许
      System.out.println(b);              //编译报错，提示不允许
      System.out.println(getb());         //允许
      System.out.println(c);              //允许
   }
}
```

在上述代码中，我们可以看出在父类 A 中定义了不同修饰符限定的多个成员变量，分别为 public 修饰的公开成员变量 a，private 修饰的私有成员变量 b，以及 protected 修饰的保护型成员变量 c。类 B 是类 A 的子类，本身新增了一个 public 修饰的公开成员变量 d，并定义了一个成员方法 tryVariables()实现对从父类继承过来的成员变量的访问，通过编译可知，当访问父类定义的私有成员变量时，程序编译会出现错误，这是因为子类不能直接访问从父类中继承的私有属性及方法。

（2）子类数据成员隐藏，即如果在子类中定义了一个与父类中已经定义的数据成员同名的数据成员，那么子类就有两个同名的数据成员，一个是从父类继承的，另一个是子类定义的。如果在子类方法中引用了该同名数据成员，那么默认是引用子类定义的数据成员，父类继承过来的数据成员被隐藏。如果确实需要访问父类的同名成员，那么可以借助关键字 super 来完成访问。

例 4-17　数据成员同名实例。

文件名：Demo4_19.java

程序代码：

```
class A
{
```

```
    public int n_public = 4;
}
class B extends  A
{
    public int n_public = 40;
    public void f(){
        System.out.println(n_public);
    }
}
class Demo4_19{
    public static void main(String[] args) {
        B b = new B();
        b.f();
    }
}
```

Demo4_19.java 的运行结果如图 4-29 所示。

图 4-29　Demo4_19.java 的运行结果

程序解析：在上述代码中，父类 A、子类 B 中都定义了一个名为 n_public 的成员变量，当在子类中引用成员变量 n_public 时，引用的是子类的该成员变量，因此，测试结果显示输出的子类成员变量的值为 40，父类的成员变量被隐藏。如果上述 B 类的成员方法 f()定义如下，则可以访问到父类的该同名成员变量。

```
public void f()
{
     System.out.println(n_public);
     System.out.println(super.n_public);
}
```

修改后的 Demo4_19.java 的运行结果如图 4-30 所示。

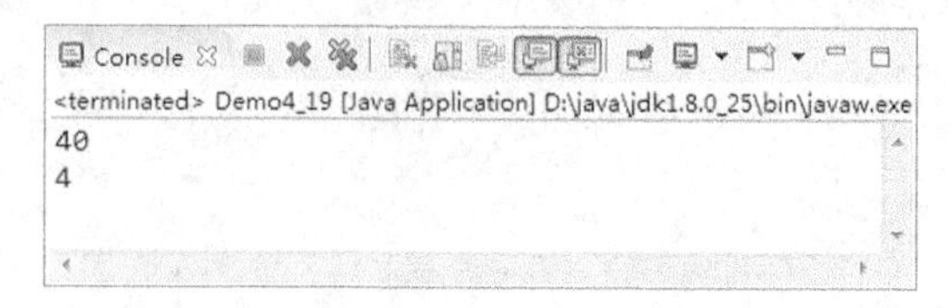

图 4-30　修改后的 Demo4_19.java 的运行结果

5．成员函数继承

子类继承父类的成员方法时与数据成员相似，需要特别注意以下两点。

（1）子类可以继承父类的非私有成员函数，父类的 private 修饰的成员方法不能被继承。

（2）如果子类中定义了与父类同名的成员方法，将实现对父类方法的重新定义，那么子类将实现对成员方法的覆盖，具体原则如下所述。

① 父类中用 final 修饰的成员方法表示该成员方法是最终的，是不允许被修改的，因此，该方法可以被子类继承，但是无法覆盖。

② 此处的子类与父类同名，要求必须与父类保持相同的方法名、返回类型、参数个数、类型和顺序。

③ 子类的该同名方法的访问权限必须大于或等于父类方法的访问权限，即如果父类该方法之前的访问修饰符为 protected 时，那么子类的该方法访问权限必须大于或等于父类方法的访问权限 protected。

子类的成员方法覆盖了父类的该方法，意味着子类实现该方法时的计算规则或者求取方法已经取代父类，因此，成员函数覆盖也称为方法的重写。如果子类想使用父类被覆盖的方法，那么也必须使用关键字 super。

例 4-18　成员方法同名实例。

文件名：Demo4_20.java

程序代码：

```
class A{
    void f(){
        System.out.println("调用父类的 f()方法");
    }
}
class B extends A{
    void f(){
        System.out.println("调用子类的 f()方法");
    }
}
public class Demo4_20{
    public static void main(String[] args) {
        A a = new A();
        B b = new B();
        b.f();
        a.f();
    }
}
```

Demo4_20.java 的运行结果如图 4-31 所示。

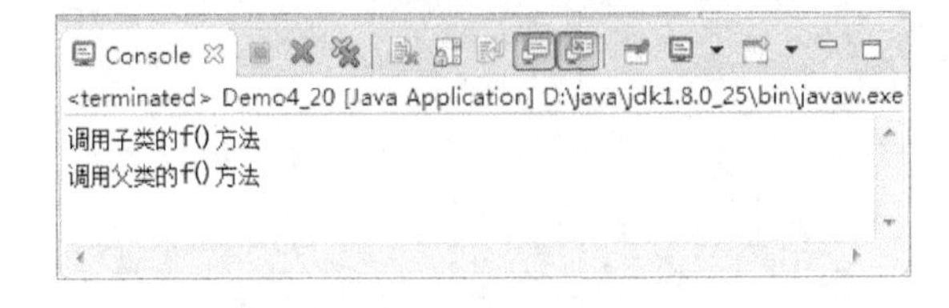

图 4-31　Demo4_20.java 的运行结果

程序解析：上述代码中父类 A 和子类 B 都定义了成员方法 f()，当子类对象引用方法 f()时，引用的是子类的成员方法 f()，父类的成员方法 f()被覆盖。

6．子类对象的构造

当创建一个子类对象时，执行“new 子类()”操作，其构造过程为：首先加载父类，初始化父类的静态成员变量。其次加载子类，执行子类静态成员变量初始化。再次初始化父类对象，执行父类对象的成员变量初始化，执行父类对象的构造方法。最后初始化子类对象，执行子类自身定义的成员变量初始化，并执行子类的构造方法。在这个过程中，虽然父类对象的成员变量都分配了内存空间，但是私有的成员变量是不作为子类对象的数据成员使用的。此时，子类对象可以引用的部分示意图如图 4-32 所示。

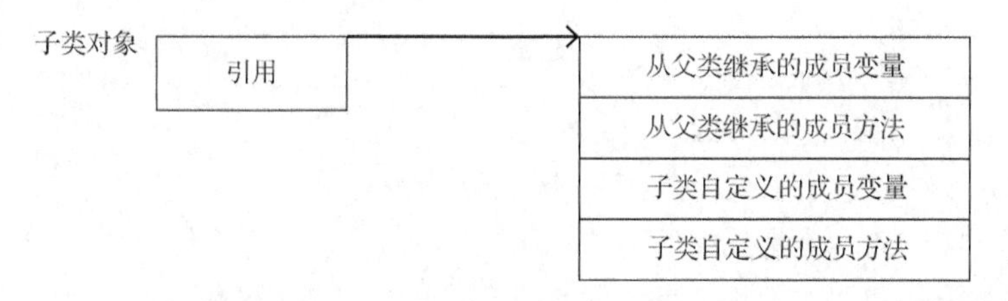

图 4-32　子类对象可以引用的部分示意图

在子类对象的构造方法中，可以在方法体首行使用 super 调用父类的构造方法，实现对从父类继承的成员变量的初始化，再进行子类自身属性的初始化。如果子类构造方法中没有显式调用父类构造方法，则系统默认调用父类无参数的构造方法。

```
class A{
    Type a,b,c;
    A(Type a,Type b, Type c ){ … }
}
class B extends A{
    Type bb;
    B(Type a,Type b, Type c,Type bb ){
        super(a,b,c);
        this.bb = bb;
    }
}
```

需要注意的是，如果子类构造方法中没有显式调用父类构造方法，而父类没有无参数的构造方法，则系统会报编译错误。因此，一般建议父类提供一个不带参数的构造方法。

例 4-19　子类构造方法定义实例。

文件名：Demo4_21.java

程序代码：

```
class A{
    private int aPriv = 10;
    protected int aProt = 20;
    int a = 30;
    public int aPub = 40;
    public A(){
        System.out.println("调用 A 类不带参数构造方法");
    }
    public A(int a,int b,int c,int d){
        aPriv = a;
        aProt = b;
        this.a = c;
```

```
        aPub = d;
        System.out.println("调用A类带参数构造方法");
    }
    public int  add(){
        System.out.println("调用A类add()方法");
        return aPriv+aProt+a+aPub;
    }
}
class B extends A{
    int b = 100;
    public B(){
        //此处隐含调用构造方法A()
        System.out.println("调用B类不带参数构造方法");
    }
    public B(int a,int b,int c,int d,int e){
        super(a,b,c,d);
        this.b = e;
        System.out.println("调用B类带参数构造方法");
    }
    public int  add(){
        System.out.println("调用B类add()方法");
        return aProt+a+aPub+b;
    }
}
class C extends B{
    int c = 1000;
    public int  add(){
        System.out.println("调用A类add()方法");
        return super.add()+c;
    }
}
public class Demo4_21 {
    public static void main(String[] args)  {
        B  b = new B();
        System.out.println("============1111===============");
        C  c = new C();
        System.out.println("============2222===============");
        B  b1 = new B(1,2,3,4,5);
        System.out.println("============3333===============");
        System.out.println(b.add());
        System.out.println("============4444===============");
        System.out.println(b1.add());
        System.out.println("============5555===============");
        System.out.println(c.add());
    }
}
```

Demo4_21.java 的运行结果如图 4-33 所示。

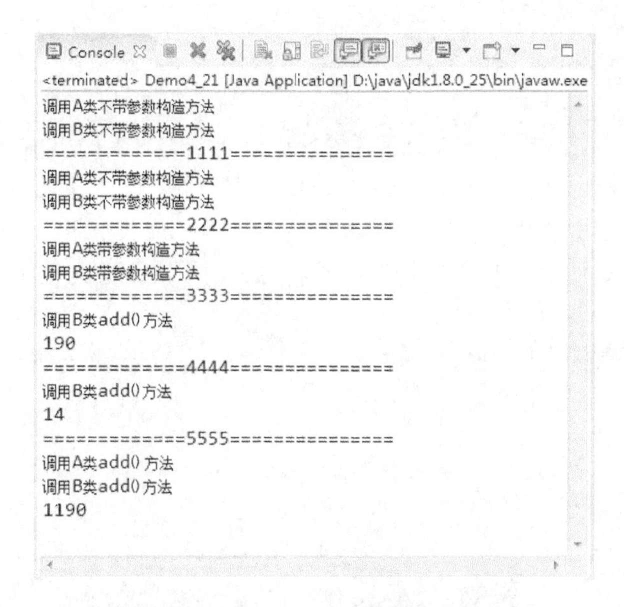

图 4-33 Demo4_21.java 的运行结果

程序解析：上述代码中包括 A 类、B 类、C 类和主类四个类，其中 A 类是 B 类的父类，B 类是 C 类的父类。A 类中一共有四个不同访问权限的成员变量、两个构造方法和一个 add()方法。在子类 B 中，自定义了成员变量 b，定义了两个构造方式，重写了父类的 add()方法；在子类 C 中，自定义了成员变量 c，重写了 add()方法。

在主类中，代码 B b = new B();声明并初始化了一个 B 类对象 b，系统自动调用 B 类不带参数的构造方法，在 B()构造方法中，先隐含调用不带参数的构造方法 A()，因此，在分界线 1 之前打印出构造方法的调用顺序，先调用父类的构造方法，再调用子类的构造方法。

代码 C c = new C();声明并初始化了一个 C 类对象 c，由于 C 类未提供任何形式的构造方法，所以系统自动提供默认不带参数的构造方法，在该构造方法中，同样会先调用父类 B 不带参数的构造方法，而 B 类的构造方法会先调用不带参数的构造方法 A()，因此，在分界线 2 之前打印出构造方法的调用顺序，先调用 B 类的父类 A 的构造方法，再调用 C 类的父类 B 的构造方法。

代码 B b1 = new B(1,2,3,4,5);声明并初始化了一个 B 类对象 b1，系统自动调用 B 类带参数的构造方法，在 B()构造方法中，通过 super 关键字调用父类的构造方法，因此，在分界线 3 之前打印出构造方法的调用顺序，先调用父类的带参数构造方法，再调用 B 类的带参数构造方法。

代码 b.add()的操作是 B 类对象 b 引用的成员方法 add()，该方法和 A 类该成员方法同名，实现了对 A 类该成员方法的重写，结果是从 A 类中继承的非私有数据成员变量初值和 B 类自身定义的成员变量的加和值为 20+30+40+100，即 190。

代码 b1.add()的操作与 b.add 过程相同，只是更新了各数据成员变量的初值，加和值为 2+3+4+5，即 14。

代码 c.add()的 add()方法中通过 super.add()调用了父类的 add()方法，即调用了 B 类的 add()方法，结果为 190，再加上自身定义的成员变量 c 初值的 1000，因此结果为 1000+190，即 1190。在此例中，使用了 this 关键字及 super 关键字，具体用法参见下文。

7. This 关键字和 super 关键字

1）this 关键字

在类的方法定义中使用的 this 关键字代表使用该方法的对象的引用。当必须指出当前使用方法的对象是谁时要使用 this 关键字，this 关键字的常见用法有如下两种：一种是当成员变量名与局部变量名重名时可以使用 this 关键字区分，用“this.成员变量”形式指明引用的当前类的成员变量。另一种是使用“this(参数)”形式，用于调用同类的其他构造方法。具体用法详见例 4-20。

例 4-20　this 关键字用法示例。

文件名：Demo4_22.java

程序代码：

```
class A{
        int x;
        int y;
        public A(int x,int y){ //this 用于区分局部变量与成员变量
            this.x= x;
            this.y= y;
        }
        public A(){
            this(0,0);          //this 用于调用本类已有的构造方法
        }
        public void setX(int x){
            this.x = x;
        }
        public A(int x){
            this.setX(x);       //this 用于调用本类已有的成员方法
            this.y= 0;
        }
        public void showInfo(){
            System.out.println("x: "+this.x+" y: "+this.y);   //this 用于引用成员变量
        }
}
public class Demo4_22 {
    public static void main(String[] args) {
        A a = new A();
        a.showInfo();
        A b = new A(20);
        b.showInfo();
        A c = new A(20,30);
        c.showInfo();
}}
```

Demo4_22.java 的运行结果如图 4-34 所示。

```
Console
<terminated> Demo4_22 [Java Application] D:\java\jdk1.8.0_25\bin\javaw.exe
x: 0 y: 0
x: 20 y: 0
x: 20 y: 30
```

图 4-34　Demo4_22.java 的运行结果

程序解析：上述代码中给出了 this 关键字的几种典型用法，“this.成员变量”用于区分局部变量与成员变量，“this.方法()”调用本类已有的成员方法，this(0,0)调用本类已有的构造方法。

2）super 关键字

在 Java 中使用 super 关键字来引用父类的成分，有以下两种用法：一种是子类使用 super 关键字调用父类的构造方法，表示当前对象的直接父类对象，是对当前对象的直接父类对象的引用，用于初始化父类成员变量；另一种是使用 super 关键字调用被子类隐藏的父类的成员变量和成员方法。具体用法详见例 4-23。

例 4-21　super 关键字用法示例。

文件名：Demo4_23.java

程序代码：

```
class A{
    int x;
    public A(){
    System.out.println("调用父类 A 构造方法");
    }
    public void f(){
        x = 100;
        System.out.println("A 类中 x: "+x);
        }
}
class B extends A{
    public int  x;
    public B(){
        super();                    //super 用于调用父类对应的构造方法
        System.out.println("调用 B 类构造方法");
    }
    public void f(){
    super.f();                      //super 用于调用父类被隐藏的成员方法
        x = 200;
        System.out.println("B 类中 x: "+x);
        //super 用于引用父类被隐藏的成员变量
        System.out.println("Super 中 x: "+super.x);
        }
    }
public class Demo4_23 {
    public static void main(String[] args) {
        B b = new B();
```

```
        b.f();
        }
}
```

Demo4_23.java 的运行结果如图 4-35 所示。

```
Console
<terminated> Demo4_23 [Java Application] D:\java\jdk1.8.0_25\bin\javaw.exe
调用父类A构造方法
调用B类构造方法
A类中x: 100
B类中x: 200
Super中x: 100
```

图 4-35　Demo4_23.java 的运行结果

程序解析：上述代码给出了 super 关键字的几种典型用法，“super.成员变量”用于引用父类对应的成员变量，“super.方法()”调用父类已有的成员方法，super()调用父类无参数构造方法。

4.3.3　案例分析

根据案例需求，Pet 类在基于案例 4-3 的基础上需要增加成员方法：move()方法和 enjoy()方法，需要通过继承生成子类 Bird、Cat，并定义各自的属性和重写 move()方法和 enjoy()方法，可以使用本案例关联知识完成设计。

4.3.4　案例实现

例 4-22　案例 4-3 实现。

文件名：Demo4_24.java

程序代码：

```
class Pet{                      //定义一个名字为 Pet 的类
    private String name;    //宠物名字——成员变量
    private String color;   //毛发颜色——成员变量
    private int age;          //年龄——成员变量
    private double weight;//体重——成员变量
    private double price;  //售价——成员变量
    public Pet( String n,String c,int a,double w,double p){
    name = n;
    color= c;
    age = a;
    weight = w;
    price = p;
    }
    public String getName() {
        return name;
    }
    public void setName(String name) {
```

```
        this.name = name;
    }
    public String getColor() {
        return color;
    }
    public void setColor(String color) {
        this.color = color;
    }
    public int getAge() {
        return age;
    }
    public void setAge(int age) {
        this.age = age;
    }
    public double getWeight() {
        return weight;
    }
    public void setWeight(double weight) {
        this.weight = weight;
    }
    public double getPrice() {
        return price;
    }
    public void setPrice(double price) {
        this.price = price;
    }
    public void move(){
        System.out.println("我是可以移动的");
    }
    public void enjoy(){
        System.out.println("我很高兴");
    }
    public void showInfo() //显示属性——成员方法
    {
        System.out.println("宠物的名字为："+name);
        System.out.println("宠物的毛发颜色为："+color);
        System.out.println("宠物的年龄为："+age);
        System.out.println("宠物的体重为："+weight);
        System.out.println("宠物的售价为："+price);
    }
}
class Cat extends Pet{
    String kind;
    Cat( String n,String c,int a,double w,double p,String k){
        super(n,c,a,w,p);
        this.kind = k;
```

```
    }
    public void move(){
        System.out.println("我是可以跑的");
    }
    public void enjoy(){
        System.out.println("我很高兴，喵喵喵");
    }
}
class Bird extends Pet{
    int number;
    Bird( String n,String c,int a,double w,double p,int num){
        super(n,c,a,w,p);
        this.number = num;}
    public void move(){
        System.out.println("我是可以飞的");
    }
    public void enjoy(){
        System.out.println("我很高兴，啾啾啾");
    }


}
class Dog extends Pet{
    Dog( String n,String c,int a,double w,double p){
        super(n,c,a,w,p);
    }
}
public class Demo4_24{
    public static void main(String[] args) {
        Pet p = new Pet("小白","白色",2,12,2000);
        p.showInfo();
        p.enjoy();
        p.move();
        Bird b = new Bird("Polly","白色",2,12,2000,2);
        b.showInfo();
        b.enjoy();
        b.move();
        Cat c = new Cat("Tom","灰色",10,10,1000,"家猫");
        c.showInfo();
        c.enjoy();
        c.move();
    }
}
```

Demo4_24.java 的运行结果如图 4-36 所示。

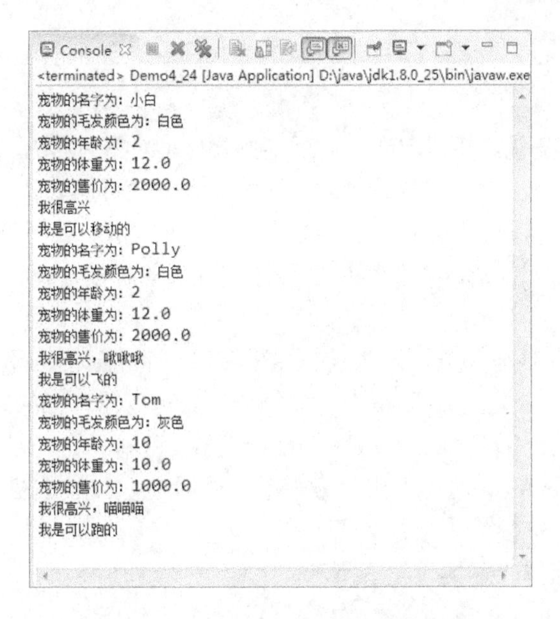

图 4-36　Demo4_24.java 的运行结果

4.3.5　案例小结

此案例练习的重点是类的继承，其中包括子类对象的构造、子类成员变量的继承、成员方法的重写等。

4.3.6　案例拓展

在学习完本案例之后，同学们应该对如何基于已有类快速创建一个新类有了比较清晰的认识，可以进一步在本案例的基础上完成如下拓展。

（1）定义 Pet 类的子类 Dog，属性为品种（kind），并重写 move()方法，打印“我是可以跑的”，重写 enjoy()方法，打印“我很高兴，汪汪汪”。

（2）在子类中增加 toString()方法，描述类的属性信息。

4.4　案例 4-4 宠物店设计

4.4.1　案例描述

现有一个宠物店，里面经营鸟、猫、狗等若干类型宠物，现在想要实现对宠物进行喂食，不同宠物喂不同食物且呈现出不同的高兴状态。

4.4.2　案例关联知识

1．多态的基本概念

多态是面向对象程序设计的一个重要特征，利用多态性可以设计并实现一个易于扩展的系统。

通常一个引用变量的类型要与引用的对象的类相匹配，如下所示：

```
Pet p;
```

此处 p 被称为引用变量，其指向一个通过实例化 Pet 创建的对象。但事实上，Java 中的多态性要求引用变量的类型和该引用变量指向的对象是兼容的即可，不一定要求必须完全相同。进一步分析 p.enjoy()语句，如果 p 引用是多态性的，即可以指向不同类型的对象，那么每次执行 enjoy()方法时效果是不同的，不仅可以使程序有良好的扩展，还可以对所有兼容类的对象进行通用处理。

在 Java 中多态的本质是多个相似功能的方法用同一个方法名向不同的对象发送同一个消息，不同对象在接收时会产生不同的行为，即每个对象可以用自己的方式去响应相同的消息。例如，在案例 4-3 中，虽然不同的宠物都有 move()方法和 enjoy()方法，但是产生的行为是不同的，比如鸟类高兴（enjoy）时是发出“啾啾啾”的叫声，猫类是发出“喵喵喵”的叫声。

例 4-23　多态性示例。

在例 4-22 的基础上修改主类，如下所示。

文件名：Demo4_25.java

程序代码：

```
public class Demo4_25 {
    public static void main(String[] args) {

        Pet  p;
        p = new Bird("Polly","白色",2,12,2000,2);
        p.showInfo();
        p.enjoy();
        p = new Cat("Tom","灰色",10,10,1000,"家猫");
        p.showInfo();
        p.enjoy();
    }
}
```

Demo4_25.java 的运行结果如图 4-37 所示。

```
Console
<terminated> Demo4_25 [Java Application] D:\java\jdk1.8.0_25\bin\javaw.exe
宠物的名字为: Polly
宠物的毛发颜色为: 白色
宠物的年龄为: 2
宠物的体重为: 12.0
宠物的售价为: 2000.0
我很高兴，啾啾啾
宠物的名字为: Tom
宠物的毛发颜色为: 灰色
宠物的年龄为: 10
宠物的体重为: 10.0
宠物的售价为: 1000.0
我很高兴，喵喵喵
```

图 4-37　Demo4_25.java 的运行结果

程序解析：在上述代码中声明了类 Pet 的引用变量 p，根据多态性，这个变量可以执行任何 Pet 类的对象，也可以指向和 Pet 类有继承关系的对象。首先 p 指向 Bird 类的对象，调用 enjoy()方法，实现的是 Bird 类对象的 enjoy 行为。然后 p 又指向 Cat 类对象，调用 enjoy()方法，实现的是 Cat 类对象的 enjoy 行为。我们可以简单地理解为“猫是宠物”“鸟是宠物”，此时强调的猫和鸟是从宠物那里继承来的属性和行为，不再单独关注猫和鸟自身独有的属性和行为。但是反过来，如果定义为如下形式：

```
Bird b;
b = new Pet("小白","白色",2,12,2000);  //编译器报错
```

此处，将子类对象 b 指向父类对象的引用是不兼容的，此种引用操作是不成立的，即不是所有的宠物都是鸟类。

2. 多态的实现要素

在 Java 中要实现多种引用，可以采用两种方式：继承方法和接口方法，接口方式详见第 5 章相关内容。本章重点讨论由继承实现多态性的方法，此方法的实现需要依赖以下两个关键方法。

1）动态绑定技术

绑定指的是将一个方法的调用与方法所在的类（方法主体）关联起来。对 Java 来说，绑定分为静态绑定和动态绑定，或者叫作前期绑定和后期绑定。

静态绑定：在程序执行前方法已经被绑定，此时由编译器或其他连接程序实现。在 Java 中，final、static、private 修饰的方法和变量及构造方法是静态绑定。

动态绑定：在运行时根据具体对象的类型进行绑定，通过对象的类型再调用适当的方法，找到正确的方法主体。

2）继承和重写

首先实现继承的层次关系，另外，子类重写了父类的方法。然后，父类的方法引用指向子类对象，调用重写的方法。例如：

```
Pet p =new Cat("Tom","灰色",10,10,1000,"家猫");
p.enjoy();
```

此过程中虚拟机必须调用同 p 所指向的对象的实际类型相匹配的方法版本，即 Cat 类，在进行方法调用时，先检查父类中是否有该方法，如果没有该方法，则编译错误；如果有该方法，则再去调用子类的同名方法。

例 4-24　多态性示例 2。

文件名：Demo4_26.java

程序代码：

```
class Lady {
   private String name;
   private Pet p;
   Lady(String name,Pet p) {
      this.name = name; this.p = p;
   }
   public void myPetEnjoy(){
      p.enjoy();
   }
}
```

基于已有 Pet 类，修改主类如下：

```
public class Demo4_26 {
    public static void main(String[] args) {
        Bird b = new Bird("Polly","白色",2,12,2000,2);
        Cat c = new Cat("Tom","灰色",10,10,1000,"家猫");
        Lady l1 = new Lady("李女士",b);
        Lady l2 = new Lady("张女士",c);
        l1.myPetEnjoy();
        l2.myPetEnjoy();
        }
}
```

Demo4_26.java 的运行结果如图 4-38 所示。

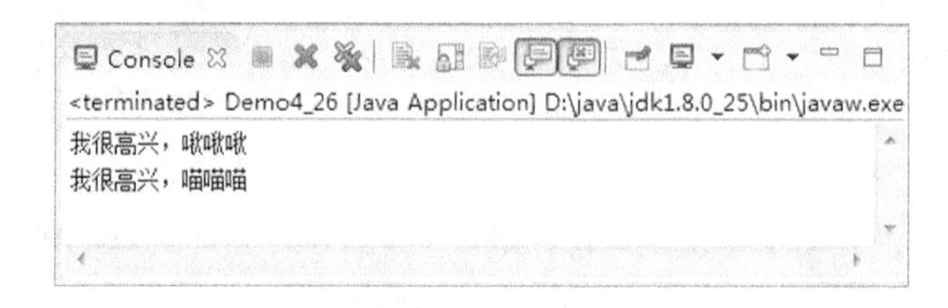

图 4-38　Demo4_26.java 的运行结果

程序解析：类Lady中定义了一个引用类型Pet成员变量p及基本数据类型成员变量name，并定义了构造方法进行成员变量初始化。定义了 myPetEnjoy()成员方法，进行宠物 enjoy 引用。在主类中，创建了 Lady 的两个对象实例 l1 和 l2，并传递了 Pet 类对象的兼容 Bird 类对象 b 和 Cat 类对象 c，根据多态性，实现不同宠物对象调用实际的 enjoy()方法。

4.4.3　案例分析

此案例较案例 4-3 增加了不同宠物喂不同食物，且表现出不同的高兴状态的需求。此案例需要考虑以下两个问题。

（1）如何实现不同宠物喂不同食物的效果，为了让食物呈现出多样性，我们可以使用前期已经学习过的类、子类来表现出层次性。多个类的层次关系示意图如图 4-39 所示。

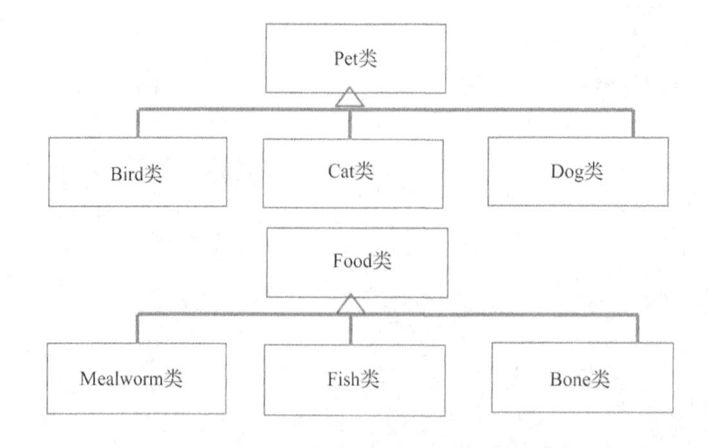

图 4-39　多个类的层次关系示意图

（2）不同宠物呈现不同高兴状态可以通过本案例关联的多态性来实现。

4.4.4　案例实现

例 4-25　案例 4-4 宠物店的设计实现。

文件名：Food.java

程序代码：

```
public class Food{
    public void getName(){
        System.out.println("食物");
    }
}
class Mealworm extends Food{
    public void getName(){
        System.out.println("面包虫");
    }
}
class Fish extends Food{
    public void getName(){
        System.out.println("鱼");
    }
}
class Bone extends Food{
    public void getName(){
        System.out.println("骨头");
    }
}
```

上述代码定义了一个食物Food类，并派生出适合投食给宠物的食物面包虫Mealworm类、鱼 Fish 类、骨头 Bone 类，Food 类定义了描述事物名称的方法为 getName()，各个子类重写了该方法。

文件名：Pet.java

程序代码：

```
public class Pet{                          //定义一个名字为 Pet 的类
    private String name;                   //宠物名字——成员变量
    private String color;                  //毛发颜色——成员变量
    private int age;                       //年龄——成员变量
    private double weight;                 //体重——成员变量
    private double price;                  //售价——成员变量
    public Pet( String n,String c,int a,double w,double p){
    name = n;
    color= c;
    age = a;
    weight = w;
    price = p;
    }
```

```
    public String getName() {
        return name;
    }
    public void enjoy(){
        System.out.println("我很高兴");
    }
    public void eat(Food f){
        System.out.print("我吃");
        f.getName();
    }
}
class Cat extends Pet{
    String kind;
    Cat( String n,String c,int a,double w,double p,String k){
        super(n,c,a,w,p);
        this.kind = k;
    }
    public void enjoy(){
        System.out.println("我很高兴，喵喵喵");
    }
}
class Bird extends Pet{
    int number;
    Bird( String n,String c,int a,double w,double p,int num){
        super(n,c,a,w,p);
        this.number = num;}
    public void enjoy(){
        System.out.println("我很高兴，啾啾啾");
    }
}
class Dog extends Pet{
    Dog( String n,String c,int a,double w,double p){
        super(n,c,a,w,p);
    }
    public void enjoy(){
        System.out.println("我很高兴，汪汪汪");
    }
}
```

上述代码定义了一个宠物 Pet 类，并派生出三个子类 Bird、Dog 和 Cat，Pet 类中定义了多个成员方法，其中 enjoy()方法被子类重写，表现出不同宠物对象的 enjoy 状态。Pet 类中定义了描述事物名称的方法为 getName()，以及吃食物的状态 eat()方法，eat()方法有一个 Food 类型的引用对象 f 的形参，并在该方法中描述了动物吃食物的名称 f.getName()。对于此种定义形式，当传递的实际参数指向不同的食物时，就会呈现出不同的食物名称，也是对多态性的呈现。

文件名：PetShop.java

程序代码：

```
public class PetShop{
    String shopname;
    String mastername;
    Pet[] petList;          //有多个宠物
    Food[] foodList;        //有多种食物
    final static int PETNUM = 8;
        public PetShop(Pet[] petList, Food[] foodList){
        shopname = "不二萌宠店";
        mastername = "张三";
        this.petList = petList;
        this.foodList =foodList;
    }
    void feed(){
        //针对每只宠物 petList[i]进行遍历
        for(int i = 0;i<petList.length;i++){
            System.out.println("我是"+petList[i].getName());
            petList[i].eat(foodList[i]);  //每只宠物按照对应食谱清单来操作
            petList[i].enjoy();
        }
    }
}
```

上述代码定义了一个 PetShop 类，该类定义了宠物店名字成员变量、店主名字成员变量、宠物列表成员变量和食物列表成员变量，其中 petList、foodList 定义为对象数组，需要被实例化，实例化后就会引用具体的对象实例，其具体用法可详见第 6 章内容。该类定义了构造方法，对所有成员变量进行初始化，还定义了 feed()方法，feed()方法实现给宠物喂食操作，通过循环变量 i 对每个实例化的宠物对象 petList[i]引用 eat()方法，并调用 enjoy()方法。此部分实现也是利用 Java 多态性来实现不同宠物喂不同食物，表现不同的 enjoy 操作。

文件名：Demo4_27.java

程序代码：

```
public class Demo4_27 {
    public static void main(String[] args) {
        //建立宠物列表
        Pet[] petList = new Pet[8];
        petList[0] = new Cat("汤姆猫","灰色",10,10,1000,"家猫");
        petList[1] = new Cat("咪咪猫","白色",2,5,5000,"蓝短");
        petList[2] = new Cat("小花猫","灰色",3,8,1000,"家猫");
        petList[3] = new Bird("鹦鹉","白色",2,3,2000,2);
        petList[4] = new Bird("八哥","彩色",2,2,3000,2);
        petList[5] = new Dog("狗狗旺仔 1","黄色",2,20,500);
        petList[6] = new Dog("狗狗旺仔 2","灰色",3,10,1000);
        petList[7] = new Dog("狗狗旺仔 3","灰色",4,10,1000);
        //建立与宠物对应的食谱
        Food[] foodList = new Food[8];
        foodList[0] = new Fish();
        foodList[1] = new Fish();
        foodList[2] = new Fish();
```

```
            foodList[3] = new Mealworm();
            foodList[4] = new Mealworm();
            foodList[5] = new Bone();
            foodList[6] = new Bone();
            foodList[7] = new Bone();
            //建立宠物商店对象
            PetShop p = new PetShop(petList,foodList);
            p.feed();
        }
    }
```

主类在定义了宠物对象数组的同时定义了喂食数组，一一对应并进行实例化，建立了宠物商店对象，调用了 feed()方法实现喂食操作。

Demo4_27.java 的运行结果如图 4-40 所示。

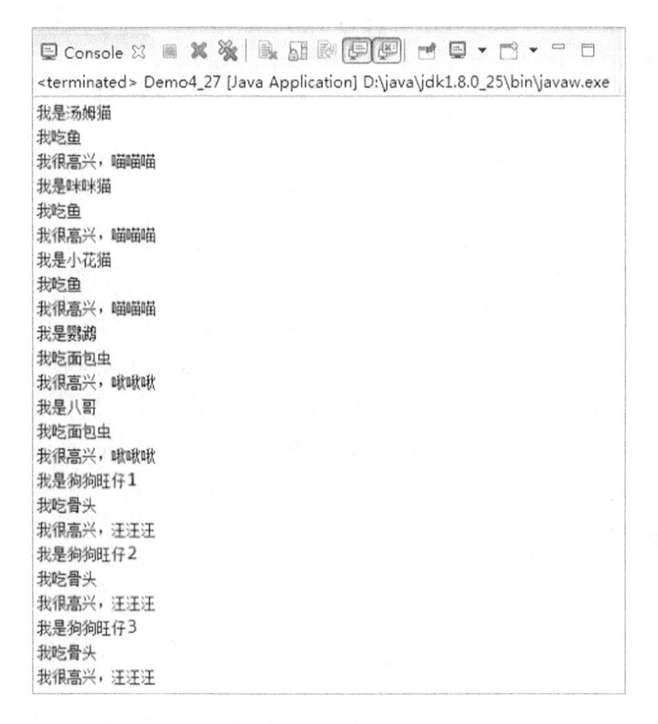

图 4-40　Demo4_27.java 的运行结果

4.4.5　案例小结

本案例重点学习了如何利用继承关系建立多态性引用，建议学习时通过案例及相关实例重点理解多态性的实现过程，进一步理解使用多态性的优越之处。

4.4.6　案例拓展

可以考虑在本案例的基础上进一步完成如下拓展练习。

（1）增加方法，统计该宠物店现有的宠物数量及预期总售价。

（2）增加方法，在每个类中增加 toString()方法，描述每个类的静态属性值。

（3）优化PetShop类中的feed()方法，将该方法中的如下语句：

```
System.out.println("我是"+petList[i].getName());
```

替换为

```
System.out.println(petList[i]);
```

4.5 案例4-5 类管理

4.5.1 案例描述

为了方便对案例4-4宠物商店设计的多个类进行管理，并便于后续二次开发，现要求将类纳入指定的包进行管理。

4.5.2 案例关联知识

1．包的管理

通过前面的学习可知，用户可以根据需求定义自己的类，但是如果需要该类在多个场合中被使用，那么可以把它存放在一个称为“包”的程序组织单位中。事实上，Java提供了很多常用的包，例如，java.util、java.awt、java.lang等，这些包中存放着常用的基本类，如之前已经学习过的Scanner类、System类等。Java标准库中的常用包及功能如表4-2所示，这些包在任何一个支持Java软件开发的平台上都是可用的。

表4-2 Java标准库中的常用包及功能

包　名	功　能
java.applet	用于执行通过Web传送的小程序的类
java.awt	绘图和建立图形用户界面
java.io	包含Java的标准输入/输出类库
java.lang	包含Java核心类库，包含了运行Java程序必不可少的系统类
java.net	包含实现网络功能的类
java.util	包含Java的实用工具类库
java.sql	包含与数据库交互的类
javax.swing	包含用AWT扩展后的组件建立图形用户界面类
java.math	包含执行多种高精度计算的类

1）包的作用

包的作用有两个：一个作用是划分类名空间来解决类命名冲突，即相同名字的类不能放入一个包中，不同包中的类可以重名。另一个作用是用于控制类之间的访问，同一个包中的不同类除了private限定的类的方法和变量外都可以访问外，不同包中的类访问需要受到访问控制符限制。

2）包的创建方法

在默认情况下，Java系统会为每一个.java源文件创建一个无名包，该.java文件中定义的所有类都隶属于这个无名包，可以相互引用非 private 的域或方法，但它不能被其他包引用。包的创建就是将源程序文件中的类纳入指定的包，创建包在整个.java 文件中的第一个语句为：

```
package 自定义包名;
```

例如：

```
package com.example.myclass
```

创建包的过程就是在当前文件夹下创建一个子文件夹，用于存放这个包中包含的所有类的字节码文件。如 package com.example.myclass，语句中的“.”代表目录分隔，目录为 com\example\myclass。

注 意 在创建包时，包名必须定义为小写字母。

3）包的使用方法

为了能使用 Java 提供的类，可以使用 import 语句来引入包中的类，格式如下：

```
import 包;
```

例如：

```
import  java.awt.*;         //表示引入 java.awt 中的所有类
import  java.util.Date;    //表示引入 java.util 中的 Date 类
```

系统自动引入 java.lang 包中的所有类，这个包中包含所有的基本语言类。在明确了包的创建和使用方法之后，Java 程序的构成将包括如下部分：

```
package 包名;               //可选项，创建包，把该文件中的所有类纳入该包
import 待用包 1;            //可选项，引入源文件中所需使用的包 1
import 待用包 2;            //可选项，引入源文件中所需使用的包 2
…                           //根据需要引入多个所需包
public class A  {…}         //源文件中唯一的 public 类
class B {…}                 //可选项，类声明，与类 A 在同一个包中
class C {…}                 //可选项，类声明，与类 A 在同一个包中
…                           //若干个属于同一个包的其他类
```

例 4-26　包的创建及使用实例。

利用 Eclipse 建立一个名为 Demo4_28.java 的 Java Project，然后在该工程中添加如下所述的 6 个源文件。

（1）文件名：Student.java

```
package studentpg;      //把本文件中的所有类都纳入 studentpg 包中
public class Student{
 private int age;
 public String name;
 private int fee;
 public int getAge() {
     return age;
 }
 public void setAge(int age) {
     this.age = age;
 }
 public String getName() {
```

```
        return name;
    }
    public void setName(String name) {
        this.name = name;
    }
    public void setFee(int fee){
        this.fee = fee;
    }
    public int getFee() {
        return fee;
    }
    public void pay(){
        System.out.println("学费: "+fee);
    }
}
```

（2）文件名：PupilStu .java

```
package studentpg;      //把本文件中的所有类都纳入 studentpg 包中
public class PupilStu extends Student{
    int fee;
    public void pay()
    {
        fee = 100;
        System.out.println("小学生学费: "+fee);
    }
}
```

（3）文件名：MiddleStu.java

```
package studentpg;       //把本文件中的所有类都纳入 studentpg 包中
public class MiddleStu extends Student{
    int fee;
    public void pay()
    {
        fee = 150;
        System.out.println("中学生学费: "+fee);
    }
}
```

（4）文件名：HighStu.java

```
package studentpg;     //把本文件中的所有类都纳入 studentpg 包中
public class HighStu extends Student{
    int fee;
    public void pay()
    {
        fee = 600;
        System.out.println("高中生学费: "+fee);
    }
}
```

（5）文件名：ColgStu.java

```
package studentpg;    //把本文件中的所有类都纳入 studentpg 包中
public class ColgStu extends Student{
    int fee;
    public void pay()
    {
        fee = 7500;
        System.out.println("大学生学费："+fee);
    }
}
```

（6）在工程中定义 Demo4_28.java 文件进行 studentpg 包中类的引用。

```
//没有指定包，该文件中的类被纳入默认包中
import studentpg.*;    //加载 studentpg 包中的所有类
public class Demo4_28 {
    public static void main(String[] args) {
        Student s1 = new Student();
        s1.pay();
        PupilStu p = new PupilStu();
        p.pay();
        MiddleStu m = new MiddleStu();
        m.pay();
        HighStu h = new HighStu();
        h.pay();
        ColgStu c = new ColgStu();
        c.pay();
    }
}
```

Demo4_28.java 的运行结果如图 4-41 所示。

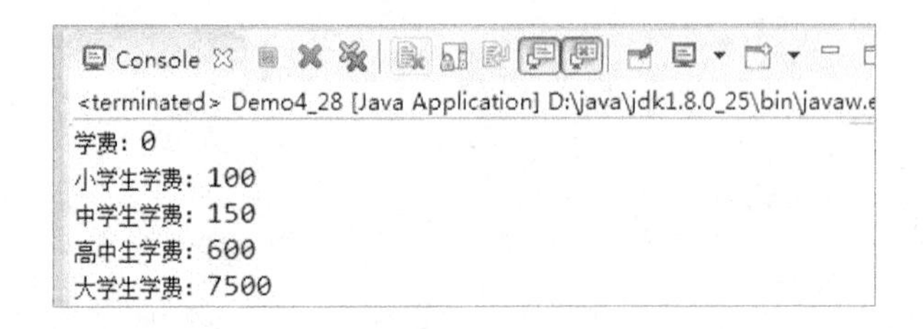

图 4-41　Demo4_28.java 的运行结果

程序解析：上述代码中有 6 个源文件，其中前 5 个源文件中的第 1 句都是 package studentpg;表明这 5 个类都将存放在 studentpg 包中，最后 1 个源文件没有指定包，纳入的是默认包，在主类中通过 import studentpg.*;语句加载 studentpg 包中的所有类，Demo4_28.java 中创建了 studentpg 包中各类的对象，并使用相关类的成员方法。

例 4-27　不同包中类的访问实例。

利用 Eclipse 建立一个名为 Demo4_29.java 的 Java Project，然后在该工程中添加下述 4 个源文件。

（1）文件名：A.java

```
package pg1;
public class A {
        public int a = 10;
        private int b = 20;
        protected int c = 30;
        int d = 40;
        private int getB(){
            //同一个类中任何修饰符限定的成员变量都可以访问
            return b;
        }
        protected int getC(){
            //同一个类中任何修饰符限定的成员变量都可以访问
            return c;
        }
        public int getA()  {
            //同一个类中任何修饰符限定的成员变量都可以访问
            return a;
        }
        int getD(){
            //同一个类中任何修饰符限定的成员变量都可以访问
            return d;
        }
        public int add(){
            //同一个类中任何修饰符限定的成员方法都可以访问
            int a1 = getA();
            int b1 = getB();
            int c1 = getC();
            int d1 = getD();
            return (a1+b1+c1+d1);
        }
}
```

（2）文件名：B.java

```
package pg1;
public class B extends A{
    public void showInfo(){
        System.out.println("a:"+a);
        //同一个包中不同类可访问非private修饰的成员变量
        //System.out.println("b:"+b);
        System.out.println("c:"+c);
        System.out.println("d:"+d);
    }
    public int add(){
        int a1,c1,d1;
        a1 = getA();
        //同一个包中不同类可访问非private修饰的成员方法
        //int b1 = getB();
```

```
        c1 = getC();
        d1 = getD();
        return a1+c1+d1;
    }
}
```

（3）文件名：B.java

```
package pg2;
import pg1.*;
public class B extends A{
    public void showInfo(){
        System.out.println("a:"+a);
        //System.out.println("b:"+this.b); 不同包派生类不能访问 private 修饰成员变量
        System.out.println("c:"+c);
        //System.out.println("d:"+this.d); 不同包派生类不能访问默认无修饰成员变量
    }
    public int add(){
        int a1,c1;
        a1 = getA();
        //int b1 = getB();  不同包派生类不能访问 private 修饰成员方法
        //b1 = 0;
        c1 = getC();
        //int d1 = getD();  不同包派生类不能访问默认无修饰成员方法
        //return a1+b1+c1+d1;
        return a1+c1;
    }
}
```

（4）文件名：C.java

```
package pg2;
import pg1.*;
public class C{
    public static void main(String[] args) {
        A a = new A();
        System.out.println("a:"+a.a);   //不同包非派生类只能访问 public 修饰成员变量
        //System.out.print("b:"+a.b);
        //System.out.print("c:"+a.c);
        //System.out.print("d:"+a.d);
        int a1 = a.getA();               //不同包非派生类只能访问 public 修饰成员方法
        //int b1 = a.getB();
        //int c1 = a.getC();
        //int d1 = a.getD();
        System.out.println("add:"+a1);
    }
}
```

Demo4_29.java 的运行结果如图 4-42 所示。

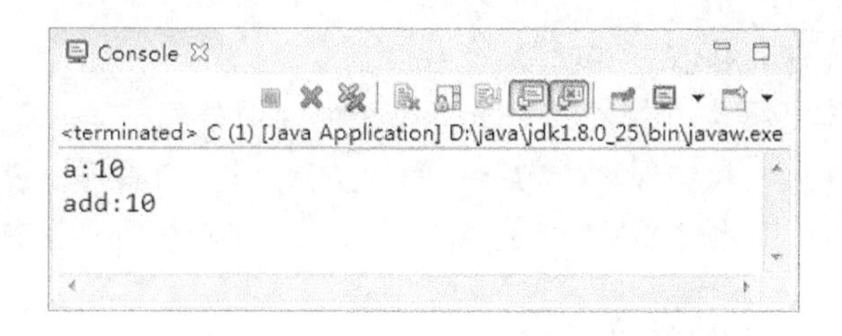

图 4-42　Demo4_29.java 的运行结果

程序解析：上述代码共建立了两个包，分别为 pg1、pg2，包 pg1 中纳入了类 A 和类 B，包 pg2 中纳入了类 B 和类 C，在 Eclipse 中的类框架如图 4-43 所示。

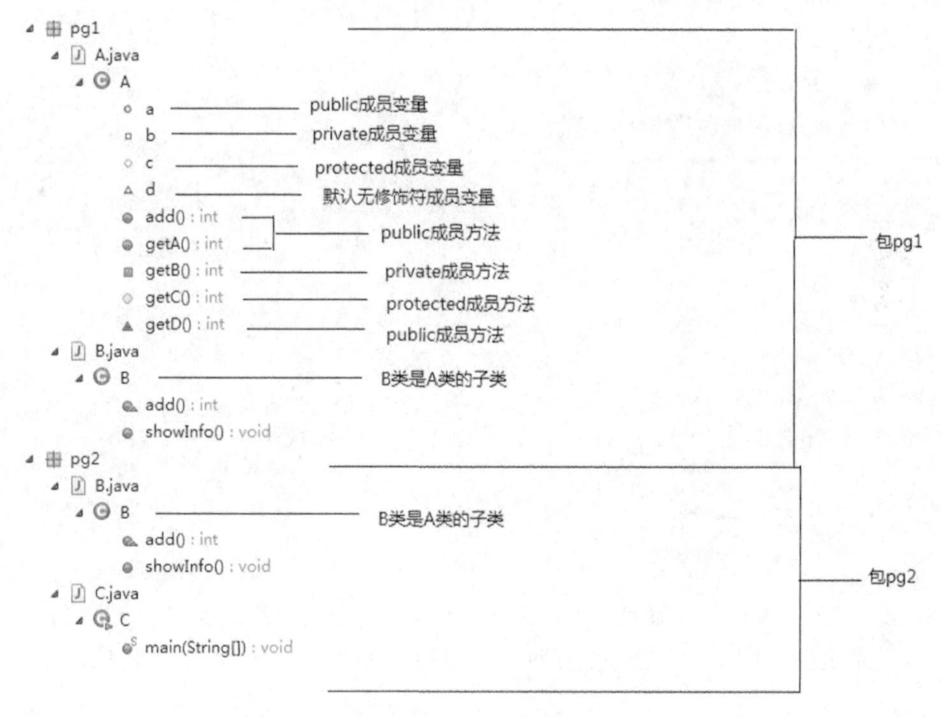

图 4-43　Eclipse 中的包关系示意图

通过例 4-27 的分析和注释可以看出，通过定义包可以实现不同包中可定义的重名类，且通过包用于控制类之间的访问，同一个包中的不同类除了 private 限定的类的方法和变量外都可以访问，不同包中的类访问也区分了派生类和非派生类，访问类的成员方法和成员变量需要受到访问控制符限制。

2．内存管理

内存管理是计算机编程中非常重要的问题，对 JVM 内存管理的学习可以有助于对程序性能、维护等方面的理解，进行高质量代码开发。

内存管理主要包括内存分配和内存回收两个部分。在 Java 中，内存管理由 JVM 负责。JVM 在执行 Java 程序的过程中会把它所管理的内存划分为若干不同的数据区域，这些区域都有各自的用途及创建和销毁的时间。

（1）堆内存：堆内存用来存放由 new 创建的对象实例和数组。Java 堆是所有线程共享的一块内存区域，在 JVM 启动时创建，此内存区域的唯一目的就是存放对象实例。使用堆可以动态分配内存大小，但是其存取速度较慢。

（2）栈内存：基本数据类型的局部变量会在栈内存中分配空间，并保存初始值。引用数据类型的局部变量会在栈内存中保存堆内存空间的访问地址，或者可以说栈中的变量指向堆内存中的变量。存取栈的速度比堆要快，但是栈中的数据大小与生存期必须是确定的，栈内存缺少灵活性。

（3）数据空间：存放的是静态变量（类变量）或常量。

（4）代码空间：存放的是对象的方法。即使创建出一个类的多个对象也是共用一个方法。

例 4-28　Java 内存分配实例。

文件名：Demo4_30.java

程序代码：

```
Class Demo4_30{
int i,j;
Demo4_30(int x,int y)
{
    i = x;
    j = y;
}
public static void main(String[] args) {
    Demo4_30 obj;
    obj =new Demo4_30(1,2);
    Demo4_30 obj1;
    obj1 =new Demo4_30(1,2);
    Demo4_30 obj2;
    obj2 = obj;
}
```

用 Demo4_30 声明一个对象 obj 时，将在栈内存为对象的引用变量 obj 分配内存空间，但 Demo4_30 的值为空，则称 obj 是一个空对象。因为它还没有引用任何实体，所以空对象不能使用。

当执行到 obj =new Demo4_30(1,2);时，首先在堆内存中为类的成员变量 i、j 分配内存，并将其初始化为各数据类型的默认值；然后调用构造方法，为成员变量赋值 i=1，j=2；最后，将返回堆内存中对象的引用（相当于首地址）给引用变量 obj，以后就可以通过 obj 来引用堆内存中的对象了。

之后的两句将在堆内存中为 obj1 的成员变量 i、j 分配内存空间，两个对象 obj 和 obj1 在堆内存中占据的空间是不相同的。

当执行到 Demo4_30 obj2; obj2 = obj;语句时，在堆内存中创建了一个对象实例，在栈内存中创建了两个对象引用 obj 和 obj2，两个对象引用同时指向一个对象实例。

4.5.3　案例分析

通过学习本案例的关联知识，可以很方便地使用包机制来实现对类的管理及后期扩展。因此，可以将 Food 相关的类纳入一个包中，将 Pet 相关的类纳入另一个包中。

4.5.4　案例实现

基于多态性案例 4-4，利用 Eclipse 建立一个名为 Demo4_31.java 的 Java Project，之后在该工程中添加如下所述的 4 个源文件。

（1）新建包 foodpg，在该包中创建下面几个 Java 文件。

文件名：Food.java

程序代码：

```
package foodpg;
public class Food{
   public void getName(){
      System.out.println("食物");
   }
}
```

文件名：Bone.java

程序代码：

```
package foodpg;
public class Bone extends Food{
   public void getName(){
      System.out.println("骨头");
   }
}
```

文件名：Fish.java

程序代码：

```
package foodpg;
public class Fish extends Food{
   public void getName(){
      System.out.println("鱼");
   }
}
```

文件名：Mealworm.java

程序代码：

```
package foodpg;
public class Mealworm extends Food{
   public void getName(){
      System.out.println("面包虫");
   }
}
```

（2）新建包 petpg，在该包中创建下面几个 Java 文件。

文件名：Pet.java

程序代码：

```
package petpg;
import foodpg.Food;
```

```
public class Pet {
    private String name;      //宠物名字
      private String color;  //毛发颜色
      private int age;       //年龄
      private double weight; //体重
      private double price;  //售价
      public Pet( String n,String c,int a,double w,double p){
      name = n;
      color= c;
      age = a;
      weight = w;
      price = p;
      }
      public String getName() {
         return name;
      }
      public void enjoy(){
         System.out.println("我很高兴");
      }
      public void eat(Food f){
         System.out.print("我吃");
         f.getName();
      }
}
```

文件名：Bird.java

程序代码：

```
package petpg;
public class Bird extends Pet{
    int number;
    public Bird( String n,String c,int a,double w,double p,int num){
         super(n,c,a,w,p);
         this.number = num;}
      public void enjoy(){
         System.out.println("我很高兴，啾啾啾");
      }
}
```

文件名：Cat.java

程序代码：

```
package petpg;
public class Cat extends Pet{
   String kind;
   public Cat( String n,String c,int a,double w,double p,String k){
      super(n,c,a,w,p);
      this.kind = k;
```

```
    }
    public void enjoy(){
        System.out.println("我很高兴，喵喵喵");
    }
}
```

文件名：Dog.java

程序代码：

```
package petpg;
public class Dog extends Pet{
    public Dog(String n,String c,int a,double w,double p){
        super(n,c,a,w,p);
    }
    public void enjoy(){
        System.out.println("我很高兴，汪汪汪");
    }
}
```

（3）新建包文件 PetShop，在该包中增加如下文件。

文件名：PetShop.java

程序代码：

```
package petshoppg;
import foodpg.*;
import petpg.*;
public class PetShop {
    String shopname;
    String mastername;
    Pet[] petList;          //有多个宠物
    Food[] foodList;        //有多种食物
    final static int PETNUM = 8;
    public PetShop(Pet[] petList, Food[] foodList){
        shopname = "不二萌宠店";
        mastername = "张三";
        this.petList = petList;
        this.foodList =foodList;
}
public void feed(){
        //针对每只宠物 petList[i]进行遍历
        for(int i = 0;i<petList.length;i++){
            System.out.println("我是"+petList[i].getName());
            petList[i].eat(foodList[i]);  //每只宠物按照对应食谱清单来操作
            petList[i].enjoy();
        }
    }
}
```

（4）文件 Demo4_31.java。

```
import petpg.*;        //引入 petpg 包的所有类
import foodpg.*;       //引入 foodpg 包的所有类
import petshoppg.*;    //引入 petshoppg 包的所有类
public class Demo4_31 {
   public static void main(String[] args) {
      //建立宠物列表
      Pet[] petList = new Pet[4];
      petList[0] = new Cat("汤姆猫","灰色",10,10,1000,"家猫");
      petList[1] = new Cat("咪咪猫","白色",2,5,5000,"蓝短");
      petList[2] = new Bird("鹦鹉","白色",2,3,2000,2);
      petList[3] = new Dog("狗狗旺仔","灰色",3,10,1000);
      //建立与宠物对应的食谱
      Food[] foodList = new Food[8];
      foodList[0] = new Fish();
      foodList[1] = new Fish();
      foodList[2] = new Mealworm();
      foodList[3] = new Bone();
      //建立宠物商店对象
      PetShop p = new PetShop(petList,foodList);
      p.feed();
   }
}
```

Demo4_31.java 的运行结果如图 4-44 所示。

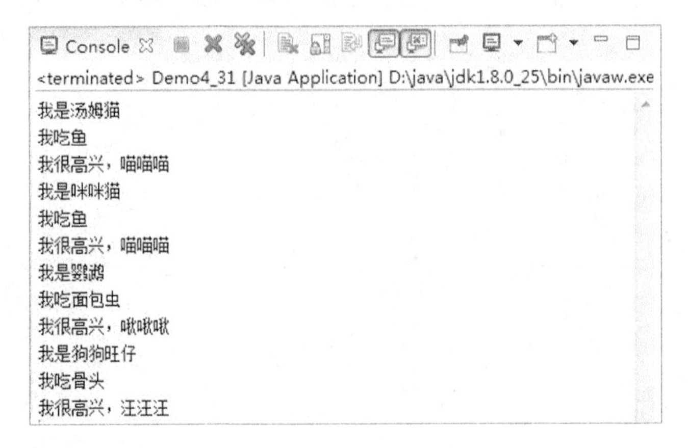

图 4-44　Demo4_31.java 的运行结果

如果现在有新增需求，宠物店里新引进了若干宠物，并且宠物的食谱各不相同，那么可以很方便地在 petpg 包中纳入新增的宠物类，在 foodpg 包中纳入新增的食物类。由此可以看出，用包来进行类的管理非常方便。

4.5.5　案例小结

本案例重点练习使用包来进行类的管理，如何创建包，如何引用包都已经在案例中实现了。

4.5.6 案例拓展

包机制是 Java 中管理类的重要手段。在实际开发中会遇到大量同名的类，通过包可以很容易地解决类重名的问题，也可以实现对类的有效管理。本章拓展内容可以考虑以章节名为包名来进行已编写类的管理，如图 4-45 所示。

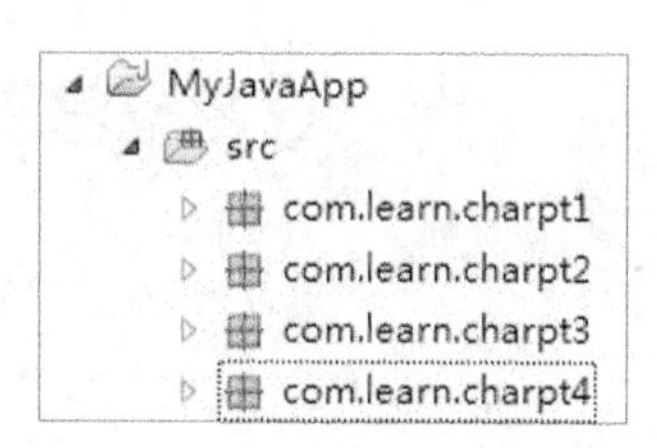

图 4-45 使用包进行代码管理结构

第5章

Java 抽象类和接口

学习目标

1. 熟悉抽象类的基本含义及 Java 中的语法规则
2. 熟悉接口基本含义及实现规则
3. 掌握抽象类定义方法，并能根据需要进行抽象类设计
4. 掌握接口定义及实现方法

教学方式

学习本章内容之前，建议同学们先了解“案例描述”，带着设计要求学习案例中涉及的知识点，然后动手进行编码实现，需要注意的是：

1. 案例 5-1 的重点在于抽象类的抽象方法设计
2. 案例 5-2 的重点在于接口的定义及设计

重点知识

1. 抽象类的语法规则
2. 接口类的定义及实现规则
3. 使用接口实现多态

5.1 案例 5-1 简易公司人事管理

5.1.1 案例描述

现有一软件公司，公司中有开发人员若干、项目经理若干、地区经理若干。已知开发人员有姓名、工号和薪水的属性，并为公司进行工作。项目经理除有姓名、工号和薪水外，还有奖金的属性，并为公司进行工作。地区经理除有姓名、工号和薪水外，还有奖金和公司的股票分红，也为公司进行工作。现要求根据给出的需求进行公司人员管理。

5.1.2 案例关联知识

1．抽象方法

通过前面的 Pet 类的实例学习可知，父类 Pet 中定义了成员方法 move()和 enjoy()，其子类 Bird 和 Cat 都重写了这两个成员方法。这是因为 Pet 实例的 move 行为和 enjoy 行为是不确定的，所以，父类中的这两个方法实际上是给其派生子类约定了一个通用的标准，约定其子类根据自身特性重写这两个方法。Pet 类中的这两个方法 move()和 enjoy()不需要实际实现，可以定义为抽象方法。抽象方法只有声明没有方法体，定义语法为：

```
abstract 返回值数据类型 抽象方法名();
```

抽象方法必须用 abstract 关键字进行修饰，且不能同时使用 final 和 static 进行修饰。如果一个类含有抽象方法，则这个类也必须定义为抽象类，抽象类必须在类前用 abstract 关键字修饰。

例 5-1　将 Pet 类设计为抽象类。

文件名：Pet.java

程序代码：

```
abstract public class Pet{                      //定义一个名字为 Pet 的类
   private String name;                         //宠物名字
   private String color;                        //毛发颜色
   private int age;                             //年龄
   private double weight;                       //体重
   private double price;                        //售价
   public Pet( String n,String c,int a,double w,double p){
   name = n;
   color= c;
   age = a;
   weight = w;
   price = p;
   }
…
   public abstract void enjoy();                //将 enjoy()定义为抽象方法
public abstract void move();                    //将 move()定义为抽象方法
}
```

抽象方法的目的是为了实现一个接口多种方法的原理，即所有的子类对外都呈现一个相同名字的方法，抽象方法必须被重写，且构造方法、类方法不能声明为抽象方法。

2．抽象类

抽象类在类层次结构中代表一般性概念，规定必须实现方法的统一接口，子类将基于此概念来定义方法。抽象类的定义语法格式如下：

```
abstract class 类名{
   数据成员;
   //定义抽象方法，没有方法体实现
   abstract 返回值数据类型 抽象方法名();
   访问权限 返回值数据类型 成员方法名(形式参数列表){
     …方法实现
```

```
    }
}
```

抽象类具有如下特点。

（1）抽象类中可以有抽象方法，也可以有非抽象方法，即抽象类不一定包含抽象方法。

（2）抽象类必须被继承。

（3）抽象类本身不能实例化，即不能使用 new 运算创建对象。只有它的非抽象子类可以创建对象，而抽象类定义的对象可以用于指向子类对象。例如，

```
Pet p = new Pet("小白","白色",2,12,2000);              //错误，抽象类不能实例化
Pet p = new Cat("咪咪","灰色",1,8,3000,"波斯猫");     //正确，可以指向子类对象
```

（4）由抽象类派生的子类必须覆盖所有父类的抽象方法，否则，该子类仍然是抽象类。

例 5-2　抽象类实例 2。

文件名：Demo5_2.java

程序代码：

```
abstract class Student{
    private int age;
    public String name;
    private int fee;
    public int getAge() {
        return age;
    }
    public void setAge(int age) {
        this.age = age;
    }
    public String getName() {
        return name;
    }
    public void setName(String name) {
        this.name = name;
    }
abstract void pay();
}
class PupilStu extends Student{
    int fee;
    public void pay()
    {
        fee = 100;
        System.out.println("小学生学费："+fee);
    }
}
class MiddleStu extends Student{
    int fee;
    public void pay()
    {
        fee = 150;
        System.out.println("中学生学费："+fee);
```

```
        }
    }
    class HighStu extends Student{
        int fee;
        public void pay()
        {
            fee = 600;
            System.out.println("高中生学费: "+fee);
        }
    }
    class ColgStu extends Student{
        int fee;
        public void pay()
        {
            fee = 7500;
            System.out.println("大学生学费: "+fee);
        }
    }
    public class Demo5_2 {
        public static void main(String[] args) {
            PupilStu p = new PupilStu();
                p.pay();
                MiddleStu m = new MiddleStu();
                m.pay();
                HighStu h = new HighStu();
                h.pay();
                ColgStu c = new ColgStu();
                c.pay();
            }
        }
```

Demo5_2.java 的运行结果如图 5-1 所示。

```
Console
<terminated> Demo5_2 (1) [Java Application] D:\java\jdk1.8.0_25\bin\javaw.exe
小学生学费: 100
中学生学费: 150
高中生学费: 600
大学生学费: 7500
```

图 5-1　Demo5_2.java 的运行结果

程序解析：上述代码是基于第 4 章例 4-26 进行的修改，分析该例，定义了一个学生 Student 类，有年龄 age、姓名 name、学费 fee 的属性，以及 age 和 name 属性的访问和设置方法，由于一个不确定年龄段的学生，学费是多少不能确定，所以在 Student 类中 pay()方法不用实现，定义为抽象方法即可。因此，该类也定义为抽象类。相应的由于小学生类 PupilStu、中学生类 MiddleStu 、高中生类 HighStu 和大学生类 ColgStu 对象明确，因此，按照各自的要求重写了 Student 类的抽象方法 pay()。

5.1.3 案例分析

有了前面关联知识作为铺垫，接下来我们分析一下本案例的实现。首先分析案例定义的类需求。

开发人员包括的静态属性为姓名、工号、薪水，动态行为为工作。

项目经理包括的静态属性为姓名、工号、薪水、奖金，动态行为为工作。

地区经理包括的静态属性为姓名、工号、薪水、奖金、股票分红，动态行为为工作。

三者可以抽取出共性内容即员工静态属性为姓名、工号、薪水，动态行为为工作，因此部分工作可以定义为抽象方法，子类给予重写即可。

5.1.4 案例实现

（1）文件名：Employee.java

```
package pg1;
abstract public class Employee{
   private String name;
   private int id;
   private double salary;

   Employee(String name,int id,double salary){
      this.name = name;
      this.id = id;
      this.salary = salary;
   }
   public String getName() {
      return name;
   }
   public void setName(String name) {
      this.name = name;
   }
   public int getId() {
      return id;
   }
   public void setId(int id) {
      this.id = id;
   }
   public double getSalary() {
      return salary;
   }
   public void setSalary(double salary) {
      this.salary = salary;
   }
   public abstract void work();
}
```

（2）文件名：Programmer.java

```
package pg1;
public class Programmer extends Employee{
    public Programmer(String name,int id,double salary){
        super(name,id,salary);
    }
    @Override
    public void work() {
        System.out.println(" 姓 名 : "+getName()+" 工 号 : "+getId()+" 薪 水 :
"+getSalary());
        System.out.println("正在编码中…");
    }
}
```

（3）文件名：Manager.java

```
package pg1;
public class Manager extends Employee{
    private double bonus;
    public Manager(String name,int id,double salary,double bonus){
        super(name,id,salary);
        this.bonus = bonus;
    }
    @Override
    public void work() {
        System.out.println(" 姓 名 : "+getName()+" 工 号 : "+getId()+" 薪 水 :
"+getSalary()+" 奖金: "+bonus);
        System.out.println("正在分析项目风险中…");
    }
}
```

（4）文件名：AreaManager.java

```
package pg1;
public class AreaManager extends Employee{
    private double bonus;
    private double paid;
    public AreaManager(String name,int id,double salary,double bonus,double paid){
        super(name,id,salary);
        this.bonus = bonus;
        this.paid = paid;
    }
    @Override
    public void work() {
        System.out.println(" 姓 名 : "+getName()+" 工 号 : "+getId()+" 薪 水 :
"+getSalary()+" 奖金: "+bonus+" 股票分红: "+paid);
        System.out.println("正在对比地区数据…");
    }
}
```

（5）文件名：Demo5_3.java

```
import  pg1.*;
public class Demo5_3 {
    public static void main(String[] args) {
        Programmer a = new Programmer("路易斯李",1001,5000.00);
        a.work();
        Manager m = new Manager("帕克",1011,8000.00,600.00);
        m.work();
        AreaManager am = new AreaManager("布朗",1101,10000.00,1000.00,20000.00);
        am.work();
    }
}
```

Demo5_3.java 的运行结果如图 5-2 所示。

```
Console
<terminated> Demo5_3 (1) [Java Application] D:\java\jdk1.8.0_25\bin\javaw.exe (2019年9月3日
姓名：路易斯李 工号：1001 薪水：5000.0
正在编码中...
姓名：帕克 工号：1011 薪水：8000.0 奖金：600.0
正在分析项目风险中...
姓名：布朗 工号：1101 薪水：10000.0 奖金：1000.0 股票分红：20000.0
正在对比地区数据...
```

图 5-2　Demo5_3 的运行结果

5.1.5　案例小结

本案例主要侧重于对抽象类定义，以及派生子类重写抽象方法的学习。可以通过本案例的分析过程、代码实现及运行效果进一步理解抽象类的设计过程。

5.1.6　案例拓展

在本案例的基础上思考，如果另外增加一个工种为系统分析师，那么如何在已有的案例中拓展实现？

5.2　案例 5-2 电子产品类设计

5.2.1　案例描述

现有手机、电视机、洗衣机等电子产品若干，有些电子产品实现了 USB 接口和屏幕播放接口，有些电子产品则没有实现，请根据需求进行数据模型设计。

5.2.2　案例关联知识

1. 接口

在软件工程中，接口（Interface）泛指供别人调用的方法或者函数。与抽象类不同，在接口中所有方法只有声明，没有方法体。接口定义的仅是实现某一特定功能的对外接口和规范，并没有真正实现这一功能，真正实现是在继承这个接口的各个类中完成，因而通常把接口功能的继承称为实现。

（1）接口定义方法。

在Java中，定义一个接口的方法如下：

```
[public] interface 接口名{
    //定义常量（Java常量名的命名规则要求，字母尽量全部大写）
    public static final 数据类型 常量名 = 值;
    //定义抽象方法
    public abstract 返回值类型  方法名(数据类型 参数名,…);
}
```

注 意　接口中的变量会被隐式地指定为public static final变量，而方法会被隐式地指定为public abstract方法，并且接口中所有的方法不能有具体的实现，即接口中的方法必须都是抽象方法。可以理解为接口是一种极度抽象的类型，它是纯粹的抽象，在一般情况下不在接口中定义变量。

例如：

```
public interface Runner{
int id=1;                    //等价于  public final static int id = 1;
public void start();         //等价于 public abstract void start();
public void run();
public void stop();
}
```

另外，接口还能继承接口（可以继承多个），例如：

```
[public] interface Shape extends ActionListener ,MouseListener, ……{
}
```

（2）接口实现方法。

类实现（继承）接口，关键字：implements

接口实现语法格式如下：

```
[public] class 类名 extends 父类 implements 接口1,接口2…{
…
}
```

从定义中可以看出，允许一个类实现多个特定的接口。如果一个非抽象类要实现某个接口，就必须实现该接口中的所有方法。定义了实现某个接口的抽象类，可以不实现该接口中的抽象方法。如果定义的类同时继承类和实现接口，那么extends要放在implements的前面。通过接口不仅可以丰富类的继承关系，还可以继承多个抽象类。

例5-3　接口定义实例。

文件名：Demo5_4.java

程序代码：

```
interface Runner{
    int id=1;                  //等价于  public final static int id = 1;
```

```
    public void start();  //等价于 public abstract void start();
    public void run();
    public void stop();
}
class Car implements Runner{
    @Override
    public void start() {
        System.out.println("小汽车启动了");
    }
    @Override
    public void run() {
        System.out.println("小汽车行驶中…");
    }
    @Override
    public void stop() {
        System.out.println("小汽车停车");
    }
}
class Bike implements Runner{
    @Override
    public void start() {
        System.out.println("自行车骑起来了");
    }
    @Override
    public void run() {
        System.out.println("正在骑自行车…");
    }
    @Override
    public void stop() {
        System.out.println("自行车停了");
    }
}
public class Demo5_4 {
    public static void main(String[] args) {
        Car c = new Car();
        c.start();
        c.run();
        c.stop();
        Bike b = new Bike();
        b.start();
        b.run();
        b.stop();
    }
}
```

Demo5_4.java 的运行结果如图 5-3 所示。

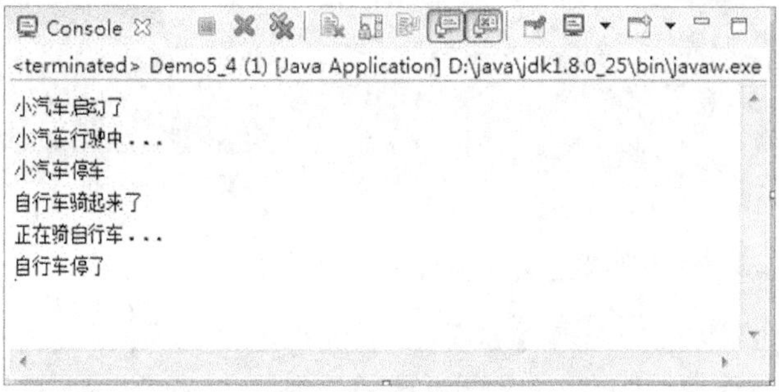

```
Console
<terminated> Demo5_4 (1) [Java Application] D:\java\jdk1.8.0_25\bin\javaw.exe
小汽车启动了
小汽车行驶中...
小汽车停车
自行车骑起来了
正在骑自行车...
自行车停了
```

图 5-3 Demo5_4.java 的运行结果

程序解析：上述代码首先定义了一个 Runner 接口，该接口有 start()方法、stop()方法、run()方法。并定义了 Car 类，实现了 Runner 接口中定义的所有方法；也定义了 Bike 类，实现了 Runner 接口中定义的所有方法。

例 5-4 接口继承使用。

文件名：Demo5_5.java

程序代码：

```
interface A{
   int a = 10;
   public void showA();
}
interface B{
   int b = 20;
   public void showB();
}
interface C extends A,B{
   int c = 30;
   public void showC();
}
class ShowSome implements C{
   @Override
   public void showA() {
      System.out.println("a="+a);
   }
   @Override
   public void showB() {
      System.out.println("b="+b);
   }
   @Override
   public void showC() {
      System.out.println("c="+c);
   }
}
public class Demo5_5 {
   public static void main(String[] args) {
      ShowSome s = new ShowSome();
```

```
        s.showA();
        s.showB();
        s.showC();
    }
}
```

Demo5_5.java 的运行结果如图 5-4 所示。

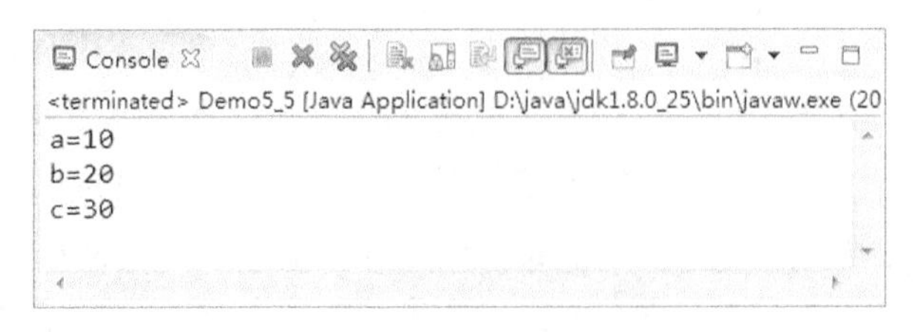

图 5-4 Demo5_5.java 的运行结果

程序解析：上述代码声明了一个接口 A，接口 A 中包含一个常量 a 和一个抽象方法 showA()。该代码声明了一个接口 B，接口 B 中包含一个常量 b 和一个抽象方法 showB()。该代码声明了一个接口 C，接口 C 同时继承了接口 A、接口 B，接口 C 中还包含一个常量 c 和一个抽象方法 showC()。该代码声明了非抽象类 ShowSome，要实现接口 C，那么意味着该类要实现接口 A、接口 B、接口 C 的所有抽象方法，且继承了这三个接口定义的常量。

从该代码中可以看出，一个接口可以继承多个接口，要实现接口就必须实现与接口对应的所有方法。

2．接口与抽象类的区别（见表 5-1）

表 5-1 接口与抽象类的区别

接　口	抽　象　类
成员变量：public static final 类型的	成员变量：可以是各种类型的
成员方法：只能是抽象方法	成员方法：可以是抽象方法，也可以是非抽象方法
静态代码块及静态方法：不能有	静态代码块及静态方法：可以有
继承关系：一个接口可以有多个父接口，一个类可以实现多个接口	继承关系：一个类只能继承一个抽象类
语义：接口是对行为的抽象，与实现的类之间呈现的是“具备与否”的关系，不存在层次关系	语义：抽象类是对整个类整体进行抽象，包括属性、行为，和派生的子类之间呈现“是一种”的层次关系

5.2.3 案例分析

有关联知识的铺垫，接下来我们分析一下案例的基本需求。

（1）电子产品若干，可以从中抽取出电子产品的共同特性，定义一个电子产品 ElectricProduct 类。

（2）分析电子产品可能实现的接口 USB，可以进行充电（charging）和数据传送（transferdata）功能。

（3）分析电子产品可能实现的接口 Video，可以实现视频的播放（play）、暂停（pause）、快进（fast）、慢放（slow）的功能。

（4）定义手机 Phone 类，隶属于电子产品，并实现了 USB 和 Video 接口。

（5）定义 TV 类，隶属于电子产品，并实现了 Video 接口。

（6）定义洗衣机 WashingMachine 类，隶属于电子产品，未实现任何接口。

5.2.4 案例实现

文件名：USB.java;

```
package eproductpg;
public interface USB{
    void charging();
    void transferdata();
}
```

文件名：Video.java

```
package eproductpg;
public interface Video{
    void play();
    void fast();
    void pause();
    void slow();
}
```

文件名：ElectricProduct.java

```
//电子产品类
package eproductpg;
abstract public class ElectricProduct{
    String name;
    public String getName() {
        return name;
    }
    public void setName(String name) {
        this.name = name;
    }
    abstract void showInfo();
}
```

文件名：Phone.java

```
//手机类
package eproductpg;
public class Phone extends ElectricProduct implements USB,Video{
    @Override
    public void charging() {
        System.out.println("实现了 USB 接口，可以充电");
    }
    @Override
    public void transferdata() {
        System.out.println("实现了 USB 接口，可以充电");
    }
```

```
    void showInfo(){
        System.out.println(getName()+"手机");
    }
    @Override
    public void play() {
        System.out.println("手机上视频播放");
    }
    @Override
    public void pause() {
        System.out.println("手机上视频暂停");
    }
    @Override
    public void slow() {
        System.out.println("手机上视频慢放");
    }
    @Override
    public void fast() {
        System.out.println("手机上视频快进");
    }
}
```

文件名：WashingMachine.java

```
//洗衣机类
package eproductpg;
public class WashingMachine extends ElectricProduct{
    void showInfo(){
        System.out.println(getName()+"洗衣机");
    }
}
```

文件名：TV.java

```
//电视机类
package eproductpg;
public class TV extends ElectricProduct implements Video{
    @Override
    public void play() {
        System.out.println("电视上视频播放");
    }
    @Override
    public void fast() {
        System.out.println("电视上视频快进");
    }
    @Override
    public void pause() {
        System.out.println("电视上视频暂停");
    }
    @Override
    public void slow() {
```

```
        System.out.println("电视上视频慢放");
    }
    void showInfo(){
        System.out.println(getName()+"电视");
    }
}
```

文件名：Demo5_6.java

```
import eproductpg.*;        //纳入电子产品包的所有类
public class Demo5_6{
    public static void main(String[] args) {
        Phone p = new Phone();
        p.setName("华为");
        p.showInfo();
        p.play();
        p.charging();
        TV t = new TV();
        t.setName("海信");
        t.showInfo();
        t.fast();
        WashingMachine w = new WashingMachine();
        w.setName("海尔");
        w.showInfo();
    }
}
```

Demo5_6.java 的运行结果如图 5-5 所示。

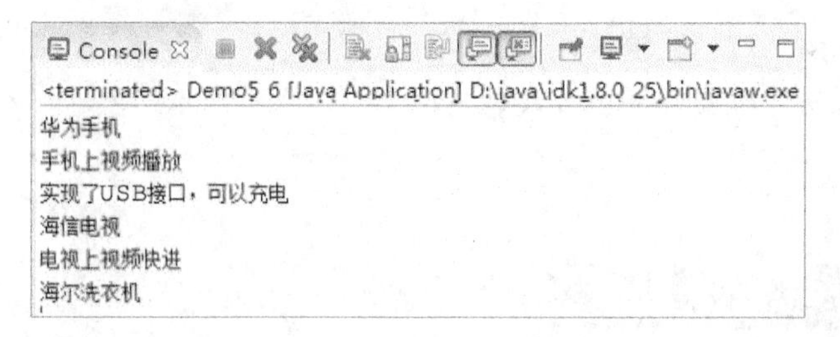

图 5-5　Demo5_6.java 的运行结果

5.2.5　案例小结

本案例重点学习了抽象类的定义，抽象方法的实现，并进行了接口的定义，以及实现接口的方法。在学习过程中可以重点区别理解抽象类和接口的使用场合。

5.2.6　案例拓展

同学们可在本案例的基础上进行案例扩展，如增加新的接口或新的电子产品类别，进一步巩固本案例所学的知识。

第 6 章

Java 数组和常用类

学习目标

1. 了解数组的基本概念及相关知识
2. 掌握数组的使用，包括数组的声明、赋值、引用等
3. 掌握冒泡排序法的程序设计与实现
4. 了解 Java 常用类的相关知识，能够利用 API 文档查询 Java 中的常用类的使用方法

教学方式

本章以理论讲解、案例演示、代码分析为主。读者需要了解和具备数组基础知识，并且掌握 Java 中常用类的使用方法。

重点知识

1. 数组的基本用法和相关语法规则
2. 冒泡排序算法流程和程序设计实现

6.1 案例 6-1 冒泡排序

6.1.1 案例描述

给定一个无序数组，通过冒泡排序算法将数组变为由小到大排列的有序数组。案例项目学习冒泡排序算法流程和程序设计实现，通过此案例对数组进行了解和学习，对数组的基本概念、一维数组的定义（声明、赋值、引用、配合循环等）进行学习，并了解数组的内存分配。

6.1.2 案例关联知识

1. 数组的基本概念

在前面的章节学习中，可以使用单个变量来存储信息，但是如果需要存储的信息较多，

如存储 100 个学生姓名，如果还是用 1 个变量存储 1 个学生姓名，则需要定义 100 个不同的变量，这样的定义很麻烦，这时可以使用数组来存储信息。

数组是计算机分配的 1 组连续的内存空间，是 1 种线性序列。数组是 1 种引用内存，数组元素和数组变量在内存里是分开存放的，实际的数组对象被存放在堆内存中，数组的引用变量被存储在栈内存中。数组在内存中的表示如图 6-1 所示。

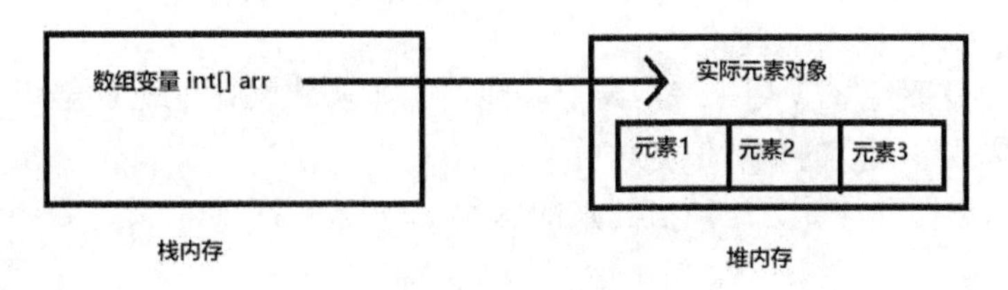

图 6-1　数组在内存中的表示

数组是有序数据的集合，数组中的每个元素具有相同的数据类型，可以用 1 个统一的数组名和不同的下标来唯一确定数组中的元素，其中有 n 个元素的数组下标是从 0 开始到 n-1 结束的。根据数组的维度，可以将数组分为一维数组、二维数组和多维数组。

2．一维数组定义

（1）一维数组的声明方式。

数组的声明就是告诉计算机数组中元素的数据类型是什么，其格式为：

```
数据类型 数组名[];
数据类型[] 数组名;
数组的声明格式推荐使用第一种:数据类型 数组名[];
int[] a;       //a 为数组名，int 为数组类型
String b[];   //字符串数组 b
Student[] c;  //对象数组 c，其中 Student 为类
```

（2）创建数组。

在 Java 中使用 new 关键字创建数组对象，创建数组也就是分配内存空间，格式为：

```
数组名=new 数据类型[元素个数];
int[] a=new int[30]; //整数类型数组 a 可以存储 30 个元素
```

每个数组都有 1 个属性 length 表示数组的长度，例如：a.length 表示数组 a 的长度（元素个数），其中 a.length=30。

```
声明数组并分配空间的语法格式为:
数据类型[] 数组名=new 数据类型[大小];
```

（3）数组的赋值。

数组的赋值方式有很多种，可以对数组的每个元素单独赋值：

```
a[0]=12;
a[1]=35;
a[2]=40;
……
也可以采用边声明边赋值的形式:
int[] a={34,28,9};                    //a.length=3
int[] b=new int[]{12,44,58,60,71};    //b.length=5
```

```
还可以动态地从键盘输入信息并赋值
int[] score = new int[30];
Scanner input = new Scanner(System.in);
for(int i = 0; i < score.length; i ++){
    score[i] = input.nextInt();
}
```

（4）数组配合循环。

数组一般配合循环结构使用来完成特定功能，比如求最大值、最小值和平均值。

例 6-1　求解数组元素的平均值。

分析：通过 for 循环计算数组所有元素的总和 sum，然后用总和除以数组长度即可得到数组元素的平均值。

文件名：Demo6_1.java

程序代码：

```
public class Demo6_1 {
    public static void main(String[] args) {
        int[] score = {60, 80, 90, 70, 85}; //数组声明并赋值
        int sum = 0;                        //数组所有元素的和，初始值为 0
        double avg;                         //数组所有元素的平均值
        for(int index = 0; index < score.length; index++){//通过循环求数组元素的总和
            sum = sum + score[index];
        }
        avg = sum / score.length;           //平均值等于元素的总和除以元素个数
        System.out.println("数组所有元素的平均值为："+avg);
    }
}
```

Demo6_1.java 的运行结果如图 6-2 所示。

```
Console
<terminated> Demo6_1 [Java Application] C:\Program Files\Java\jre1.8.0_211\bin\javaw.exe
数组所有元素的平均值为：77.0
```

图 6-2　Demo6_1.java 的运行结果

例 6-2　从键盘输入本次 Java 考试五位学生的成绩，求考试成绩最高分。

分析：用数组保存从键盘输入的五次成绩，设置一个变量 max，其初始值为第一个元素。然后通过循环使 max 和其他元素依次比较，当其他元素大于 max 的值时，更新 max 的值。

文件名：Demo6_2.java

程序代码：

```
import java.util.Scanner;
public class Demo6_2 {
    public static void main(String[] args) {
        int[ ] score = new int[5];
        Scanner input = new Scanner(System.in);
        System.out.println("请输入五位学生的成绩");
        //通过键盘动态对数组元素赋值
        for(int i = 0; i < score.length; i ++){
```

```
            score[i] = input.nextInt();
        }
        int max=score[0];//变量 max 初始值为第一个元素的值
        //通过循环使变量 max 和其他元素依次比较
        for(int i=1;i<score.length;i++)
        {
            if(max<score[i])//如果其他元素值大于 max，则更新 max 的值
            {
                max=score[i];
            }
        }
        System.out.println("成绩最高分为："+max);
    }
}
```

Demo6_2.java 的运行结果如图 6-3 所示。

```
Console
<terminated> Demo6_2 [Java Application] C:\Program Files\Java\jre1.8.0_211\bin\javaw.exe
请输入五位学生的成绩
78
45
62
12
90
成绩最高分为：90
```

图 6-3　Demo6_1.java 的运行结果

（5）对象数组（引用类型元素数组）。

对象数组就是数组里的每个元素都是类的对象，需要注意的是，引用数据类型的数组中的每个元素都需要实例化才能直接使用，否则报空指针异常。对象数组格式如下：

```
类名称 对象数组名[] = new 类名称[长度];
```

例 6-3　把 3 个学生的信息存储到数组中，并遍历数组，获取每个学生信息。

分析：创建学生类，创建学生数组（对象数组），创建 3 个学生对象并赋值，把创建的学生对象存放到数组中，并遍历学生数组。

文件名：Demo6_3.java

程序代码：

```
class Student{    //创建学生类
    //成员变量
    private String name;
    private int age;
    //带两个参数的构造方法
    public Student(String name,int age)
    {
        super();
        this.name=name;
        this.age=age;
    }
    @Override//重写 toString()方法
    public String toString()
```

```
        {
            return "Student[name="+name+",age="+age+"]";
        }
    }
    public class Demo6_3 {
        public static void main(String[] args) {
            //创建学生数组（对象数组）
            Student[] students=new Student[3];
            //创建 3 个学生对象，并赋值
            Student s1 = new Student("小明", 27);
            Student s2 = new Student("小红", 30);
            Student s3 = new Student("小强", 30);
            //将对象放到数组中
            students[0]=s1;
            students[1]=s2;
            students[2]=s3;
            //遍历
            for(int i=0;i<students.length;i++)
            {
                System.out.println(students[i]);
            }
        }
    }
```

Demo6_3.java 的运行结果如图 6-4 所示。

```
Console
<terminated> Demo6_3 [Java Application] C:\Program Files\Java\jre1.8.0_211\bin\javaw.exe
Student[name=小明,age=27]
Student[name=小红,age=30]
Student[name=小强,age=30]
```

图 6-4　Demo6_3.java 的运行结果

6.1.3　案例分析

通过前面相关知识的学习，我们已经掌握数组的基本使用方法，下面分析如何通过冒泡排序算法将一个无序数组变为由小到大排列的有序数组。

冒泡排序算法的原理：每次比较两个相邻的元素，将较大的元素交换至右侧。

冒泡排序算法的思路：每次冒泡排序操作都会将相邻的两个元素进行比较，观察是否满足大小关系要求（右侧元素比左侧元素大），如果不满足该要求，就交换这两个相邻元素的次序，一次冒泡排序至少让一个元素移动到它应该排列的位置，重复 N 次（N 为数组的长度），就完成了冒泡排序。

6.1.4　案例实现

文件名：Demo6_4.java

程序代码：

```
public class Demo6_4 {
    public static void bubbleSort(int[] arr)    //冒泡排序算法
```

```
    {
        int temp;                                    //临时变量
        for(int i=0;i<arr.length-1;i++)              //冒泡次数
        {
            for(int j=0;j<arr.length-i-1;j++)
            {
                if(arr[j+1]<arr[j])                  //如果右侧元素小于左侧元素
                {
                    temp=arr[j];                     //则交换两个元素位置
                    arr[j]=arr[j+1];
                    arr[j+1]=temp;
                }
            }
        }
    }
    public static void main(String[] args) {
        int arr[]= {45,12,78,66,23};
        bubbleSort(arr);                        //调用冒泡排序算法
        for(int i=0;i<arr.length;i++)
        {
            System.out.print(arr[i]+" ");       //不换行输出数组
        }
    }
}
```

Demo6_4.java 的运行结果如图 6-5 所示。

```
Console
<terminated> Demo6_4 [Java Application] C:\Program Files\Java\jre1.8.0_211\bin\javaw.exe
12 23 45 66 78
```

图 6-5　Demo6_4.java 的运行结果

6.1.5　案例小结

本案例主要学习一维数组的定义、配合循环等知识点。冒泡排序算法是常用的数组排序算法之一，代码实现采用双层循环来实现，其中外层循环控制排序次数，总循环次数为排序数组的长度减 1。而内层循环主要用于对比相邻元素的大小，以确定是否交换位置，对比和交换次数依排序次数而减少。

6.2　案例 6-2 公司年销售额求和

6.2.1　案例描述

公司按照季度和月份统计的数据如下，单位（万元）。

第一季度：11，23，45

第二季度：40，53，34

第三季度：47，51，26

第四季度：17，28，33

求该公司本年度总销售额。

6.2.2 案例关联知识

1. 二维数组的定义

为了方便组织各种信息，计算机将信息以表的形式组织，然后再以行和列的形式呈现出来。二维数组的结构能方便地表示计算机中的表，以第一个下标表示元素所在的行，以第二个下标表示元素所在的列。

在 Java 中二维数组被看作数组的数组，即二维数组为一个特殊的一维数组，其每个元素又是一个一维数组。二维数组的声明语法如下：

```
数组类型 数组名[][];
数组类型[][] 数组名;
```

2. 二维数组的创建

在创建二维数组时，如果每行中的列数相同，则可以采用如下格式：

```
int[][] a;
a=new int[3][5];
int[][] b=new int[4][4];
```

在创建的二维数组中，第一个[]中的值表示行数，第二个[]中的值表示列数，数组 a 表示一个三行五列的二维数组，数组 b 表示一个四行四列的二维数组。

如果二维数组的每行中的列数不相同，则可以采用如下格式：

```
int[][] a=new int[3][];//先确定行数
a[0]=new int[3];
a[1]=new int[5];
a[2]=new int[4];
```

我们讲过二维数组可以被看作数组的数组，即二维数组中的每个元素都是一维数组，在上述程序中，二维数组 a 可以确定一共有三行，也可以理解为二维数组 a 中有三个元素，每个元素又是一维数组，其中 a[0]中有三个元素，a[1]中有五个元素，a[2]中有四个元素，因此在提到的创建二维数组中，第一个[]中的值表示行数，第二个[]中的值表示列数，我们也可以这样理解，第一个[]中的值表示二维数组中包含多少个一维数组元素，第二个[]中的值表示每个一维数组中包含多少元素。

3. 二维数组的赋值

二维数组的赋值可以采用边声明边赋值的形式：

```
int a[][]={{1,2},{3,4,5,6},{7,8,9}};
也可以采用先声明后赋值的形式：
int a[][]=new int[3][];
a[0]={1,2,3};
a[1]={4,5};
a[2]={6,7,8,9};
```

以上两种赋值方式都是静态的初始化，也可以采用从键盘输入动态的初始化方式。

例 6-4　创建一个三行三列的二维数组，并打印输出二维数组中第二行第二列的元素值。

分析：创建一个三行三列的二维数组，表示二维数组的每行的行数和列数是固定的，则该二维数组的结构如图 6-6 所示（元素值随机设置）。

1,2,3
4,5,6
7,8,9

图 6-6　二维数组的结构

由于数组元素的下标是从 0 开始的，所以第二行第二列的元素下标值为“1，1”。

文件名：Demo6_5.java

程序代码：

```
public class Demo6_5 {
    public static void main(String[] args) {
        int[][] a= {{1,2,3},{4,5,6},{7,8,9}};//创建三行三列的二维数组并赋值
        System.out.println("第二行第二列元素的值为："+a[1][1]);
    }
}
```

Demo6_5.java 的运行结果如图 6-7 所示。

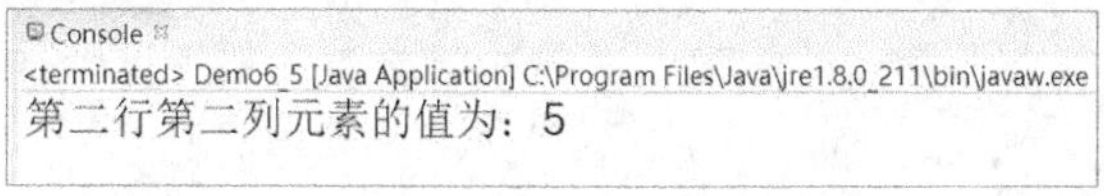

```
Console
<terminated> Demo6_5 [Java Application] C:\Program Files\Java\jre1.8.0_211\bin\javaw.exe
第二行第二列元素的值为：5
```

图 6-7　Demo6_5.java 的运行结果

例 6-5　二维数组的遍历。

分析：二维数组的遍历需要使用双层循环，其中外循环控制的是二维数组的长度，也就是包含一维数组的个数，内循环控制的是一维数组的长度。假设二维数组为：

```
int[][] a={{1,2},{3,4,5},{6,7,8,9}};
```

二维数组的结构如图 6-8 所示。

1,2
3,4,5
6,7,8,9

图 6-8　二维数组的结构

可以看出该二维数组一共有三行，每行代表一个一维数组，则外循环可以写为：

```
for(int i=0;i<3;i++){}
```

循环中的 i<3 是因为二维数组 a 包含三个一维数组，外循环的长度其实也就是二维数组的长度，所以外循环也可以写为：

```
for(int i=0;i<a.length;i++){}
```

由于每个一维数组的长度不同，所以无法用具体数值表示内循环的长度，但是内循环其实就是表示每个一维数组的长度，所以内循环可以写为：

```
for(int j=0;j<a[i].length;j++){}
```

其中 a[i]表示二维数组中包含的每个一维数组。

文件名：Demo6_6.java

程序代码：

```
public class Demo6_6 {
    public static void main(String[] args) {
        int[][] a= {{1,2},{3,4,5},{6,7,8,9}};
        for(int i=0;i<a.length;i++)
        {
            for(int j=0;j<a[i].length;j++)
            {
                System.out.print(a[i][j]+" ");
            }
            System.out.println();//每输出完一行就换行
        }
    }
}
```

Demo6_6.java 的运行结果如图 6-9 所示。

```
Console
<terminated> Demo6_6 [Java Application] C:\Program Files\Java\jre1.8.0_211\bin\javaw.exe
1 2
3 4 5
6 7 8 9
```

图 6-9　Demo6_6.java 的运行结果

6.2.3　案例分析

公司年度销售额分为四个季度，每个季度有三个月份，这样我们可以创建一个四行三列的二维数组来存储每个月份的销售额。求和就是获取每一个元素，然后将其累加即可，定义一个求和变量 sum，初始值为 0，通过遍历就可以得到每一个二维数组的元素，把元素累加起来，最后输出 sum 即可。

6.2.4　案例实现

文件名：Demo6_7.java

程序代码：

```
public class Demo6_7 {
    public static void main(String[] args) {
        //把案例中的数据用二维数组表示
        int[][] arr= {{11,23,45},{40,53,34},{47,51,26},{17,28,33}};
        int sum=0;//求和变量
        //通过变量得到每一个二维数组的元素
```

```
        for(int x=0;x<arr.length;x++)
        {
            for(int y=0;y<arr[x].length;y++)
            {
                sum+=arr[x][y];
            }
        }
        //输出 sum 的值
        System.out.println("一年的销售额为:"+sum+"万元");
    }
}
```

Demo6_7.java 的运行结果如图 6-10 所示。

Console ⌧
<terminated> Demo6_7 [Java Application] C:\Program Files\Java\jre1.8.0_211\bin\javaw.exe
一年的销售额为:408万元

图 6-10　Demo6_7.java 的运行结果

6.2.5　案例小结

本案例要重点理解二维数组的定义、创建和赋值，同时要理解二维数组是数组的数组，能够掌握二维数组配合循环来实现特定的功能。

6.3　案例 6-3 判断字符串中的字母和数字

6.3.1　案例描述

用户通过键盘输入一个随机字符串，并判断该字符串有多少个字母，有多少个数字，然后打印输出。

6.3.2　案例关联知识

1．字符串类

在 Java 编程中经常使用字符串，Java 提供了 String 类来创建和操作字符串，String 类位于 java.lang 包中。

（1）创建字符串。

创建字符串对象有两种方式，第一种方式是直接赋值创建对象，也是我们最常用的方式：

```
String str="abc";//直接赋值方式
```

直接赋值生成的字符串 str 是一个字符串常量，将其存放在常量池中。所谓的常量池是指每个 class 类编译时保存这个 class 文件中常量值的内存空间。在定义 String str="abc"时，JVM 会在常量池中查找是否存在常量“abc”，如果是在该类中第一次定义该常量值，则会在常量池中给常量“abc”分配一个地址，并且会在栈中给 str 分配地址，如图 6-11 所示。

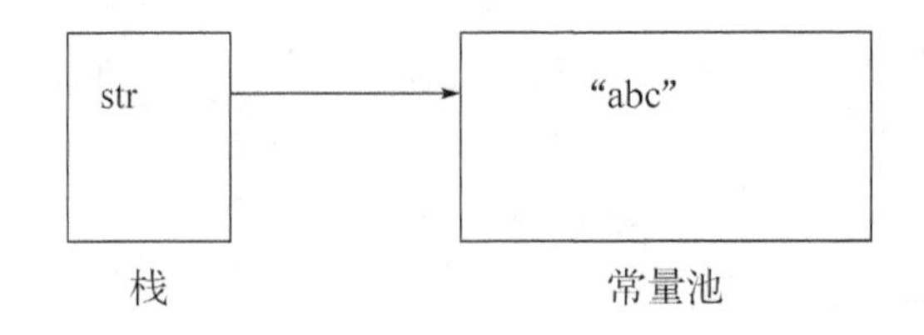

图 6-11　直接赋值方式的内存分配

在一个类中已经定义 String str=“abc”的基础上，再定义一个字符串 String str1=“abc”时，此时 JVM 会先在常量池中查找是否存在常量“abc”，如果存在则直接在栈中为 str1 分配一个地址，然后让 str1 引用常量池中的“abc”，而不会单独给 str1 的“abc”分配新的内存，如图 6-12 所示。

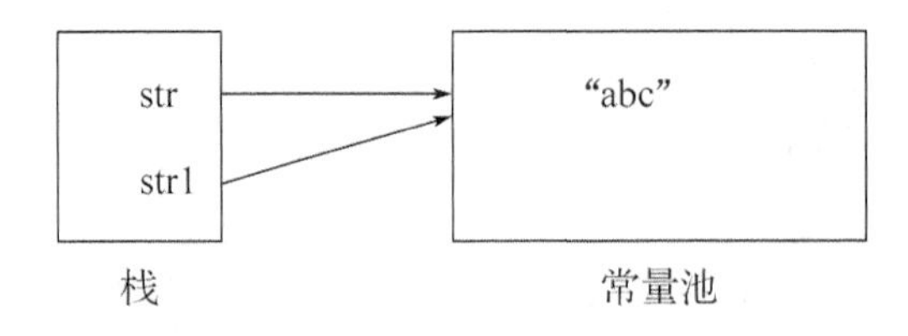

图 6-12　两个内容相同的字符串的内存分配

根据以上描述可知，用直接赋值方式定义 *n* 个相同的字符串时，它们都是指向常量池中的同一个常量。

第二种是通过构造方法创建字符串对象：

```
String str=new String(“abc”);//实例化方式
```

通过构造方法生成的是一个字符串对象，该对象是存放在堆内存中，如果使用第二种方式生成多个相同字符串对象，则会在堆内存中生成多个字符串对象，如图 6-13 所示。

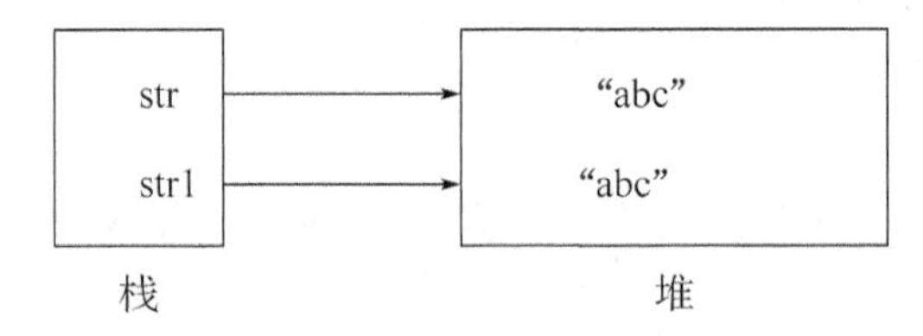

图 6-13　构造方法创建多个相同字符串

（2）字符串的比较。

```
boolean equals(Object anObject) //比较两个字符串是否相等
```

这里要注意 equals()方法和= =之间的区别，= =在对字符串进行比较时，比较的是内存地址，而 equals()方法比较的是字符串内容。

例 6-6　字符串的比较。

分析：在比较字符串时要注意两点，一是比较创建字符串用的是哪种方式，因为两种创建字符串的方式的内存分配是不一样的；二是比较使用的是= =还是 equals()方法。

文件名：Demo6_8.java

程序代码：

```
public class Demo6_8 {
    public static void main(String[] args) {
```

```
        String str1="helloworld";
        String str2="helloworld";
        //str1 和 str2 都是字符串常量，存放在常量池中，因为它们内容相同，所以指向同一地址
        String str3=new String("helloworld");
        String str4=new String("helloworld");
        //str3 和 str4 都是字符串对象，存放在内存的堆空间中，指向不同地址
        System.out.println("str1==str2:"+(str1==str2)); //==比较的是地址
        //equals()方法比较的是内容
        System.out.println("str1.equals(str2):"+(str1.equals(str2)));
        System.out.println("str3==str4:"+(str3==str4));
        System.out.println("str3.equals(str4):"+str3.equals(str4));
        System.out.println("str1.equals(str4):"+str1.equals(str4));
    }
}
```

Demo6_8.java 的运行结果如图 6-14 所示。

```
Console
<terminated> Demo6_8 [Java Application] C:\Program Files\Java\jre1.8.0_211\bin\javaw.exe
str1==str2:true
str1.equals(str2):true
str3==str4:false
str3.equals(str4):true
str1.equals(str4):true
```

图 6-14　Demo6_8.java 的运行结果

（3）String 类的主要方法。

String 类的主要方法与功能描述如表 6-1 所示。

表 6-1　String 类的主要方法与功能描述

主 要 方 法	功 能 描 述
public char charAt(int index)	返回指定索引处的 char 值
public int compareTo(String anotherString)	按指定顺序比较两个字符串
public String concat(String str)	将指定字符串连接到此字符串的结尾
public boolean contains(CharSequence s)	当且仅当此字符串包含指定的 char 值序列时，返回 true
public boolean equals(Object anObject)	将此字符串与指定的对象比较
public indexOf(String str)	返回指定字符串在此字符串中第一次出现的索引
public int length()	返回此字符串的长度
public char[] toCharArray()	将此字符串转换为一个新的字符数组

例 6-7　将两个字符串连接为新的字符串并返回新字符串的长度。

分析：连接两个字符串可以使用 public String concat(String str)方法，返回字符串长度则使用 public int length()方法。

文件名：Demo6_9

程序代码：

```
public class Demo6_9 {
    public static void main(String[] args) {
        String str1="abcd";
```

```
        String str2="efg";
        String str3=str1.concat(str2);//str3 为 str1 和 str2 两个字符串连接后生成的新字符串
        System.out.println(str3);              //输出连接后的字符串
        System.out.println(str3.length());  //输出新字符串的长度
    }
}
```

Demo6_9.java 的运行结果如图 6-15 所示。

```
Console
<terminated> Demo6_9 [Java Application] C:\Program Files\Java\jre1.8.0_211\bin\javaw.exe
abcdefg
7
```

图 6-15　Demo6_9.java 的运行结果

2. Object 类

在 Java 中 Object 类是所有类的父类，任何类都默认继承 Object 类，数组也是 Object 类的子类，所以在 Java 中任何类的对象都可以调用 Object 类中的方法。Object 类位于 java.lang 包中，由于所有类都继承在 Object 类中，因此在程序中省略 extends Object 关键字。

Object 的类主要方法与功能描述如表 6-2 所示。

表 6-2　Object 类的主要方法与功能描述

主 要 方 法	功 能 描 述
protected Object clone()	创建并返回此对象的一个副本
public boolean equals(Object obj)	指示其他某个对象是否与此对象相等
public final Class<?> getClass()	返回此 Object 的运行时类
public int hashCode()	返回该对象的哈希码值
public final void notify()	唤醒此对象监视器上等待的单个线程
public String toString()	返回该对象的字符串表示
public void wait()	在其他线程调用此对象的 notify()方法前，导致当前线程等待

例 6-8　已创建学生类如下。

```
class Student{                                     //学生类
    String name;                                   //姓名
    int age;                                       //年龄

    public Student(String name, int age) { //构造方法
        super();
        this.name = name;
        this.age = age;
    }
}
```

请创建学生类对象，姓名为张三，年龄为 18，并打印输出该对象的属性。

分析：创建对象时可以写 Student stu=new Student(“张三”,18);如果打印输出直接输出对象名时，则 System.out.println(stu);得到的结果如图 6-16 所示。

```
Console
<terminated> Demo6_10 [Java Application] C:\Program Files\Java\jre1.8.0_211\bin\javaw.exe
Student@15db9742
```

图 6-16　直接打印学生对象

这是因为当我们直接输出引用数据类型对象时，实际上会调用Object类的toString()方法，也就是 System.out.println(stu)等同于 System.out.println(stu.toString())，Object 类中的 toString()返回的是该对象的字符串表示，它的输出结果为：类名+对象内存地址。如果我们希望通过输出对象名直接输出对象的属性，由于 Object 类是所有类的父类，那么我们可以通过在 Student 类中重写 toString()方法实现。

文件名：Demo6_10.java

程序代码：

```
class Student{                                  //学生类
   String name;                                 //姓名
   int age;                                     //年龄
   public Student(String name, int age) { //构造方法
      super();
      this.name = name;
      this.age = age;
   }
   @Override
   public String toString() {                   //重写 toString()方法
      return "Student [name=" + name + ", age=" + age + "]";
   }
}
public class Demo6_10 {
   public static void main(String[] args) {
      Student stu=new Student("张三", 18);
      System.out.println(stu);
   }
}
```

Demo6_10.java 的运行结果如图 6-17 所示。

```
Console
<terminated> Demo6_10 [Java Application] C:\Program Files\Java\jre1.8.0_211\bin\javaw.exe
Student [name=张三, age=18]
```

图 6-17　Demo6_10.java 的运行结果

3. Math 类

Math 类包含用于执行基本数学运算的方法，如初等指数、对数、平方根和三角函数。Math 类是一个工具类，它的构造器被定义为 private，因此无法创建 Math 类的对象。Math 类中的所有方法都是类方法，可以直接通过类名调用，Math 类位于 java.lang 包中。

Math 类的主要方法与功能描述如表 6-3 所示。

表 6-3　Math 类的主要方法与功能描述

主 要 方 法	功 能 描 述
public static int abs(double a)	返回 int 值的绝对值
public static double ceil(double a)	返回最小的（最接近负无穷大）double 值，该值大于或等于参数，并等于某个整数
public static double floor(double a)	返回最大的（最接近正无穷大）double 值，该值小于或等于参数，并等于某个整数
public static int max(int a,int b)	返回两个 int 值中较大的一个
public static int min(int a,int b)	返回两个 int 值中较小的一个
public static double pow(double a,double b)	返回参数 a 的 b 次幂的值
public static double random()	返回带正号的 double 值，该值大于或等于 0.0 且小于 1.0
public static int round(float a)	返回最接近参数的 int
public static double sqrt(double a)	返回正确舍入的 double 值的正平方根

例 6-9　Math 类的方法调用。

文件名：Demo6_11.java

程序代码：

```
public class Demo6_11 {
    public static void main(String[] args) {
        System.out.println(Math.abs(-5));          //绝对值
        System.out.println(Math.ceil(24.12));      //向上取整
        System.out.println(Math.floor(24.85));     //向下取整
        System.out.println(Math.max(34,51));       //两者之间较大的
        System.out.println(Math.min(34,51));       //两者之间较小的
        System.out.println(Math.pow(2,4));         //2 的 4 次方
        System.out.println(Math.random());         //0.0~1.0 之间的随机数
        System.out.println(Math.round(6.5));       //四舍五入
        System.out.println(Math.round(-4.5));      //四舍五入
        System.out.println(Math.sqrt(36));         //平方根
    }
}
```

Demo6_11.java 的运行结果如图 6-18 所示。

```
Console
<terminated> Demo6_11 [Java Application] C:\Program Files\Java\jre1.8.0_211\bin\javaw.exe
5
25.0
24.0
51
34
16.0
0.7266563687082082
7
-4
6.0
```

图 6-18　Demo6_11.java 的运行结果

4. Random 类

Random 类位于 java.util 包中，主要用于生成伪随机数。随机算法的起源数字称为种子数（seed），在种子数的基础上进行一定变换，从而产生所需要的随机数字。相同种子数的 Random 对象，相同次数生成的随机数字是完全相同的，也就是说，两个种子数相同的 Random 对象，

第一次生成的随机数字完全相同，第二次生成的随机数字也完全相同。

（1）Random 类的构造方法。

Random 类的构造方法与功能描述如表 6-4 所示。

表 6-4　Random 类的构造方法与功能描述

构造方法	功能描述
public Random()	创建一个新的随机数生成器
public Random(long seed)	使用单个 long 种子，创建一个新的随机数生成器

其中，第一个构造方法使用一个和当前系统时间对应的相对时间有关的数字作为种子数。

两个构造方法的示例代码如下：

```
Random r1=new Random();
Random r2=new Random(10);
```

注意　种子数只是随机算法的起源数字，和生成的随机数字的区间无关。

（2）Random 类的主要方法。

Random 类的主要方法与功能描述如表 6-5 所示。

表 6-5　Random 类的主要方法与功能描述

主要方法	功能描述
protected int next(int bits)	生成下一个伪随机数
public boolen nextBoolean()	返回下一个布尔类型的伪随机数，返回 true 和 false 各占 50%概率
public void nextBytes(byte[] bytes)	生成随机字节并将其置于用户提供的 byte 数组中
public double nextDouble()	返回下一个伪随机数，它是取自随机数生成器序列的，在 0.0 和 1.0 之间均匀分布的 double 值
public float nextFloat()	返回下一个伪随机数，它是取自随机数生成器序列的，在 0.0 和 1.0 之间均匀分布的 float 值
public int nextInt()	返回下一个伪随机数，它是此随机数生成器的序列中均匀分布的 int 值
public int nextInt(int n)	返回一个伪随机数，它是取自此随机数生成器序列的，在 0（包括）和指定值（不包括）之间均匀分布的 int 值
public long nextLong()	返回下一个伪随机数，它是取自此随机数生成器序列的均匀分布的 long 值
public void setSeed(long seed)	使用单个 long 种子设置此随机数生成器的种子

例 6-10　相同种子数的 Random 对象问题。

分析：我们提到过相同种子数的 Random 对象，相同次数生成的随机数字是完全相同的，通过本例来验证一下。

文件名：Demo6_12.java

程序代码：

```
import java.util.Random;
public class Demo6_12 {
    public static void main(String[] args) {
        Random r1 = new Random(15);              //创建两个相同种子数的 Random 对象
        Random r2 = new Random(15);
        for(int i=0;i<3;i++){
```

```
            System.out.println(r1.nextInt());     //返回一个整数类型伪随机数
            System.out.println(r2.nextInt());
        }
    }
}
```

Demo6_12.java 的运行结果如图 6-19 所示。

```
Console
<terminated> Demo6_12 [Java Application] C:\Program Files\Java\jre1.8.0_211\bin\javaw.exe
-1159716814
-1159716814
-898526952
-898526952
453225476
453225476
```

图 6-19　Demo6_12.java 的运行结果

在上述代码中，对象 r1 和 r2 使用的种子数都是 15，则这两个对象相同次数生成的随机数是完全相同的。因此如果要避免出现随机数字相同的情况，则尽量在一个项目中使用一个 Random 对象来生成随机数字。

例 6-11　生成一个[10,100]之间的整数随机数，并打印输出。

分析：可以使用 public int nextInt(int n)方法，该方法返回的是[0,n)之间的随机数，所以可以先调用方法 nextInt(int n)+10，这样就能得到[10,n+10)，再使 n 取值为 91，这样就能得到[10,101)区间，因为生成的是整数类型，所以也就是[10,100]区间。

文件名：Demo6_13.java

程序代码：

```
import java.util.Random;
public class Demo6_13 {
    public static void main(String[] args) {
        Random r=new Random();
        int num=r.nextInt(91)+10;
        System.out.println("生成的随机数为："+num);     }
}
```

Demo6_13.java 的运行结果如图 6-20 所示。

```
Console
<terminated> Demo6_10 [Java Application] C:\Program Files\Java\jre1.8.0_211\bin\javaw.exe
Student [name=张三, age=18]
```

图 6-20　Demo6_13.java 的运行结果

在 Math 类中也有一个 random()方法，该 random()方法是生成一个[0,1.0)区间的随机数，其实 Math 类中的 random()方法就是直接调用了 Random 类中的 nextDouble()方法而实现的，所以大家可以根据实际情况来选择相应的方法生成随机数。

6.3.3　案例分析

通过调用 String 类中的 toCharArray()方法将字符串转换成字符数组，然后通过 for 循环来判断字符和数字的个数。

6.3.4 案例实现

文件名：Demo6_14.java

程序代码：

```
import java.util.Scanner;
public class Demo6_14 {
    public static void main(String[] args) {
    Scanner sc = new Scanner(System.in);
    System.out.println("请随机输入字符串");
    String str = sc.next();          //接收用户输入的字符串
    char[] c = str.toCharArray();  //将此字符串转换为新的字符数组
    int cCount = 0;                  //统计该字符串中字母的总数
    int nCount = 0;                  //统计该字符串中数字的总数
    for(int i=0; i<c.length;i++)
    {
        //根据 ASC 码判断字符为字母还是数字
        if (c[i] >='a'&& c[i]<='z'||c[i]>='A'&&c[i]<='Z')
            cCount++;
        if (c[i] >='0'&&c[i]<='9')
            nCount++;
    }
    System.out.println("你输入的字符串中共有 " + cCount+ "个字母和 " +nCount+ "个数字");
    }
}
```

Demo6_14.java 的运行结果如图 6-21 所示。

```
Console
<terminated> Demo6_14 [Java Application] C:\Program Files\Java\jre1.8.0_211\bin\javaw.exe
请随机输入一个字符串
gfsdfg435asd1234
这个字符串中共有 9个字母和 7个数字
```

图 6-21 Demo6_14.java 的运行结果

6.3.5 案例小结

本案例主要学习 String 类的主要方法调用，同时要掌握其他常用类的使用方法。

第 7 章

Java 集合和泛型

学习目标

1. 了解集合的基本概念
2. 掌握 Collection 接口和 Iterator 接口
3. 掌握 Set 接口及对应 API 的使用方法
4. 掌握 List 接口及对应 API 的使用方法
5. 掌握 Map 接口及对应 API 的使用方法
6. 能够应用容器针对复杂数据类型进行设计和应用

教学方式

本章以理论讲解、案例演示、代码分析为主。读者需要了解和学习集合的基础知识，并且掌握集合对应 API 的使用方法。

重点知识

1. 集合的多种接口的学习和掌握
2. 针对复杂数据类型进行复杂集合的设计和应用

7.1 案例 7-1 集合的遍历

7.1.1 案例描述

抽取 10 个 1～100 的随机整数，并放到一个集合中，遍历集合把大于或等于 10 的元素输出打印到控制台。

7.1.2 案例关联知识

1. 集合概述

集合是 Java 中提供的一种容器，可以用来存储多个数据。在第 6 章中我们学习了数组，数组也可以用来存储多个数据，那么数组和集合之间有什么区别呢？

数组的长度是固定的，集合的长度是可变的。

数组存储的是同一类型的元素，不仅可以存储基本数据类型值，还可以存储对象。而集合存储的都是对象类型数据，而且对象的类型可以不一致。一般在实际开发中对象多的时候，使用集合将对象进行存储。

2．集合框架

所有集合类都位于 java.util 包下，集合按照其存储结构可以分为两大类，分别为 java.util.Collection 集合和双 java.util.Map 集合。Collection 和 Map 是 Java 集合框架的根接口，这两个接口又包含一些子接口或者实现类。Java 集合的框架图如图 7-1 所示。

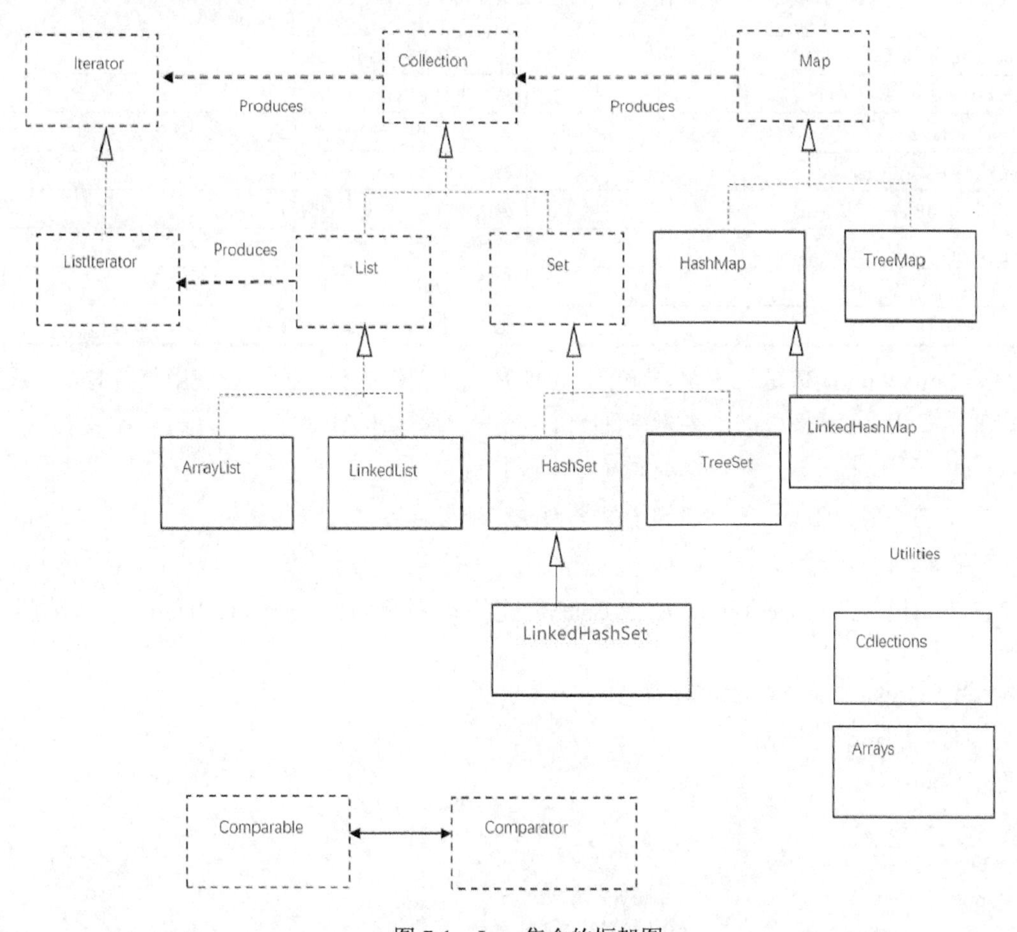

图 7-1 Java 集合的框架图

在图 7-1 中可以看到，List 接口和 Set 接口都继承了 Collection 接口，在 Collection 接口中定义了它的所有子类集合中共性的方法，所有子类集合都可以使用这个共性的方法。下面对 List 接口和 Set 接口的特征进行简单的介绍。

List 接口有以下特征：

- 有序的集合，存储和取出元素的顺序相同。
- 允许存储重复的元素。
- 有索引，可以使用普通的 for 循环遍历。

Set 接口有以下特征：

- 无序的集合。
- 不允许存储重复元素。
- 没有索引，不能使用普通的 for 循环遍历。

3．Collection 接口

Collection 是集合框架的一个根接口，因此 Collection 所有的子类都可以调用 Collection 接口的方法。Collection 接口的主要方法与功能描述如表 7-1 所示。

表 7-1　Collection 接口的主要方法与功能描述

主 要 方 法	功 能 描 述
boolean add(E e)	将给定对象添加到当前集合
void clear()	清空集合中所有的元素
Iterator<E> iterator()	返回此 Collection 的元素上进行迭代的迭代器
boolean remove(E e)	将给定对象在当前集合中删除
boolean contains(E e)	判断当前集合中是否包含给定对象
boolean isEmpty()	判断当前集合是否为空
int size()	返回集合中元素的个数
Object[] toArray()	把集合中的元素存储到数组中

由于 Collection 接口是无法实例化的，也就是无法创建对象，所以在使用集合时，一般通过多态使用 Collection 接口的子类来创建一个集合容器，语句如下：

```
Collection coll=new ArrayList();
```

或者直接使用 Collection 接口的子类来创建一个集合容器，语句如下：

```
ArrayList al=new ArrayList();
```

下面我们以 ArrayList al=new ArrayList()创建的 al 对象为例，演示 Collection 接口的主要方法。

例 7-1　Collection 接口的主要方法演示。

文件名：Demo7_1.java

程序代码：

```
import java.util.*;
public class Demo7_1 {
    public static void main(String[] args) {
        ArrayList al=new ArrayList();                    //创建集合对象
        al.add("a");                                     //添加元素
        al.add("b");
        al.add("c");
        int num=al.size();                               //获取集合元素个数
        System.out.println("al 集合为:"+al);             //集合重写了 toString()方法
        System.out.println("集合长度为: "+num);
        System.out.println(al.contains("b"));            //判断集合中是否有指定元素
        al.remove("b");                                  //删除元素
        System.out.println(al.contains("b"));            //删除元素后，再次判断集合中是否有指定元素
        System.out.println(al.isEmpty());                //判断集合是否为空
```

```
        al.clear();                              //清空集合
        System.out.println(al.isEmpty());        //判断集合是否为空
    }
}
```

Demo7_1.java 的运行结果如图 7-2 所示。

```
Console
<terminated> Demo7_1 [Java Application] C:\Program Files\Java\jre1.8.0_211\bin\javaw.exe
al集合为:[a, b, c]
集合长度为：3
true
false
false
true
```

图 7-2　Demo7_1.java 的运行结果

4．Iterator 接口

Java 集合框架的集合类，也可以称之为容器。容器的种类有很多种，比如 ArrayList、LinkedList、HashSet 等，由于每种容器的内部结构不同，所以可能不确定怎样去遍历一个容器中的元素。为了更加简单地对容器内的元素进行操作，Java 引入了 Iterator 接口。Iterator 对象也称为迭代器。迭代是集合元素的通用获取方式，取出元素前先判断集合中是否有该元素，如果有该元素则取出，继续判断；如果集合中还存在该元素则继续取出，直到把集合中所有该元素全部取出。

Iterator 接口的主要方法与功能描述如表 7-2 所示。

表 7-2　Iterator 接口的主要方法与功能描述

主要方法	功能描述
boolean hasNext()	如果仍有元素可以迭代，则返回 true
E next()	返回迭代的下一个元素
void remove()	删除集合里上一次 next()方法返回的元素

由于 Iterator 是接口，无法直接使用，因此需要使用 Iterator 接口的实现类对象，而 Iterator 接口获取实现类的方式比较特殊，在 Collection 接口中有一个方法 iterator()，这个方法返回的就是迭代器的实现类对象。

例 7-2　使用迭代器遍历集合元素。

文件名：Demo7_2.java

程序代码：

```
import java.util.*;
public class Demo7_2 {
    public static void main(String[] args) {
        ArrayList al=new ArrayList();   //创建集合对象
        al.add("a");                    //添加元素
        al.add("b");
        al.add("c");
        //使用多态，创建 Iterator 接口的实现类对象
        Iterator it=al.iterator();
        //通过 while 循环遍历集合中的元素，并一次输出
```

```
        while(it.hasNext())                 //判断集合中是否还有元素未被遍历
        {
            //返回集合中的元素，next()方法返回值类型为Object，这里要强制转换为String类型
            String s=(String) it.next();
            System.out.println(s);
        }
    }
}
```

Demo7_2.java 的运行结果如图 7-3 所示。

```
Console
<terminated> Demo7_2 [Java Application] C:\Program Files\Java\jre1.8.0_211\bin\javaw.exe
a
b
c
```

图 7-3　Demo7_2.java 的运行结果

5．增强 for 循环

增强 for 循环（也称 for each 循环）是 JDK1.5 提出的高级 for 循环，是专门用来遍历数组和集合的。增强 for 循环内部原理就是通过 Iterator 实现的，在遍历的过程中不能对集合中的元素进行增删操作。

增强 for 循环的语法格式如下：

```
for(变量类型 变量：需迭代的数组或集合){}
```

例 7-3　使用增强 for 循环遍历数组和集合。

文件名：Demo7_3.java

程序代码：

```
import java.util.ArrayList;
public class Demo7_3 {
    public static void main(String[] args) {
        int[] arr= {1,2,3,4};
        for(int i:arr)                      //使用增强 for 循环遍历数组
        {
            System.out.println(i);
        }
        ArrayList al=new ArrayList();       //创建集合对象
        al.add("a");                        //添加元素
        al.add("b");
        al.add("c");
        for(Object s:al)                    //使用增强 for 循环遍历集合
        {
            System.out.println(s);
        }
    }
}
```

Demo7_3.java 的运行结果如图 7-4 所示。

```
Console
<terminated> Demo7_3 [Java Application] C:\Program Files\Java\jre1.8.0_211\bin\javaw.exe
1
2
3
4
a
b
c
```

图 7-4　Demo7_3.java 的运行结果

6. 泛型

泛型是 Java SE1.5 的新特性，泛型的本质是参数化类型，也就是所操作的数据类型被指定为一个参数，这个参数类型可以用在类、接口和方法中分别创建，成为泛型类、泛型接口、泛型方法。泛型可以看作是一个变量，用来接收数据类型。比如通过查看 ArrayList 类的源代码我们可以发现，ArrayList 类的定义如下：

```
public class ArrayList<E> extends AbstractList<E>{}
```

因为我们不知道用户在创建集合对象时会存储什么类型的数据，所以 ArrayList 类的数据类型用泛型<E>表示，这里使用泛型<E>可以代表任何类型，当用户创建集合对象时，就会确定泛型的数据类型。比如：

```
ArrayList<String> al=new ArrayList<String>();
```

用户创建了集合对象 al，数据类型为 String 类型。这里要注意，如果使用的是 JDK1.7 以上的版本，则右侧的<>内部可以不写内容，但<>本身还是要写。JDK1.7 以下的版本，右侧的<>内必须写数据类型。例如，Collection 接口的 public boolean remove(E e)方法，方法的参数类型就是泛型，因为不确定集合对象在调用方法时会传递什么类型的参数，所以当集合对象调用方法传递给参数具体数据类型时，E 就代表该数据类型。

JDK1.7 以上的版本可以写成如下形式：

```
ArrayList<String> al=new ArrayList<>();
```

在集合中是可以存放任意对象的，只要把对象存储到集合后，对象都会被替换成 Object 类型，当我们需要取出一个对象并对其进行相应的操作时，必须采用类型转换，比如例 7-2 中的 String s=(String) it.next();语句，当我们从集合中提取元素时，得到的是 Object 类型，如果用字符串变量接收则需要强制转换。下面我们通过例 7-4 来对比集合使用泛型和不使用泛型的区别。

例 7-4　集合使用泛型和不使用泛型的区别。

分析：当集合不使用泛型时，默认类型是 Object 类型，可以存储任意类型的数据，但是会引发异常。

文件名：Demo7_4.java

程序代码：

```
import java.util.*;
public class Demo7_4 {
    public static void main(String[] args) {
        ArrayList list=new ArrayList();
        list.add("hello");
        list.add(1);
```

```
        //使用迭代器遍历 List 集合
        Iterator it=list.iterator();
        while(it.hasNext())
        {
            //取出元素为 Object 类型
            String s = (String)it.next();
            System.out.println(s);
        }
    }
}
```

Demo7_4.java 的运行结果如图 7-5 所示。

```
Console
<terminated> Demo7_4 [Java Application] C:\Program Files\Java\jre1.8.0_211\bin\javaw.exe
hello
Exception in thread "main" java.lang.ClassCastException: java.lang.Integer
        at Demo7_4.main(Demo7_4.java:12)
```

图 7-5　Demo7_4.java 的运行结果

我们可以看到程序运行抛出异常，这是因为集合中的两个元素的数据类型不相同，我们需要对每一个元素进行不同的数据类型转换。下面我们把例 7-4 的代码进行修改，使用泛型创建集合对象。

文件名：Demo7_5.java

程序代码：

```
import java.util.*;
public class Demo7_5 {
    public static void main(String[] args) {
        ArrayList<String> list=new ArrayList<String>();
        list.add("hello");
        list.add("world");
        //使用迭代器遍历 List 集合
        Iterator it=list.iterator();
        while(it.hasNext())
        {
            //取出元素为 Object 类型
            String s = (String)it.next();
            System.out.println(s);
        }
    }
}
```

Demo7_5.java 的运行结果如图 7-6 所示。

```
Console
<terminated> Demo7_5 [Java Application] C:\Program Files\Java\jre1.8.0_211\bin\javaw.exe
hello
world
```

图 7-6　Demo7_5.java 的运行结果

由上述代码可以看到，使用泛型创建集合对象避免了类型转换的麻烦，同时把运行期异常（代码运行之后会抛出的异常）提升到了编译期（写代码的时候会报错），但是这也存在弊端，使用泛型后就只能存储单一的数据类型元素。

在集合中使用泛型要注意，泛型只能是引用类型，不能是基本数据类型，以下的书写方式都是错误的：

```
ArrayList<int> a=new ArrayList<int>();           //错误
ArrayList<double> b=new ArrayList<double>();   //错误
```

如果要在集合对象中使用泛型并且存储基本数据类型的元素，则必须使用基本数据类型对应的包装类。Java 为每种基本数据类型分别设计了对应的类，即包装类。基本数据类型所对应的包装类如表 7-3 所示。

表 7-3　基本数据类型所对应的包装类

基本数据类型	对应的包装类
byte	Byte
short	Short
int	Integer
long	Long
char	Character
float	Float
double	Double
boolean	Boolean

7.1.3　案例分析

可以通过在第 6 章学习的 Random 类来创建 10 个随机数，查找集合中大于或等于 10 的元素，可以采用迭代器来遍历集合，也可以采用增强 for 循环来遍历集合。

7.1.4　案例实现

文件名：Demo7_6.java

程序代码：

```
import java.util.*;
public class Demo7_6 {
    public static void main(String[] args) {
        ArrayList<Integer> list=new ArrayList<Integer>();//创建集合对象，泛型为整数类型
        Random r=new Random();
        for(int i=0;i<10;i++)
        {
            list.add(r.nextInt(100)+1); //产生 10 个 1～100 之间的整数，添加到集合对象中
        }
        System.out.println(list);         //打印整个集合
        for(int i:list)                   //通过增强 for 循环遍历集合
        {
            if(i>=10)                     //如果集合元素大于 10，则打印输出
```

```
            {
                System.out.print(i+" ");
            }
        }
    }
}
```

Demo7_6.java 的运行结果如图 7-7 所示。

```
Console
<terminated> Demo7_6 [Java Application] C:\Program Files\Java\jre1.8.0_211\bin\javaw.exe
[96, 16, 80, 96, 2, 20, 96, 7, 6, 27]
96 16 80 96 20 96 27
```

图 7-7　Demo7_6.java 的运行结果

7.1.5　案例小结

通过对本案例的学习，我们要掌握集合的创建，泛型的使用还可以采用迭代器或者增强 for 循环两种方式中的其中一种来遍历集合。

7.2　案例 7-2 List 接口删除重复元素

7.2.1　案例描述

已知数组存放一批数字：

```
String[] strs = { "12","234","678334","12","45732","123","12","234"};
```

将该数组中的所有元素都存放在 LinkedList 集合中，在集合中把重复元素删除，并打印输出集合。

7.2.2　案例关联知识

1．List 接口

在案例 7-1 中我们学习了 Collection 接口，Collection 接口有两个主要的子类，即 List 接口和 Set 接口，下面我们一起来学习 List 接口。

（1）List 接口的介绍。

java.util.List 接口继承自 Collection 接口，List 接口中允许有重复的元素，所有元素以一种线性方式进行存储，在程序中可以通过索引来访问集合中的指定元素（与数组的索引是相同的道理）。另外，List 接口还有一个特点就是元素有序，即元素存入顺序和取出顺序一致。

（2）List 接口的常用方法与功能描述如表 7-4 所示。

表 7-4　List 接口的常用方法与功能描述

常 用 方 法	功 能 描 述
boolean add(E e)	向集合的尾部添加指定的元素
void add(int index,E element)	在集合的指定位置插入指定元素

续表

常 用 方 法	功 能 描 述
void clear()	从集合中移除所有元素
boolean contains(E e)	如果集合中包含指定的元素，则返回 true
E get(int index)	返回集合中指定位置的元素
int indexOf(Object o)	返回集合中第一次出现的指定元素的索引，如果集合中不包含该元素，则返回-1
E remove(E e)	移除列表中指定位置的元素
boolean isEmpty()	判断当前集合是否为空
E set(int index,E element)	用指定元素替换集合中指定位置的元素
int size()	返回集合中元素的个数

实现 List 接口的常用类有 ArrayList 集合和 LinkedList 集合，这两个子类都可以调用 List 接口中的方法。

例 7-5　List 接口的主要方法演示。

文件名：Demo7_7.java

程序代码：

```
import java.util.*;
public class Demo7_7 {
    public static void main(String[] args) {
        List<String> list=new ArrayList<String>();  //使用多态创建 List 接口的子类对象
        list.add("a");                               //添加元素
        list.add("b");
        list.add("c");
        //输出集合，List 集合的元素是有序的，存入顺序和取出顺序一致
        System.out.println(list);
        list.add(2,"a");                        //指定位置添加元素
        System.out.println(list);               //List 接口中允许有重复元素
        System.out.println("被删除的元素为："+list.remove(1));//删除指定位置的元素
        System.out.println(list);
        System.out.println("集合中第一次出现 a 的位置为："+list.indexOf("a"));
        list.set(1, "d");                       //替换集合中索引值为 1 的元素，替换为 d
        System.out.println(list);
        System.out.println("集合中索引值为 2 的元素为："+list.get(2));
    }
}
```

Demo7_7.java 的运行结果如图 7-8 所示。

```
Console
<terminated> Demo7_7 [Java Application] C:\Program Files\Java\jre1.8.0_211\bin\javaw.exe
[a, b, c]
[a, b, a, c]
被删除的元素为：b
[a, a, c]
集合中第一次出现a的位置为：0
[a, d, c]
集合中索引值为2的元素为：c
```

图 7-8　Demo7_7.java 的运行结果

2．ArrayList 集合

java.util.ArrayList 集合是 List 接口的子类，ArrayList 集合的数据存储结构是数组结构。元素增删慢，查找快，由于日常开发中使用最多的功能为查询数据、遍历数据，所以 ArrayList 集合是最常用的集合。

由于 ArrayList 集合中的方法和 List 集合中的方法基本一致，所以这里就不再单独列举 ArrayList 集合的方法了。

3．LinkedList 集合

java.util.LinkedList 集合也是 List 接口的子类，LinkedList 集合的数据存储结构是链表结构，方便添加和删除元素，但是查询元素稍慢。

LinkedList 类除了继承 List 接口的方法，本身还定义了一些特有的方法，这些方法主要涉及的是集合首尾元素的添加和删除操作。LinkedList 类的特有方法与功能描述如表 7-5 所示。

表 7-5　LinkedList 类的特有方法与功能描述

特有方法	功能描述
public void addFirst(E e)	将指定元素添加到集合的首部
public void addLast(E e)	将指定元素添加到集合的尾部
public E getFirst()	返回集合中的第一个元素
public E getLast()	返回集合中的最后一个元素
public E removeFirst()	移除并返回集合中的第一个元素
public E removeLast()	移除并返回集合中的最后一个元素

例 7-6　LinkedList 类的主要方法演示。

文件名：Demo7_8.java

程序代码：

```
import java.util.*;
public class Demo7_8 {
    public static void main(String[] args) {
        LinkedList<String> list=new LinkedList<String>();       //创建集合对象
        list.add("a");                                          //添加元素
        list.add("b");
        list.add("c");
        System.out.println(list);        //输出集合
        list.addFirst("d");              //在集合的首部添加元素
        list.addLast("e");               //在集合的尾部添加元素
        System.out.println(list);
        System.out.println("集合的首部元素为："+list.getFirst());  //获取集合的首部元素
        System.out.println("集合的尾部元素为："+list.getLast());   //获取集合的尾部元素
        list.removeFirst();                                     //删除首部元素
        list.removeLast();                                      //删除尾部元素
        System.out.println(list);
    }
}
```

Demo7_8.java 的运行结果如图 7-9 所示。

```
Console
<terminated> Demo7_8 [Java Application] C:\Program Files\Java\jre1.8.0_211\bin\javaw.exe
[a, b, c]
[d, a, b, c, e]
集合的首部元素为：d
集合的尾部元素为：e
[a, b, c]
```

图 7-9　Demo7_8.java 的运行结果

7.2.3　案例分析

可以使用 for 循环来实现将数组元素添加到集合中，然后遍历集合，使集合中的元素两两比较后查找重复元素并删除。

7.2.4　案例实现

文件名：Demo7_9.java

程序代码：

```
import java.util.*;
public class Demo7_9 {
    public static void main(String[] args) {
        String[] str = {"12","234","678334","12","45732","123","12","234"};
        LinkedList<String> list = new LinkedList<String>();//创建集合对象
        for(int i=0;i<str.length;i++)
        {
            list.add(str[i]);//将数组元素依次添加到集合中
        }
        System.out.println("删除重复值前的集合为: "+list);
        for(int i=0;i<list.size();i++)
        {
            //集合中的每个元素依次和其他元素进行比较，如果有重复值，则删除
            for(int j=i+1;j<list.size();j++)
            {
                if(list.get(i).equals(list.get(j)))
                {
                    list.remove(j);
                }
            }
        }
        System.out.println("删除重复值后的集合为:"+list);
    }
}
```

Demo7_9.java 的运行结果如图 7-10 所示。

```
Console
<terminated> Demo7_9 [Java Application] C:\Program Files\Java\jre1.8.0_211\bin\javaw.exe
删除重复值前的集合为:[12, 234, 678334, 12, 45732, 123, 12, 234]
删除重复值后的集合为:[12, 234, 678334, 45732, 123]
```

图 7-10　Demo7_9.java 的运行结果

7.2.5 案例小结

本案例主要学习 List 接口的子类 LinkedList 集合的实现，同时也可以用 ArrayList 集合来实现。通过本案例的学习不仅要掌握 List 接口的常用方法的使用，同时还要掌握 List 接口的主要特征。

7.3 案例 7-3 Set 接口删除重复值

7.3.1 案例描述

自定义学生类，有姓名和年龄属性。在 Set 接口中存储学生类对象，删除重复项（姓名和年龄全部相同才是重复项），然后按照学生的年龄进行排序，输出集合对象。

7.3.2 案例关联知识

1. Set 接口

java.util.Set 接口和 java.util.List 接口同样继承自 Collection 接口，Set 接口同 Collection 接口一样，集合元素没有索引值，因此 Set 接口中的方法和 Collection 接口中的方法基本一致，本节就不再单独讲解。与 List 接口不同的是，Set 接口元素无序（集合元素存储顺序和取出顺序不同），并且不包含重复元素。从 Set 接口中取出元素的方式可以采用迭代器和增强 for 循环的方式。下面重点介绍 Set 接口的两个实现子类：java.util.HashSet 和 java.util.TreeSet。

2. HashSet 集合

java.util.HashSet 是 Set 接口的一个实现类，HashSet 集合的底层数据结构是哈希表，HashSet 集合是根据对象的哈希码值来确定元素在集合中的存储位置，因此 HashSet 集合具有良好的存储性能和查找性能。保证元素唯一性的方式依赖于 hashCode()方法和 equals()方法。如果元素的 hashCode 值相同，那么才会判断 equals 是否为 true。如果元素的 hashCode 值不同，则不会调用 equals。

例 7-7 HashSet 集合的方法演示。

文件名：Demo7_10.java

程序代码：

```
import java.util.*;
public class Demo7_10 {
   public static void main(String[] args) {
      HashSet<Integer> hs=new HashSet<Integer>(); //创建 HashSet 集合对象
      hs.add(6);                                    //添加元素
      hs.add(3);
      hs.add(2);
      hs.add(3);
      for(int i:hs)                                 //增强 for 循环遍历集合
      {
         System.out.println(i);
```

```
        }
    }
}
```

Demo7_10.java 的运行结果如图 7-11 所示。

```
Console
<terminated> Demo7_10 [Java Application] C:\Program Files\Java\jre1.8.0_211\bin\javaw.exe
2
3
6
```

图 7-11　Demo7_10.java 的运行结果

从运行结果可以看出，HashSet 集合中的元素是无序的（元素的存储顺序和取出顺序不同），同时不允许有重复元素。

3．TreeSet 集合

java.util.TreeSet 也是 Set 接口的一个实现子类，它的底层数据结构是二叉树。在 TreeSet 集合中不允许有重复元素，同时 TreeSet 集合会对集合元素按照升序的顺序进行存储，当我们存储了大量需要进行快速检索的排序信息时，使用 TreeSet 集合就可以很方便地对数据进行访问和检索。

例 7-8　TreeSet 集合的方法演示。

文件名：Demo7_11.java

程序代码：

```
import java.util.*;
public class Demo7_11 {
    public static void main(String[] args) {
        TreeSet<Integer> ts=new TreeSet<Integer>();
        ts.add(23);
        ts.add(12);
        ts.add(79);
        ts.add(56);
        ts.add(12);
        System.out.println(ts);
    }
}
```

Demo7_11.java 的运行结果如图 7-12 所示。

```
Console
<terminated> Demo7_11 [Java Application] C:\Program Files\Java\jre1.8.0_211\bin\javaw.exe
[12, 23, 56, 79]
```

图 7-12　Demo7_11.java 的运行结果

从运行结果可以看出，TreeSet 集合中的元素会按照升序的顺序进行排列，同时不允许有重复元素。

TreeSet 集合排序有两种方式，第一种方式是自然排序，TreeSet 集合保证元素唯一性的依据是 java.lang.Comparable 接口的 compareTo()方法，compareTo()方法的返回值有-1、0、1，其分别表示小于、等于、大于。Java 中的系统类都会实现 compareTo()方法，因此返回的数据会按照升序的顺序进行排列，所以不需要重写 compareTo()方法。

第二种方式是自定义类重写 compareTo()方法，Java 中的系统类都需要有意义的、直观的排序，因此都实现了 Comparable 接口，但如果用户自定义的类是需要排序的，则需要在自定义类中重写 compareTo()方法。

7.3.3 案例分析

因为涉及对集合元素进行排序，所以这里我们使用 TreeSet 集合进行存储元素。TreeSet 集合中不允许有重复元素，但是判断其是否为重复元素是根据引用数据的地址来进行判断的，我们创建两个学生对象：

```
Student s1=new Student("小明",18);
Student s2=new Student("小明",18);
```

虽然 s1 和 s2 的姓名和学号全部相同，但是直接添加到 TreeSet 集合中是可以的，TreeSet 集合不会认为 s1 和 s2 是相同的元素，因为两个对象的地址不同，所以这里我们实现 Comparable 接口，重写 compareTo()方法，以姓名、年龄是否相同作为判断元素重复的依据，同时按照年龄进行排序。

7.3.4 案例实现

文件名：Demo7_12.java

程序代码：

```
import java.util.*;
class Student implements Comparable
{
    String name;                                    //姓名
    int age;                                        //年龄
    public Student(String name, int age) {          //构造方法
        super();
        this.name = name;
        this.age = age;
    }
    public String getName() {
        return name;
    }
    public int getAge() {
        return age;
    }
    @Override                                       //重写 compareTo()方法
    public int compareTo(Object obj) {
        if(!(obj instanceof Student))               //判断是否为学生类对象
            throw new RuntimeException("不是 Student 对象");
        Student s=(Student)obj;
        //对学生类对象按照年龄进行排序，如果年龄相同则再比较姓名，如果姓名也相同则是重复项，返回 0
```

```
        if(this.age>s.getAge())
        {
            return 1;
        }
        else if(this.age<s.getAge())
        {
            return -1;
        }
        else
        {
            return this.name.compareTo(s.getName());
        }
    }
}
public class Demo7_12 {
    public static void main(String[] args) {
        TreeSet<Student> ts=new TreeSet<Student>(); //创建集合对象
        ts.add(new Student("小张",18));              //添加元素
        ts.add(new Student("小丽",16));
        ts.add(new Student("小王",19));
        ts.add(new Student("小张",18));
        ts.add(new Student("小范",17));
        for(Student s:ts)                            //增强 for 循环遍历集合
        {
            System.out.println(s.getName()+","+s.getAge());
        }

    }
}
```

Demo7_12.java 的运行结果如图 7-13 所示。

```
Console ⊠
<terminated> Demo7_12 [Java Application] C:\Program Files\Java\jre1.8.0_211\bin\javaw.exe
小丽,16
小范,17
小张,18
小王,19
```

图 7-13 Demo7_12.java 的运行结果

7.3.5 案例小结

HashSet 集合和 TreeSet 集合都不允许有重复元素，但是判断其是否为重复元素的方法却不同，HashSet 集合是根据 equals()方法判断元素的哈希码值是否相同，而 TreeSet 集合是使用 Comparable 接口的 compareTo()方法进行判断的。如果在本案例使用 HashSet 集合存储，则需要重写 equals()方法和 hashCode()方法。

第8章

Java 异常处理机制

学习目标

1. 了解 Java 异常及异常处理机制
2. 熟练掌握 try...catch...finally 语句的使用方法
3. 掌握 throws、throw 语句的用法
4. 掌握自定义异常的创建及使用方法

教学方式

本章以理论讲解、效果演示、代码讲解为主。要求读者掌握 Java 中异常的处理方法。

重点知识

1. try...catch...finally 语句的使用方法
2. 自定义异常的创建及使用

8.1 案例 8-1 复制文件

8.1.1 案例描述

如果要从电脑中的某一个路径复制文件到另一个路径下，那么在实际操作过程中会发生哪些意外导致复制发生错误呢？例如，文件不存在、磁盘空间不足、复制过程出错等，为了处理这些意外，需要用很多判断语句来作条件限制。用伪代码编写程序如下。

功能：复制文件。

```
if(被复制的文件存在)
    if(磁盘空间大于文件大小)
    if(复制过程没有发生错误)
    复制文件
    else
    停止复制，复制文件失败
```

```
    else
    System.out.println("磁盘空间不足");
else
    System.out.println("被复制的文件不存在");
```

如果按照这种流程操作，则可以处理意外，使程序正常执行完毕，但是逻辑代码和错误处理代码放在一起会影响程序的健壮性；这样编写程序需要开发人员考虑到所有可能出现的意外，如何在 Java 中处理这种情况呢？

8.1.2　案例关联知识

1. 异常的概念和分类

在程序运行过程中，可能会遇到各种意想不到的情况，例如，用户输入不符合要求，要打开的文件不存在，内存或硬盘空间不足等情况，这类问题称为异常（Exception）。遇到异常时，程序需要做合理的处理并安全退出，不至于使程序崩溃。

异常是指程序运行过程中出现的非正常现象，如算术异常、数组下标越界异常、文件路径异常等。引入异常机制是为了当程序出现错误时，可以使程序安全退出。在 Java 的异常处理机制中，定义了很多用来描述和处理异常的类，异常类中包含了该类异常的信息和出现异常后的处理方法。

Java 中所有的异常类都继承自 Throwable 类，Throwable 类中有众多的子类描述各种可能出现的异常。如果系统内置的异常类不能满足需要，则还可以创建自己的异常类。Throwable 类派生了两个子类：Error（错误）和 Exception，这两个子类各自又包含了大量的子类。Java 异常类层次结构如图 8-1 所示。

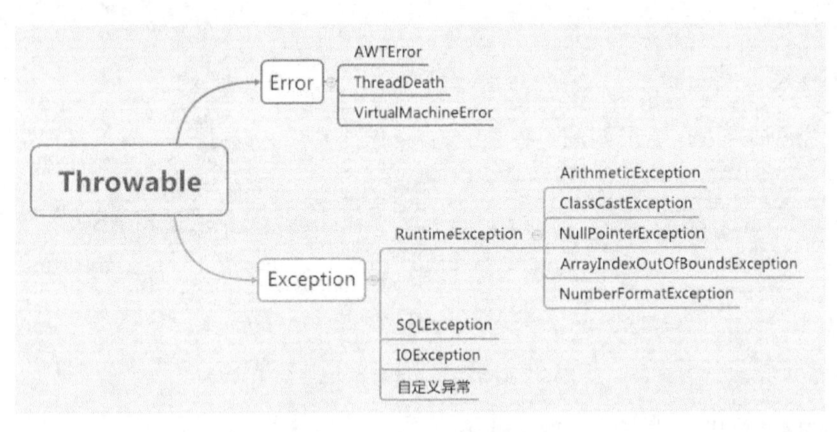

图 8-1　Java 异常类层次结构

1）Error

Error 是指应用程序中存在比较严重的问题，出现无法处理的错误。在大多数情况下，这种错误与代码编写者编写的操作无关，而是代码运行时 JVM 出现的问题。例如，当 JVM 不再有继续执行操作所需要的内存或资源时，就会出现 JVM 运行错误（VirtualMachineError），当这些错误发生时，JVM 会选择终止编程。

Error 出现后程序是无法进行处理的，程序开发人员可以不用理会。

2）Exception

Exception 是程序可以处理的异常，如算术异常（ArithmeticException）、数组下标越界异常（ArrayIndexOutOfBoundsException）、空指针异常（NullPointerException）等。Exception 类中有很多子类，对应了各种可能出现的异常。Exception 可以分为两个子类：运行时异常（RuntimeException）和非运行时异常。

运行时异常：RuntimeException 类及其子类表示“JVM 常用操作”引发的异常。这些异常通常是由于编程错误导致的，产生的比较频繁，如果都进行异常处理则对程序的可读性和运行效率影响很大，所以可以交给系统默认的异常处理程序，用户不必对其进行处理。虽然不要求必须使用异常处理机制来处理这些异常，但是在编程时需要增加必要的逻辑条件来避免这类异常的发生。

非运行时异常：所有不属于 RuntimeException 的异常统称为非运行时异常，包括 IOException、SQLException 和用户已定义的异常等。这些异常在出现时如果不处理，则程序就不能编译通过。异常处理会在下一节的内容中进行详细介绍。

下面介绍 3 个运行时异常：算术异常、数组下标越界异常和类型转换异常（ClassCast Exception）。

（1）算术异常——除数为 0。

文件名：Demo8_1.java

程序代码：

```
public class Demo8_1 {
    public static void main(String[] args) {
    int b=0;
    System.out.println(1/b);
    }
}
```

Demo8_1.java 的运行结果如图 8-2 所示。

```
Console ✕  Tasks
<terminated> Demo8_1 [Java Application] D:\experiment\jdk\bin\javaw.exe (2019年8月17日 下午
Exception in thread "main" java.lang.ArithmeticException: / by zero
        at Demo8_1.main(Demo8_1.java:5)
```

图 8-2　Demo8_1.java 的运行结果

解决算术异常可以将代码进行如下修改。

文件名：Demo8_1.java

程序代码：

```
public class Demo8_1 {
    public static void main(String[] args) {
    int b=0;
    if(b!=0)
    System.out.println(1/b);
    }
}
```

（2）数组下标越界异常。

文件名：Demo8_2.java

程序代码：

```
public class Demo8_2 {
    public static void main(String[] args) {
    int [] arr=new int[5];
    System.out.println(arr[5]);
    }
}
```

Demo8_2.java 的运行结果如图 8-3 所示。

```
Console ☒ Tasks
<terminated> Demo8_2 [Java Application] D:\experiment\jdk\bin\javaw.exe (2019年8月17日 下午11:50:28)
Exception in thread "main" java.lang.ArrayIndexOutOfBoundsException: 5
        at Demo8_2.main(Demo8_2.java:5)
```

图 8-3 Demo8_2.java 的运行结果

解决数组下标越界异常的方法是增加对数组下标边界的判断，可以将代码进行如下修改。

文件名：Demo8_2.java

程序代码：

```
public class Demo8_2 {
    public static void main(String[] args) {
    int [] arr=new int[5];
    int a=5;
    if(a<arr.length)
    System.out.println(arr[a]);
    }
}
```

（3）类型转换异常。

在引用数据类型进行转换时，有可能发生类型转换异常。

文件名：Demo8_3.java

程序代码：

```
class Animal{
}
class Dog extends Animal{
}
class Cat extends Animal{
}
public class Demo8_3 {
    public static void main(String[] args) {
        Animal a=new Dog();
Cat c=(Cat) a;
}
}
```

Demo8_3.java 的运行结果如图 8-4 所示。

```
Problems  Javadoc  Declaration  Console
<terminated> Demo8_3 [Java Application] D:\experiment\jdk\bin\javaw.exe (2019年8月17日 下午11:53:39)
Exception in thread "main" java.lang.ClassCastException: Dog cannot be cast to Cat
        at Demo8_3.main(Demo8_3.java:14)
```

图 8-4　Demo8_3.java 的运行结果

解决类型转换异常可以将代码进行如下修改。

文件名：Demo8_3.java

程序代码：

```
class Animal{
}
class Dog extends Animal{
}
class Cat extends Animal{
}
public class Demo8_3 {
   public static void main(String[] args) {
       Animal a=new Dog();
if (a instanceof Cat)
Cat c=(Cat) a;
}
}
```

2. 异常处理

异常处理是指程序在出现异常后依然可以正确地执行完毕。在 Java 中，异常处理机制有两种：捕获异常和抛出异常。

1）捕获异常

程序在发生异常后，系统会寻找合适的异常处理类，当异常处理类所能处理的异常与程序发生的异常相符时，程序从发生异常处理转去异常类处理，如果找不到相符合的异常类，则运行终止。

捕获异常通过 try…catch 语句或 try…catch…finally 语句实现。可能出现异常的代码放在 try 语句中，catch 语句匹配各种不同的异常类，无论是否发生异常及异常是否被处理，finally 都是必须要执行的语句。在捕获异常的语句中可以没有 finally 语句。捕获异常语句的语法格式如下：

```
try{
语句 1;
…
语句 n;
}catch(Exception1 e){
//异常处理代码
}catch(Exception2 e){
//异常处理代码
}finally{
//无论异常是否发生，总是要执行的代码
}
```

try：try 语句里是一段可能出现异常的代码，在程序运行过程中，如果有语句出现异常，就会跳过这条语句执行后面的代码，去 catch 语句中寻找对应的异常处理类。代码可能会产生多种异常，所以就需要多个 catch 语句来分别处理不同的异常。异常处理的代码结束后，不会再回到 try 语句中去执行尚未执行的代码。一个 try 语句可以配一个或多个 catch 语句。

catch：每个 catch 语句声明一种特定类型的异常并提供处理方案。捕获到异常后会按照 catch 的顺序来寻找符合的异常类，如果异常类之间有继承关系，则在顺序上越是顶层的类就越放在下面，也就是先捕获子类异常再捕获父类异常。

捕获到异常后，对异常的处理方法可以使用继承自 Throwable 类的三种方法：

- toString()方法，显示异常的类名和出现异常的原因。
- getMessage()方法，只显示出现异常的原因，但不显示异常的类名。
- printStackTrace()方法，显示异常的信息，跟踪异常事件发生的位置。

finally：finally 语句为异常提供一个统一的出口，使得控制流程转到程序的其他部分以前，能够对程序的状态进行统一管理。无论 try 所指定的程序中是否存在异常，finally 所指定的代码都要被执行。通常在 finally 语句中可以进行资源的清除工作，如关闭打开的文件、删除临时文件、关闭数据库连接等。

如果 Demo8_1.java 程序使用 try...catch 语句来处理异常，就不要加条件判断，程序修改如下。

文件名：Demo8_1.java

程序代码：

```
public class Demo8_1 {
    public static void main(String[] args) {
        try {
            int b=0;
            System.out.println(1/b);
        }catch(ArithmeticException e) {
            System.out.println(e.getMessage());
        }
    }
}
```

在对可能出现的异常进行捕获异常处理后，try...catch 语句捕获异常的结果如图 8-5 所示。

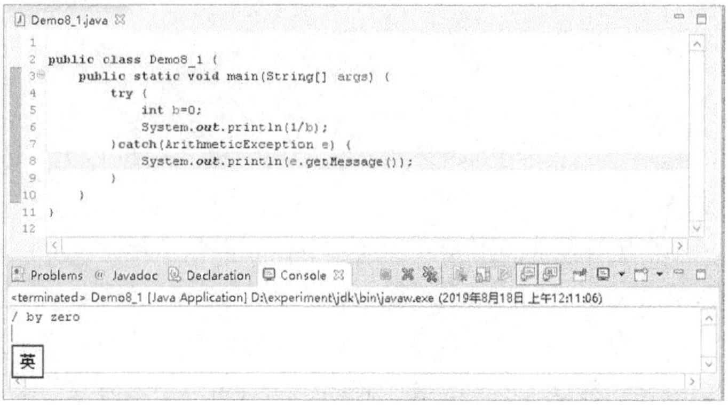

图 8-5　try...catch 语句捕获异常的结果

2）throws 抛出异常

如果一个方法可能出现异常，但是无法处理这个异常，则可以在方法声明处使用 throws 子句来声明抛出异常。例如，汽车在行驶过程中出现了故障，汽车本身是无法处理这个故障的，那就只能把故障抛出来让开车的人去处理。

如果一个方法抛出多个异常，则必须在 throws 语句中给出所有异常的类型，不同的异常之间用逗号隔开。throws 语句的语法格式为：

```
方法名 throws Exception1,Exception2,…,ExceptionN{
//方法体
}
```

方法名后的 throws Exception1,Exception2,…,ExceptionN 是这个方法声明要抛出的异常列表，当方法体中出现异常列表中的异常时，该方法不处理这个异常，而是将异常抛向上一级的调用者去处理。如果上一级调用者不想处理该异常，则可以继续向上抛出，但最终要有能够处理该异常的调用者。

文件名：Demo8_4.java

程序代码：

```
public class Demo8_4 {
    static void pop() throws NegativeArraySizeException{
        int[] arr=new int[-3]; //创建数组
    }
    public static void main(String[] args) {
        try {
            pop();              //调用 pop 方法
        }catch(NegativeArraySizeException e) {
            System.out.println("pop 方法抛出的异常");
        }
    }
}
```

Demo8_4.java 的运行结果如图 8-6 所示。

图 8-6　Demo8_4.java 的运行结果

3）throw 抛出异常

throw 是在函数体中抛出异常的语句，在遇到 throw 语句后程序会立刻终止，不再执行后面的代码，然后在包含 throw 语句的 try 语句中从里向外寻找与其匹配的 catch 子句。

如果所有方法都抛出获取的异常，则最终 JVM 会用最简单的方式来处理，就是打印异常消息和堆栈信息。如果抛出的是 Error 或 RuntimeException，则该方法的调用者可选择处理该异常。

文件名：Demo8_5.java

程序代码：

```
public class Demo8_5 {
    static void demoproc() {
        try {
            throw new NullPointerException("demo");
        }catch(NullPointerException e) {
            System.out.println("catch inside demoproc");
            throw e;
        }
    }
    public static void main(String[] args) {
        try{
            demoproc();
        }catch(NullPointerException e) {
            System.out.println("recatch:"+e);
        }
    }
}
```

Demo8_5.java 的运行结果如图 8-7 所示。

图 8-7 Demo8_5.java 的运行结果

Demo8_5.java 中有两个机会处理相同的错误，在 main()方法中有一个异常关系，在调用 demoproc()方法中还有另一个异常关系，并且在处理异常时把这个异常又抛出来了，所以这个异常在 main()方法中又被捕获一次。

8.1.3 案例分析

在复制文件的案例中，可以通过 try…catch…finally 语句的方法来对异常进行捕获并处理，也可以通过 throws 语句将异常抛出，使调用它的方法来进行处理。无论用哪种方法，程序的健壮性都比通过条件判断来处理异常更好。

8.1.4 案例实现

通过捕获异常的方法实现案例，源代码如下。

文件名：Demo8_6.java

程序代码：

```
import java.io.FileNotFoundException;
import java.io.FileReader;
import java.io.IOException;
public class Demo8_6 {
    public static void main(String[] args) {
        FileReader reader=null;
        try {
            reader=new FileReader("d:/a.txt");
            char c=(char)reader.read();
            char c2=(char)reader.read();
        } catch (FileNotFoundException e) {
            e.printStackTrace();
        } catch (IOException e) {
            e.printStackTrace();
        }finally {
            if(reader !=null)
                try {
                    reader.close();
                } catch (IOException e) {
                    e.printStackTrace();
                }
        }
    }
}
```

通过抛出异常的方法实现案例，源代码如下。

文件名：Demo8_7.java

程序代码：

```
import java.io.FileNotFoundException;
import java.io.FileReader;
import java.io.IOException;
public class Demo8_7 {
    public static void main(String[] args) {
        try {
            readFile("d:/a.txt");
        } catch (FileNotFoundException e) {
            System.out.println("所需文件不存在");
        } catch (IOException e) {
            System.out.println("文件读写错误");
        }
    }

    public static void readFile(String fileName) throws FileNotFoundException,
    IOException{
        FileReader in=new FileReader(fileName);
        int tem=0;
        try {
```

```
            tem=in.read();
            while(tem !=-1) {
                System.out.println((char)tem);
                tem=in.read();
            }
        }finally {
            in.close();
        }
    }
}
```

8.1.5 案例小结

通过捕获异常的方法来实现案例，在 catch 语句后面有 finally 语句，无论是否出现异常，最后都要关闭 I/O 流。通过抛出异常的方法来实现案例，将复制文件的语句放到 readFile()方法中，在这个方法中遇到异常不用处理，而是在声明方法时使用 throws 语句将异常排除，异常的处理就留给调用该方法的 main()方法来处理。

8.1.6 案例拓展

编写程序实现两个一维数组的复制，思考在这个过程中可能出现的异常，运用异常处理机制来正确地处理可能出现的异常。

8.2 案例 8-2 银行取款

8.2.1 案例描述

在日常生活中，我们经常会在银行的 ATM 上取款，如果取款时账户内的金额小于取款金额，则无法取款，因此要给出相应的提示，不能判断为系统出错，直接结束程序。遇到这种类似 Java 内置异常无法处理的情况时，程序该如何设计呢？

8.2.2 案例关联知识

1. 自定义异常处理

Java 内置的异常类可以处理编程时的大部分异常情况，但还是会出现无法用已有的类描述用户想要表达的问题，这时可以自己创建异常类。用户自定义异常类只需要继承 Exception 类即可。在程序中使用自定义异常类的步骤如下。

（1）创建自定义异常类。

（2）在方法中通过 throw 关键字抛出异常类的对象。

（3）如果在当前抛出异常的方法中处理异常，则可以使用 try…catch 语句捕获异常并处理，也可以在方法的声明处通过 throws 关键字把异常抛给方法的调用者，继续下一步操作。

（4）在出现异常方法的调用者中捕获并处理异常。

自定义异常类继承自 Exception 类，属于 Exception 类中的非运行异常，因此必须要进行处理，可以使自定义异常类继承 RuntimeException 类。在自定义异常类中包含两个构造方法：一个是默认的构造方法；另一个是带详细信息的构造方法。由于不会自行出现自定义异常，所以必须采用 throw 语句抛出异常。

8.2.3 案例分析

根据案例情况，需要自定义一个异常类，当取款金额大于账户余额时抛出自定义的异常类对象，并进行相应的处理。

8.2.4 案例实现

完成银行卡类和异常类的定义。银行卡类有 3 个成员函数，分别是存钱 deposite()方法、取钱 withdrawal()方法和显示余额 getBalance()方法。在 withdrawal()方法中，如果账户余额小于取款金额时，就使用 throws 语句抛出一个自定义异常类。在异常类 InsufficientFundsException 中对异常进行处理的是 eMessage()方法，在这个方法中将异常的情况进行说明。

```
class Bank{
    double balance;
    public Bank(double balance) {this.balance = balance;}
    public void deposite(double amount) {
        if(amount>0.0) balance+=amount;
    }
    public void withdrawal(double amount)throws InsufficientFundsException{
        if(balance<amount)
            throw new InsufficientFundsException(this,amount);
        balance=balance=amount;}
    public void getBalance() {
        System.out.println("the balance is "+balance);
    }
}
class InsufficientFundsException extends Exception{
    private Bank mybank;
    private double eamount;
    InsufficientFundsException(Bank ba,double amount){
        mybank=ba;
        eamount=amount;}
    public String eMessage() {
        return "您的账户余额为："+mybank.balance+"\n"+"您的取款金额为："+eamount+"\n"+"
取款金额大于余额，取款不成功";
    }
}
```

在主类中，新建银行卡账户余额为 50，在调用 withdrawal()方法并将取款金额设置为 100 时，withdrawal()方法会出现异常，所以在 main()方法中要使用 try…catch 语句来捕获异常。

文件名：Demo8_8.java

程序代码：

```
public class Demo8_8 {
    public static void main(String[] args) {
        try {
            Bank b=new Bank(50);
            b.withdrawal(100);
            System.out.println("取款成功");
        }catch(InsufficientFundsException e) {
            System.out.println(e.toString());
            System.out.println(e.eMessage());
        }
    }
}
```

Demo8_8.java 的运行结果如图 8-8 所示。

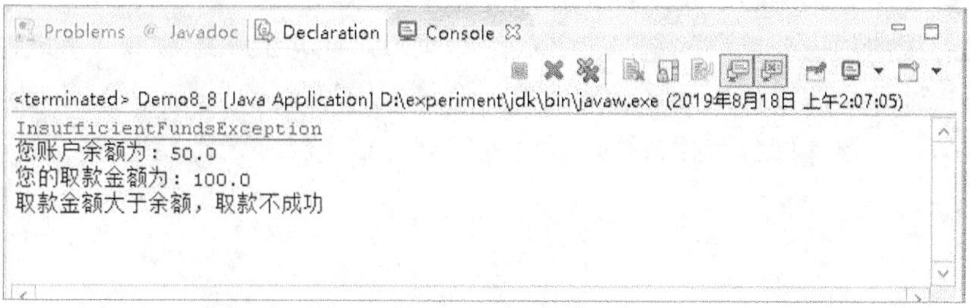

```
Problems  @ Javadoc  Declaration  Console
<terminated> Demo8_8 [Java Application] D:\experiment\jdk\bin\javaw.exe (2019年8月18日 上午2:07:05)
InsufficientFundsException
您账户余额为：50.0
您的取款金额为：100.0
取款金额大于余额，取款不成功
```

图 8-8　Demo8_8.java 的运行结果

8.2.5　案例小结

本案例是自定义异常类，调用方法抛出自定义异常类并进行处理的过程，遇到系统中的内置异常类无法解决的异常，都可以通过编写自己的异常类进行处理，提高程序的健壮性。建议在 Eclipse 中完成源代码的编辑，通过例题来加深对自定义异常类的理解。

8.2.6　案例拓展

定义一个长方形类 Rectangle，其中有求面积的方法，当长方形的长或宽小于或等于 0 时，抛出一个自定义异常。请同学们思考并编程实现。

第 9 章

Java 多线程

学习目标

1. 掌握线程的基本概念及相关知识，培养自主学习能力
2. 掌握线程的创建与启动的基本方式和线程类的声明与继承，锻炼动手能力
3. 能够描述和理解线程之间调度的能力，培养逻辑思维能力
4. 能够分析线程的同步及相关程序设计的实现，锻炼程序设计能力

教学方式

本章以理论讲解、效果演示、代码讲解为主。读者应该掌握线程的创建与启动的基本方式和线程类的声明与继承，能够描述和理解线程之间调度的能力，并为学习 JavaEE 打下基础。

重点知识

1. 线程状态转换分析
2. 线程同步及线程同步程序设计

9.1 案例 9-1 多窗口售卖电影票

9.1.1 案例描述

假设电影院有 3 个窗口同时售卖 10 张电影票，电影票座位号为 1～10，请模拟该过程。

9.1.2 案例关联知识

1. 进程概述

Java 程序是含有指令和数据的文件，Java 程序被存储在磁盘或其他数据存储设备中，也就是说，程序是静态的代码。进程是程序的一次执行过程，是系统运行程序的基本单位，因此进程是动态的。系统运行一个程序是一个进程从创建、运行到消亡的过程。简单来说，一个进程就是一个执行中的程序，它在计算机中一个指令接着一个指令地执行着，同时，每个进程还

占有某些系统资源，如 CPU 时间、内存空间、文件、输入/输出设备的使用权等。程序在运行时，资源将会被操作系统载入内存中。

2．线程概述

线程与进程相似，但线程是一个比进程更小的执行单位。一个进程在其执行过程中可以产生多个线程。与进程不同的是，同类的多个线程共享同一块内存空间和一组系统资源，所以系统在产生一个线程或在各个线程之间切换时，负担要比进程小得多，因此，线程也被称为轻量级进程。线程和进程最大的区别在于基本上各进程是独立的，而各线程则不一定，因为同一进程中的线程极有可能会相互影响。从另一个角度来说，进程属于操作系统的范畴，在同一段时间内，进程可以同时执行一个以上的程序；而线程则是在同一程序内几乎同时执行一个以上的程序段。

3．Java 多线程编程

Java 为多线程编程提供了内置的支持。一条线程指的是进程中一个单一顺序的控制流，在一个进程中可以并发多个线程，每条线程并行执行不同的任务。多线程是多任务的一种特别的形式，但多线程使用了更小的资源开销。多线程能通过编写高效率的程序来达到充分利用 CPU 的目的。每个 Java 程序都有一个主线程，即主类的 main()方法。当应用程序被加载时，该应用程序的进程便被启动，主线程立刻运行。主线程在程序启动时自动创建，而通常主线程必须最后完成执行。在主线程的执行过程中，再创建的线程就是其他线程，当多个线程同时存在时，JVM 便在主线程和其他线程之间轮流切换，保证每个线程都有机会得到 CPU 资源。当应用程序的所有线程都消亡时，该 Java 应用程序才执行完毕。

4．线程的生命周期

线程是一个动态执行的过程。在执行过程中，线程一共有 5 种状态，即创建状态、可运行状态、运行中状态、阻塞状态、死亡状态。

1）创建状态

使用 new 关键字和 Thread 类或其子类创建一个线程对象，在创建状态下系统不会为线程分配资源。

2）可运行状态

当线程对象调用了 start()方法后，该线程就进入可运行状态。可运行状态的线程处于等待队列中，要等待 JVM 里线程调度器的调度。

3）运行中状态

当可运行状态下的线程被 JVM 选择并分配资源时，线程就处于运行中状态。处于运行中状态的线程十分复杂，它可以变为阻塞状态、就绪状态和死亡状态。

4）阻塞状态

阻塞状态是指线程因为某种原因放弃了 CPU 使用权，也让出了 CPU 资源，暂时停止运行。直到线程进入可运行状态，才有机会再次获得 CPU 资源转到运行中状态。阻塞的情况分为以下 3 种。

等待阻塞：运行的线程执行 wait()方法，JVM 会把该线程放入等待队列（waitting queue）中。

同步阻塞：运行的线程在获取对象的同步锁时，如果该同步锁被其他的线程占用，则 JVM 会把该线程放入锁池（lock pool）中。

其他阻塞：运行的线程执行 Thread.sleep()方法或 join()方法，或者当发出了 I/O 请求时，

JVM 会把该线程设置为阻塞状态。当 sleep()状态超时、join()等待线程终止或者超时，或者 I/O 处理完毕时，线程重新转入可运行状态。

5）死亡状态

线程 run()方法、main()方法执行结束，或者因异常退出了 run()方法，则该线程结束生命周期。死亡的线程不可再次复生。

5．使用 Thread 类创建线程

java.lang.Thread 类用于操作线程，是所有涉及线程操作的基础。使用 Thread 类创建线程的方法是定义一个类继承 Thread 类，继承类必须重写 Thread 类中的 run()方法，创建该类对象，通过对象调用 start()方法启动线程。

（1）Thread 类的构造方法与功能描述如表 9-1 所示。

表 9-1　Thread 类的构造方法与功能描述

构 造 方 法	功 能 描 述
public Thread()	分配新的 Thread 对象
public Thread(String name)	分配新的指定名称的 Thread 对象
public Thread(Runnable target)	分配新的 Thread 对象
public Thread(Runnable target,String name)	分配新的指定名称的 Thread 对象

（2）Thread 类的常用方法与功能描述如表 9-2 所示。

表 9-2　Thread 类的常用方法与功能描述

常 用 方 法	功 能 描 述
public final String getName()	返回该线程的名称
public final int getPriority()	返回该线程的优先级
public final void join()	等待该线程终止
public final void join(long millis)	等待该线程终止的时间最长为多少毫秒。设置为 0 意味着要一直等下去
public void run()	线程的入口点
public static void sleep(long millis)	在指定的毫秒数内让当前正在执行的线程休眠（暂停执行）
public void start()	使该线程开始执行；Java 虚拟机调用该线程的 run()方法
public String toString()	返回该线程的字符串表示形式，包括线程名称、优先级和线程组
public static Thread currentThread()	返回对当前正在执行的线程对象的引用

例 9-1　使用 Thread 类创建线程。

文件名：Demo9_1.java

程序代码：

```
class MyThread extends Thread
{
    public MyThread() {}              //无参数的构造方法
    public MyThread(String str) {    //带参数的构造方法
        super(str);                  //调用父类 Thread 中的带参数的构造方法
    }
    @Override                         //重写 run()方法
    public void run()
    {
```

```
        //获取线程名称
        System.out.println(getName());
    }
}
public class Demo9_1{
    public static void main(String[] args) {
        MyThread mt=new MyThread();//创建 Thread 类的子类对象
        mt.start();                //调用 start()方法，启动线程
        MyThread mt1=new MyThread("自定义线程名称");
        mt1.start();               //可以同时启动多个线程
    }
}
```

Demo9_1.java 的运行结果如图 9-1 所示。

```
Console
<terminated> Demo9_1 [Java Application] C:\Program Files\Java\jre1.8.0_211\bin\javaw.exe
Thread-0
自定义线程名称
```

图 9-1　Demo9_1.java 的运行结果

6．通过实现 Runnable 接口创建线程

创建线程除了继承 Thread 类，还可以通过创建一个实现 Runnable 接口的类来创建线程对象。在 Runnable 接口中只有一个方法，即 void run()方法，并没有 start()方法来启动线程。所以需要把实现 Runnable 接口的类对象作为参数传递到 Thread 类的 public Thread (Runnable target)构造方法中，然后再调用 start()方法启动线程。

例 9-2　通过实现 Runnable 接口创建线程。

分析：在本例中通过 Runnable 接口创建一个线程，同时 main()主方法也是一个线程，我们观察一下多个线程是如何轮流使用 CPU 资源的。

文件名：Demo9_2.java

程序代码：

```
class TestRunnable implements Runnable
{
    @Override//重写 Runnable 接口的 run()方法
    public void run() {
        for(int i=0;i<5;i++)
        {
            //返回当前线程的名称
            System.out.println(Thread.currentThread().getName()+",i="+i);
        }
    }
}
public class Demo9_2 {
    public static void main(String[] args) {
        TestRunnable tr=new TestRunnable();//创建实现 Runnable 接口的类对象
        //把实现 Runnable 接口的类对象作为 Thread 构造方法的参数
        Thread t=new Thread(tr);
```

```
        t.start();//启动线程
        for(int i=0;i<5;i++)
        {
            //返回当前线程的名称
            System.out.println(Thread.currentThread().getName()+",i="+i);
        }
    }
}
```

Demo9_2.java 的运行结果如图 9-2 所示。

```
Console
<terminated> Demo9_2 [Java Application] C:\Program Files\Java\jre1.8.0_211\bin\javaw.exe
main,i=0
Thread-0,i=0
main,i=1
Thread-0,i=1
main,i=2
Thread-0,i=2
Thread-0,i=3
Thread-0,i=4
main,i=3
main,i=4
```

图 9-2　Demo9_2.java 的运行结果

通过例 9-2 我们可以发现，线程 Thread-0 和主线程是交替执行的（执行多次，可以发现每次的结果是不同的）。交替时间是由 Java 线程调度器和操作系统实时控制的。

7．两种创建线程方式对比

实现 Runnable 接口创建多线程的优点是避免了单继承的局限性。如果通过继承 Thread 类来创建线程，那么该类就不能继承其他的类；如果是通过实现 Runnable 接口来创建线程的，则还可以继承其他类，实现其他接口。实现 Runnable 接口创建多线程的缺点是编程稍微复杂。如果使用继承 Thread 类来创建线程，则编写比较简单。具体在进行程序设计时，可以根据需要自行选择。

9.1.3　案例分析

3 个窗口可以通过创建 3 个线程来模拟。

9.1.4　案例实现

文件名：Demo9_3.java

程序代码：

```
class SellRunnable implements Runnable
{
    private int num=10;     //初始共 10 张电影票
    @Override               //重写 run()方法
    public void run() {
        while(num>0)        //当电影票的数量为 0 时，结束销售
        {
            System.out.println(Thread.currentThread().getName()+"售出座位号为"+(11-
num)+"电影票,目前还剩余"+(--num)+"张电影票");
```

```
            }
        }
    }
    public class Demo9_3 {
        public static void main(String[] args) {
            SellRunnable sr=new SellRunnable();
            //创建 3 个线程模拟 3 个售票窗口
            Thread t1=new Thread(sr,"一号窗口");
            Thread t2=new Thread(sr,"二号窗口");
            Thread t3=new Thread(sr,"三号窗口");
            t1.start();
            t2.start();
            t3.start();
        }
    }
```

Demo9_3.java 的运行结果如图 9-3 所示。

```
Console
<terminated> Demo9_3 [Java Application] C:\Program Files\Java\jre1.8.0_211\bin\javaw.exe
二号窗口售出座位号为1电影票,目前还剩余9张电影票
三号窗口售出座位号为1电影票,目前还剩余7张电影票
三号窗口售出座位号为5电影票,目前还剩余5张电影票
三号窗口售出座位号为6电影票,目前还剩余4张电影票
一号窗口售出座位号为1电影票,目前还剩余8张电影票
一号窗口售出座位号为8电影票,目前还剩余2张电影票
一号窗口售出座位号为9电影票,目前还剩余1张电影票
三号窗口售出座位号为7电影票,目前还剩余3张电影票
二号窗口售出座位号为4电影票,目前还剩余6张电影票
一号窗口售出座位号为10电影票,目前还剩余0张电影票
```

图 9-3 Demo9_3.java 的运行结果

9.1.5 案例小结

从本案例的运行结果可以看出，虽然 3 个线程访问的是同一个对象中的私有遍历 num，但是通过多次运行程序我们可以发现，所得到的结果是不正确的，没有正确地售出 1～10 号的电影票。如图 9-3 所示，座位号为 1 的电影票销售了 3 次，座位号为 2、3 的电影票没有窗口销售，出售的顺序也没有按照 1 到 10 的顺序从小到大销售。这些问题我们会在后续的案例中解决。本案例大家主要掌握两种创建线程的方式。

9.2 案例 9-2 抽奖箱

9.2.1 案例描述

现有一个抽奖池，抽奖池中存放了奖励的红包，红包金额分别为 1 元、5 元、10 元、20 元、100 元、200 元、500 元、1000 元。每种金额的红包只有 1 个，在抽奖池中设立两个抽奖箱同时抽奖，请模拟该过程。

9.2.2 案例关联知识

1. 线程安全问题

当在程序中使用多个线程访问同一资源时，多个线程都对资源有写的操作，这就很容易出现线程安全问题。比如 Demo9_3.java 中的 3 个线程同时访问同一个变量电影票，就出现了多个窗口售卖同一座位号的问题。如果我们对 Demo9_3.java 进行一些修改，则可能会出现出售座位号为 0 或者为负数的电影票，为了展示线程安全问题，我们在例 9-3 中修改 Demo9_3.java 的代码，调用 sleep()方法使线程休眠 1 秒后再执行。

例 9-3 电影院售票。

文件名：Demo9_4.java

程序代码：

```
class SellRunnable1 implements Runnable
{
    private int num=10;     //初始共 10 张电影票
    @Override               //重写 run()方法
    public void run() {
        while(num>0)        //当电影票的数量为 0 时，结束销售
        {
            try {
                Thread.sleep(1000);//线程休眠 1 秒
            } catch (InterruptedException e) {
                e.printStackTrace();
            }
            System.out.println(Thread.currentThread().getName()+"售出座位号为"+(11-
num)+"电影票,目前还剩余"+(--num)+"张电影票");
        }
    }
}
public class Demo9_4 {
    public static void main(String[] args) {
        SellRunnable1 sr=new SellRunnable1();
        //创建 3 个线程模拟 3 个售票窗口
        Thread t1=new Thread(sr,"一号窗口");
        Thread t2=new Thread(sr,"二号窗口");
        Thread t3=new Thread(sr,"三号窗口");
        t1.start();
        t2.start();
        t3.start();
    }
}
```

Demo9_4.java 的运行结果如图 9-4 所示。

```
Console
<terminated> Demo9_4 [Java Application] C:\Program Files\Java\jre1.8.0_211\bin\javaw.exe
一号窗口售出座位号为1电影票,目前还剩余7张电影票
三号窗口售出座位号为1电影票,目前还剩余9张电影票
二号窗口售出座位号为1电影票,目前还剩余8张电影票
二号窗口售出座位号为4电影票,目前还剩余6张电影票
三号窗口售出座位号为4电影票,目前还剩余5张电影票
一号窗口售出座位号为4电影票,目前还剩余6张电影票
一号窗口售出座位号为6电影票,目前还剩余3张电影票
三号窗口售出座位号为6电影票,目前还剩余4张电影票
二号窗口售出座位号为6电影票,目前还剩余4张电影票
二号窗口售出座位号为8电影票,目前还剩余2张电影票
一号窗口售出座位号为9电影票,目前还剩余1张电影票
三号窗口售出座位号为8电影票,目前还剩余2张电影票
二号窗口售出座位号为10电影票,目前还剩余0张电影票
三号窗口售出座位号为10电影票,目前还剩余0张电影票
一号窗口售出座位号为11电影票,目前还剩余-1张电影票
```

图 9-4 Demo9_4.java 的运行结果

从图 9-4 中可以看到，程序运行后出现了剩余-1 张电影票的情况。由前面的学习我们知道，多线程在程序中是交替执行的，交替时间是由 Java 线程调度器和操作系统实时控制的。在上述代码中，3 个售票窗口线程是同时开启的，3 个线程是并发执行的。假设一号窗口线程分配到了 CPU 资源，但是执行了 sleep()方法会进入阻塞状态，就会失去 CPU 资源，这时二号窗口线程分配到了 CPU 资源也执行了 sleep()方法，也进入阻塞状态，但是当一号窗口和二号窗口都结束休眠后，会直接执行 sleep()方法下面的语句，将 num-1，造成程序混乱，这就是线程安全问题。

2. 线程同步操作

为了解决多个线程访问同一资源带来的线程安全问题，Java 中引入了线程同步的概念。所谓线程同步是指确保资源被一个线程访问的同时不被其他线程访问，这也叫互斥访问。

在 Java 中共有两种方式实现线程的同步操作，分别为同步代码块和同步方法。

1）同步代码块

同步代码块将 synchronized 关键字用于方法中的某个区块中，表示只对这个区块的资源进行互斥访问。同步代码块的格式如下：

```
synchronized(锁对象){
    可能出现线程安全问题的代码（访问了共享数据的代码）
}
```

其中，锁对象可以是任意对象，一般定义为 Object 对象，锁对象的作用是将同步代码块锁住，只允许一个线程在同步代码块中执行。

例 9-4 同步代码块。

文件名：Demo9_5.java

程序代码：

```
class SellRunnable2 implements Runnable
{
    private int num=10;           //初始共 10 张电影票
    Object obj=new Object();      //创建 1 个锁对象
    @Override                     //重写 run()方法
    public void run() {
       while(true)                //当电影票的数量为 0 时，结束销售
```

```
        {
            synchronized(obj)    //将可能发生线程安全的代码放到代码块中
            {
                if(num>0)
                {
                    try {
                        Thread.sleep(1000);//线程休眠1秒
                    } catch (InterruptedException e) {
                        e.printStackTrace();
                    }
                    System.out.println(Thread.currentThread().getName()+"售出座位号为
"+(11-num)+"电影票,目前还剩余"+(--num)+"张电影票");
                }
            }
        }
    }
}
public class Demo9_5 {
    public static void main(String[] args) {
        SellRunnable2 sr=new SellRunnable2();
        //创建3个线程模拟3个售票窗口
        Thread t1=new Thread(sr,"一号窗口");
        Thread t2=new Thread(sr,"二号窗口");
        Thread t3=new Thread(sr,"三号窗口");
        t1.start();
        t2.start();
        t3.start();
    }
}
```

Demo9_5.java 的运行结果如图 9-5 所示。

```
Console
Demo9_5 [Java Application] C:\Program Files\Java\jre1.8.0_211\bin\javaw.exe
一号窗口售出座位号为1电影票,目前还剩余9张电影票
一号窗口售出座位号为2电影票,目前还剩余8张电影票
三号窗口售出座位号为3电影票,目前还剩余7张电影票
三号窗口售出座位号为4电影票,目前还剩余6张电影票
三号窗口售出座位号为5电影票,目前还剩余5张电影票
三号窗口售出座位号为6电影票,目前还剩余4张电影票
三号窗口售出座位号为7电影票,目前还剩余3张电影票
三号窗口售出座位号为8电影票,目前还剩余2张电影票
三号窗口售出座位号为9电影票,目前还剩余1张电影票
三号窗口售出座位号为10电影票,目前还剩余0张电影票
```

图 9-5　Demo9_5.java 的运行结果

2）同步方法

同步方法是使用 synchronized 关键字修饰的方法，保证了当一个线程执行该方法时，其他线程只能等待线程执行完该方法后才可执行。同步方法的格式为：

```
权限修饰符 synchronized 返回修饰符 方法名()
{可能会产生线程安全问题的代码}
```

例 9-5　同步方法。

文件名：Demo9_6.java

程序代码：

```
class SellRunnable3 implements Runnable
{
    private int num=10;          //初始共 10 张电影票
    Object obj=new Object();     //创建 1 个锁对象
    @Override                    //重写 run()方法
    public void run() {
        while(true)              //当电影票的数量为 0 时，结束销售
        {
            synchronized(obj)    //将可能发生线程安全的代码放到代码块中
            {
                sell();
            }
        }


    }
    private synchronized void sell()//同步方法
    {
        if(num>0)
        {
            try {
                Thread.sleep(1000);//线程休眠 1 秒
            } catch (InterruptedException e) {
                e.printStackTrace();
            }
            System.out.println(Thread.currentThread().getName()+"售出座位号为"+(11-
num)+"电影票,目前还剩余"+(--num)+"张电影票");
        }
    }
}
public class Demo9_6 {
    public static void main(String[] args) {
        SellRunnable3 sr=new SellRunnable3();
        //创建 3 个线程模拟 3 个售票窗口
        Thread t1=new Thread(sr,"一号窗口");
        Thread t2=new Thread(sr,"二号窗口");
        Thread t3=new Thread(sr,"三号窗口");
        t1.start();
        t2.start();
        t3.start();
    }
}
```

Demo9_6.java 的运行结果如图 9-6 所示。

```
Console
Demo9_6 [Java Application] C:\Program Files\Java\jre1.8.0_211\bin\javaw.exe
一号窗口售出座位号为1电影票,目前还剩余9张电影票
一号窗口售出座位号为2电影票,目前还剩余8张电影票
三号窗口售出座位号为3电影票,目前还剩余7张电影票
三号窗口售出座位号为4电影票,目前还剩余6张电影票
三号窗口售出座位号为5电影票,目前还剩余5张电影票
三号窗口售出座位号为6电影票,目前还剩余4张电影票
三号窗口售出座位号为7电影票,目前还剩余3张电影票
三号窗口售出座位号为8电影票,目前还剩余2张电影票
三号窗口售出座位号为9电影票,目前还剩余1张电影票
三号窗口售出座位号为10电影票,目前还剩余0张电影票
```

图 9-6　Demo9_6.java 的运行结果

9.2.3　案例分析

抽奖池中的红包可以用数组来保存，即 int[] arr={1,5,10,20,100,200,500,1000}，两个抽奖箱可以创建两个线程，然后同时抽奖。这里要注意线程安全问题，采用代码同步来解决。

9.2.4　案例实现

文件名：Demo9_7.java

程序代码：

```
class Reward implements Runnable {
    int[] arr={1,5,10,20,100,200,500,1000};
    int num = arr.length;
    boolean[] flag = new boolean[arr.length];  //表示红包的状态
    public void run() {
        while (true) {
            synchronized (this) {                    //同步代码块
                if (num > 0) {
                    //随机抽取数组元素
                    int index = (int) (Math.random() * arr.length);
                    int get = arr[index];
                    //代表该红包抽过了
                    if (flag[index] != true) {
                        flag[index] = true;
                        System.out.println(Thread.currentThread().getName()
                                + " 又产生了一个" + get + "元大奖");
                        num--;
                    }
                }
            }
        }
    }
}
public class Demo9_7 {
    public static void main(String[] args) {
        Reward r = new Reward();
```

```
        Thread t1 = new Thread(r,"抽奖箱 1");
        Thread t2 = new Thread(r,"抽奖箱 2");
        t1.start();
        t2.start();
    }
}
```

Demo9_7.java 的运行结果如图 9-7 所示。

```
Console
Demo9_7 [Java Application] C:\Program Files\Java\jre1.8.0_211\bin\javaw.exe
抽奖箱1 又产生了一个5元大奖
抽奖箱2 又产生了一个20元大奖
抽奖箱2 又产生了一个200元大奖
抽奖箱2 又产生了一个10元大奖
抽奖箱2 又产生了一个500元大奖
抽奖箱2 又产生了一个100元大奖
抽奖箱2 又产生了一个1000元大奖
抽奖箱2 又产生了一个1元大奖
```

图 9-7 Demo9_7.java 的运行结果

9.2.5 案例小结

本案例主要学习了线程同步，线程同步有两种方式，即同步代码块和同步方法。读者要理解为什么会出现线程安全问题，并掌握两种线程同步方式的使用方法。

9.3 案例 9-3 用户点餐

9.3.1 案例描述

在餐厅中当用户点好餐后通知餐厅，餐厅做好用户点的餐后再通知用户，模拟该过程。

9.3.2 案例关联知识

1. 线程的管理

在线程的生命周期中，线程的管理包括线程的启动、挂起、状态检查及正确结束线程。这些都是为了能在使用多线程的程序中，合理安排线程的执行顺序，确保程序正确执行。在前面的案例中，我们学习到了线程的一些方法，本案例我们将继续学习线程管理的常用方法。

（1）join()方法。

join()方法可以使一个线程等待另一个线程执行完毕后再执行，从而使多线程的执行更加有序。由前面的学习我们知道，多线程在程序中是交替执行的，交替时间由 Java 线程调度器和操作系统实时控制，当我们需要多个线程按照我们设定的顺序执行时就可以使用 join()方法。

例 9-6 模拟吃泡面。

分析：假设我们吃一碗泡面要经历 4 个步骤：放水、下面、吃面、洗碗。我们可以创建 4 个线程来代表这 4 个步骤，可是如果我们直接启动 4 个线程，则这 4 个线程的执行顺序不一定是我们想要的顺序，这时我们就需要使用 join()方法来完成。

文件名：Demo9_8.java

程序代码：

```
class TestJoin implements Runnable
{
    @Override
    public void run() {
        System.out.println(Thread.currentThread().getName());//输出当前线程名称
    }
}
public class Demo9_8 {
    public static void main(String[] args) throws InterruptedException {
        TestJoin tj=new TestJoin();
        Thread t1=new Thread(tj, "放水");
        Thread t2=new Thread(tj, "下面");
        Thread t3=new Thread(tj, "吃面");
        Thread t4=new Thread(tj, "洗碗");
        //在主线程里 t1 调用 join()方法，直到 t1 线程执行完毕后主线程才继续向下执行
        t1.join();
        t1.start();
        t2.join();
        t2.start();
        t3.join();
        t3.start();
        t4.start();
    }
}
```

Demo9_8.java 运行结果如图 9-8 所示。

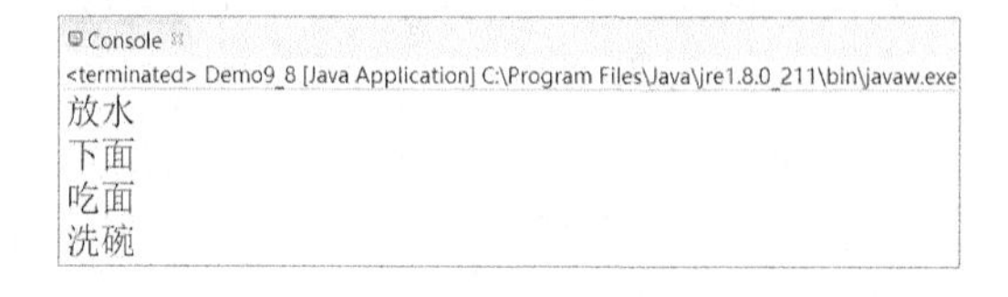

图 9-8　Demo9_8.java 运行结果

（2）sleep()方法。

sleep()方法一般用来暂停线程，使线程从运行状态转到阻塞状态，直到我们设置的暂停时间结束，线程再次回到就绪状态。

例 9-7　模拟秒表。

分析：程序的运行速度受多方面因素的影响，比如计算机的性能、算法的时间复杂度等。但总体来说，一个线程的执行速度是非常快的，在本例中我们使用 sleep()方法来模拟秒表，一秒输出一次。

文件名：Demo9_9.java

程序代码：

```
class TestSleep implements Runnable
{
    @Override
    public void run() {
        for(int i=1;i<=60;i++)//模拟一分钟
        {
            try {
                Thread.sleep(1000);
            } catch (InterruptedException e) {
                e.printStackTrace();
            }
            System.out.println("第"+i+"秒");
        }
    }
}
public class Demo9_9 {
    public static void main(String[] args) {
        TestSleep ts=new TestSleep();
        Thread t1=new Thread(ts, "秒表");
        t1.start();
    }
}
```

Demo9_9.java 的运行结果如图 9-9 所示。

```
Console
<terminated> Demo9_9 [Java Application] C:\Program Files\Java\jre1.8.0_211\bin\javaw.exe
第1秒
第2秒
第3秒
第4秒
第5秒
第6秒
第7秒
```

图 9-9　Demo9_9.java 的运行结果

（3）线程优先级。

在 Java 中，每个线程都具有优先级，JVM 会根据线程的优先级决定线程的执行顺序，这样可以使多线程合理共享 CPU 资源而不会产生冲突。

在 Java 中，线程的优先级范围是 1～10，其优先级的值必须在 1～10 之间，否则会出现异常；优先级的默认值为 5。优先级较高的线程会被优先执行，当执行完毕优先级较高的线程，才会执行优先级较低的线程。如果优先级相同，那么就采用轮流执行的方式。

Thread 类中设置了三个静态常量来表示优先级：

MIN_PRIORITY=1;

NORM_PRIORITY=5;

MAX_PRIORITY=10;

main 线程的优先级默认是普通优先级，通过 setPriority(int)方法可以改变线程的优先级。需要注意的是，虽然这个方法的参数类型是整型，但是不同操作系统是有区别的，建议还是使用 Thread 类的静态常量来表示优先级。

（4）yield()方法。

使用 yield()方法会使当前线程从执行状态（运行状态）变为可执行状态（就绪状态）。CPU 会从众多的可执行状态里选择，也就是刚被执行过的线程还是有可能会被再次执行的，并不是一定会执行其他线程而该线程在下一次执行中就不会被执行了。

使用了 yield()方法后，该线程就会让出 CPU 时间，使其他或者自己的线程执行（也就是谁先抢到谁执行）。

yield()方法和 sleep()方法不同，sleep()方法会使线程回到阻塞状态，而 yield()方法会使线程回到就绪状态，直接等到 CPU 重新分配资源，但只有优先级和该线程相同或大于该线程的其他线程才有机会被执行。

例 9-8　yield()方法。

文件名：Demo9_10.java

程序代码：

```
class Testyield implements Runnable
{
    @Override
    public void run() {
        for (int i = 1; i <= 5; i++) {
            System.out.println(Thread.currentThread().getName());
            // 当i为3时，该线程就会把CPU时间让出，使其他或者自己的线程执行（也就是谁先抢到谁执行）
            if (i == 3) {
                Thread.yield();
            }
        }
    }
}
public class Demo9_10 {
    public static void main(String[] args) {
        Testyield t=new Testyield();
        Thread t1=new Thread(t, "线程1");
        Thread t2=new Thread(t, "线程2");
        t1.start();
        t2.start();
    }
}
```

Demo9_10.java 的运行结果如图 9-10 所示。

```
Console
<terminated> Demo9_10 [Java Application] C:\Program Files\Java\jre1.8.0_211\bin\javaw.exe
线程2
线程2
线程2
线程1
线程1
线程1
线程1
线程1
线程2
线程2
```

图 9-10　Demo9_10.java 的运行结果

（5）wait()方法、notify()方法、notifyAll()方法。

wait()方法使线程暂停执行，等待其他线程执行 notify()方法或 notifyAll()方法后再继续执行本线程。

notify()方法随机选择一个在该对象调用 wait()方法的线程，解除阻塞状态。

notifyAll()方法可以唤醒所有等待该对象的线程。

（6）线程的结束。

停止一个线程意味着在处理完任务之前停掉正在做的操作，也就是放弃当前的操作。虽然 Thread.stop()方法可以停止一个正在运行的线程，但是这个方法是不安全的，而且是已被废弃的方法，所以最好不要用这个方法。

在 Java 中，有以下两种方法可以终止正在运行的线程。

① 使用退出标志，使线程正常退出，也就是当 run()方法完成后线程终止。

② 使用 stop()方法强行终止，但是不推荐这个方法。

2. 线程间通信

多个线程并发执行时，在默认情况下 CPU 是随机切换线程的，当我们需要多个线程来共同完成一个任务，并且希望线程有规律地执行时，那么多线程之间就需要协调通信。多个线程处理同一资源且任务不同时，需要线程通信来帮助解决线程之间一个变量的使用或操作。比如当一个线程在执行某个对象的同步方法时需要用到一个共享变量，而这个共享变量又必须要等待其他线程通过该对象的某个同步方法修改后才能满足该线程的运行需求，否则该线程永远无法结束同步方法的执行，这时我们就需要通过调用 wait()方法、notify()方法、notifyAll()方法来使各个线程能够有效地利用资源，这就是线程之间的通信，也叫做等待唤醒机制。

在调用 wait()方法、notify()方法、notifyAll()方法时要注意以下几个方面。

（1）wait()方法与 notify()方法必须要由同一个锁对象调用。

（2）wait()方法、notify()方法、notifyAll()方法都属于 Object 类的方法。

（3）wait()方法和 notify()方法必须要在同步代码块或者同步方法中使用。

9.3.3 案例分析

可以设置用户和餐厅两个线程，当用户在没点餐之前，餐厅线程等待，也就是餐厅线程调用 wait()方法，用户点完餐，调用 notify()方法唤醒餐厅线程，餐厅开始准备餐点，在餐厅做好餐点之前，用户线程等待，也就是调用用户线程 wait()方法，餐厅做好餐点后调用 notify()方法唤醒用户线程。

9.3.4 案例实现

文件名：Demo9_11.java

程序代码：

```
class Meal                              //资源类，顾客所点的餐
{
    boolean flag=true;                  //顾客是否点餐，初始值为 true
}
class Restaurant extends Thread         //餐厅类
```

```
{
    private Meal m;                    //准备点餐
    private int i=0;                   //表示餐厅点餐次数，最大值为 5
    public Restaurant(Meal m)
    {
        this.m=m;
    }
    @Override
    public void run()
    {
        //使用同步代码块
        while(i<5)
        {
            synchronized (m) {
                //判断顾客是否点餐
                if(m.flag==false)//顾客未点餐，餐厅等待
                {
                    try {
                        m.wait();
                    } catch (InterruptedException e) {
                        // TODO Auto-generated catch block
                        e.printStackTrace();
                    }
                }
                System.out.println("餐厅正在准备餐点");
                try {
                    Thread.sleep(1000);//准备时间
                } catch (InterruptedException e) {
                    // TODO Auto-generated catch block
                    e.printStackTrace();
                }
                m.notify();      //餐点准备好后唤醒用户线程
                System.out.println("用户点餐已准备好");
                i++;             //点餐数加 1
                m.flag=false;    //修改顾客点餐状态
            }
        }
    }
}
class Customer extends Thread //顾客类
{
    private Meal m;
    private int i=0;               //表示餐厅点餐次数，最大值为 5
    public Customer(Meal m)
    {
        this.m=m;
    }
    @Override
    public void run()
    {
```

```
        while(i<5)
        {
            synchronized (m) {
                if(m.flag==true) //如果顾客已经点餐
                {
                    try {
                        m.wait(); //顾客线程等待
                    } catch (InterruptedException e) {
                        // TODO Auto-generated catch block
                        e.printStackTrace();
                    }
                }
                System.out.println("顾客吃餐点");
                m.flag=true;      //修改顾客点餐状态
                m.notify();       //唤醒餐厅，顾客继续点餐
                System.out.println("顾客继续点餐");
                i++;              //增加点餐次数
            }
        }
        System.out.println("已超过点餐次数");
    }
}
public class Demo9_11 {
    public static void main(String[] args) {
        Meal m=new Meal();
        new Restaurant(m).start(); //启动餐厅线程开启
        new Customer(m).start();   //启动客户线程
    }
}
```

Demo9_11.java 的运行结果如图 9-11 所示。

```
Console
<terminated> Demo9_11 [Java Application] C:\Program Files\Java\jre1.8.0_211\bin\javaw.exe
餐厅正在准备餐点
用户点餐已准备好
顾客吃餐点
顾客继续点餐
餐厅正在准备餐点
用户点餐已准备好
顾客吃餐点
顾客继续点餐
餐厅正在准备餐点
用户点餐已准备好
顾客吃餐点
顾客继续点餐
餐厅正在准备餐点
用户点餐已准备好
顾客吃餐点
顾客继续点餐
餐厅正在准备餐点
```

图 9-11　Demo9_11.java 的运行结果

9.4.5　案例小结

本案例主要学习了线程的常用方法和线程之间的通信，读者要了解线程的 5 种状态，并掌握 5 种状态之间是怎么进行相互转换的，还要掌握线程的等待唤醒机制。

第 10 章

Java 文件读写

学习目标

1. 掌握流类的基本概念和相关知识，培养逻辑思维能力
2. 掌握字节 I/O 流，字符 I/O 流，标准 I/O 流相关程序设计，锻炼程序设计能力
3. 掌握文件操作和代码实现，锻炼分析问题和解决问题的能力

教学方式

本章以理论讲解、效果演示、代码讲解为主。锻炼读者查看帮助文档 API 的能力，让读者可以通过一种流的学习，自主学习其他流的使用。

重点知识

文件操作及相关程序设计。

10.1 案例 10-1 遍历文件夹下特定格式的文件

10.1.1 案例描述

从键盘输入一个文件夹路径，打印出该文件夹下所有的.java 文件格式的文件名。

10.1.2 案例关联知识

1. I/O 流概述

I/O 流在计算机中表示输入与输出，是计算机中最基本的操作。比如通过键盘输入数据，通过鼠标单击输入信息，通过打印机打印文字等。Java 中的 I/O 流操作主要是指使用 Java 进行输入、输出操作，Java 的 I/O 流提供了读写数据的标准方法，Java 中任何表示数据源的对象都会提供以数据流的方式读写它的数据的方法。

2. File 类

（1）File 类概述。

java.io.File 类是文件名和目录路径名的抽象表示，主要用于文件和目录的创建、查找和删除等操作。File 类是一个与系统无关的类，任何操作系统都可以使用这个类中的方法。

Java 约定使用 UNIX 和 URL 风格的“/”作为路径分隔符，也可以使用“\”作为路径分隔符，但是在 Java 中单个反斜杠“\”代表转义字符，所以在使用“\”作为路径分隔符时，要写两个反斜杠“\\”。

（2）File 类的构造方法与功能描述如表 10-1 所示。

表 10-1　File 类的构造方法与功能描述

构造方法	功能描述
public File(File parent,String child)	根据 parent 抽象路径名和 child 路径名字符串创建一个新的 File 实例
public File(String pathname)	通过将给定路径名字符串转换为路径名来创建一个新的 File 实例
public File(String parent,String child)	根据 parent 路径名字符串和 child 路径名字符串创建一个新的 File 实例
public File(URI uri)	通过将给定的 file：URI 转换为一个抽象路径名来创建一个新的 File 实例

（3）File 类的常用方法与功能描述如表 10-2 所示。

表 10-2　File 类的常用方法与功能描述

常用方法	功能描述
public String getAbsolutePath()	返回此 File 的绝对路径名字符串
public String getPath()	将此 File 转换为路径名字符串
public String getName()	返回由此 File 表示的文件或目录的名称
public long length()	返回由此 File 表示的文件的长度
public boolean exists()	此 File 表示的文件或目录是否实际存在
public boolean isDirectory()	此 File 表示的是否为目录
public boolean isFile()	此 File 表示的是否为文件
public boolean createNewFile()	当且仅当具有该名称的文件不存在时，创建一个新的空文件
public boolean delete()	删除由此 File 表示的文件或目录
public boolean mkdir()	创建由此 File 表示的目录
public boolean mkdirs()	创建一个目录，它的路径名由当前 File 对象指定，包括任一必须的父路径
public String[] list()	返回一个 String 数组，表示该 File 目录中的所有子文件或目录
public File[] listFiles()	返回一个 File 数组，表示该 File 目录中的所有子文件或目录

（4）绝对路径和相对路径。

绝对路径是一个完整的路径，它是以盘符开头的路径，比如一个 Java 项目的绝对路径为 D:\java\Workspace\Demo10_1\Demo10_1.java。而相对路径是一个简化的路径，相对指的是相对于当前项目的根目录 D:\java\Workspace\Demo10_1，路径可以简化书写为 Demo10_1.java。需要注意的是，在 Java 中路径是不区分大小写的，同时 Java 中的路径可以以文件结尾，也可以以文件夹（也就是目录）结尾。

例 10-1　获取文件路径。

文件名：Demo10_1.java

程序代码：

```
import java.io.File;
public class Demo10_1 {
   public static void main(String[] args) {
```

```
        File f1=new File("D:\\java\\Workspace\\Demo10_1\\a.txt");    //绝对路径
        File f2=new File("a.txt");                                    //相对路径
        File f3=new File("C:\\Program Files");//绝对路径，以目录结尾
        System.out.println(f1);
        System.out.println(f2);
        //getAbsoluteFile()方法，无论 File 对象创建时是绝对路径还是相对路径，都会返回绝对路径
        System.out.println(f2.getAbsoluteFile());
        //getPath()方法，File 对象创建时，使用的什么路径就返回什么路径
        System.out.println(f1.getPath());
        System.out.println(f2.getPath());
        //getName()方法，返回的是路径的结尾部分
        System.out.println(f1.getName());
        System.out.println(f3.getName());
        System.out.println(f2.length());//返回文件大小
    }
}
```

Demo10_1.java 的运行结果如图 10-1 所示。

```
Console
<terminated> Demo10_1 [Java Application] C:\Program Files\Java\jre1.8.0_211\bin\javaw.exe
D:\java\Workspace\Demo10_1\a.txt
a.txt
D:\java\Workspace\Demo10_1\a.txt
D:\java\Workspace\Demo10_1\a.txt
a.txt
a.txt
Program Files
42
```

图 10-1　Demo10_1.java 的运行结果

例 10-2　File 类的判断功能。

文件名：Demo10_2.java

程序代码：

```
import java.io.File;
public class Demo10_2 {
    public static void main(String[] args) {
        File f1=new File("D:\\java\\Workspace\\Demo10_1\\a.txt");
        File f2=new File("D:\\java\\a.txt");     //该路径为假，文件不存在
        System.out.println(f1.exists());         //判断该路径文件或目录是否存在
        System.out.println(f2.exists());
        System.out.println(f1.isDirectory());    //判断此 File 对象表示的是否为目录
        System.out.println(f1.isFile());         //判断此 File 对象表示的是否为文件
    }
}
```

Demo10_2.java 的运行结果如图 10-2 所示。

```
Console
<terminated> Demo10_2 [Java Application] C:\Program Files\Java\jre1.8.0_211\bin\javaw.exe
true
false
false
true
```

图 10-2　Demo10_2.java 的运行结果

例 10-3　File 类的创建删除功能。

分析：public boolean createNewFile()，当且仅当具有该名称的文件不存在时，创建一个新的空文件，返回值为布尔类型。如果文件不存在，则创建成功，返回 true；如果文件存在，则不会创建，返回 false。需要注意的是，该方法只能创建文件，不能创建文件夹，同时，创建文件的路径必须存在，否则会抛出异常。

public boolean mkdir()：创建由此 File 表示的目录，该方法只能创建单级文件夹。

public boolean mkdirs()：创建由此 File 表示的目录，包括任何必须但不存在的父目录，该方法不仅可以创建单级文件夹还可以创建多级文件夹。

两个方法都只能创建文件夹，不能创建文件。返回值为布尔类型，如果文件夹不存在，则创建文件夹，并且返回 true；如果文件夹存在，或者 File 对象的路径不存在，则都会返回 false。

public boolean delete()：删除由此 File 表示的文件或目录，返回值为布尔类型。如果文件夹中有内容，或者路径不存在，则返回 false；其他情况删除成功，返回 true。

文件名：Demo10_3.java

程序代码：

```
import java.io.File;
import java.io.IOException;
public class Demo10_3 {
    public static void main(String[] args) throws IOException {
        File f1=new File("D:\\java\\Workspace\\Demo10_1\\b.txt");//文件 b.txt 不存在
        File f2=new File("D:\\java\\Workspace\\Demo10_1\\a.txt");//文件 a.txt 存在
        System.out.println(f1.exists());
        System.out.println(f2.exists());
        System.out.println(f1.createNewFile()); //创建成功，返回 true
        System.out.println(f2.createNewFile()); //文件已经存在，创建失败，返回 false
        File f3=new File("D:\\aaa");           //该路径不存在
        File f4=new File("D:\\bbb\\ccc\\ddd"); //该路径不存在
        //创建 D:\\aaa 路径成功，返回 true，mkdir 只能创建单级文件夹
        System.out.println(f3.mkdir());
        System.out.println(f4.mkdir());
        //创建 D:\\bbb\\ccc\\ddd 路径成功，返回 true，mkdirs 不仅可以创建单级文件夹还可以创建
多级文件夹
        System.out.println(f4.mkdirs());
        File f5=new File("D:\\java");           //该路径存在，且文件夹里有文件
        File f6=new File("D:\\java\\Workspace\\Demo10_1\\c.txt");//文件不存在
        System.out.println(f2.delete());        //删除文件成功，返回 true
        System.out.println(f3.delete());        //删除文件夹成功，返回 true
        System.out.println(f5.delete());        //文件夹中有文件，删除失败，返回 false
        System.out.println(f6.delete());        //文件不存在，删除失败，返回 false
    }
}
```

Demo10_3.java 的运行结果如图 10-3 所示。

```
Console
<terminated> Demo10_3 [Java Application] C:\Program Files\Java\jre1.8.0_211\bin\javaw.exe
false
true
true
false
true
false
true
true
true
false
false
```

图 10-3　Demo10_3.java 的运行结果

例 10-4　文件遍历。

分析：public String[] list()方法和 public File[] listFiles()方法都可以遍历 File 目录中的所有子文件或目录（隐藏文件和隐藏文件夹也会被遍历），但是返回值不同。list 方法返回一个 String 数组，而 listFiles 方法返回一个 File 数组。需要注意的是，如果 File 对象的构造方法中给出的目录路径不存在或者路径不是目录，则这两个方法都会抛出异常。

文件名：Demo10_4.java

程序代码：

```
import java.io.File;
public class Demo10_4 {
    public static void main(String[] args) {
        File f1=new File("D:\\java\\Workspace\\Demo10_1");
        String[] str=f1.list();
        File[] f=f1.listFiles();
        for(String s:str)  //增强 for 循环遍历 str 数组
        {
            System.out.println(s);
        }
        System.out.println("-------------------");
        for(File ff:f)      //增强 for 循环遍历 f 数组
        {
            System.out.println(ff);
        }
    }
}
```

Demo10_4.java 的运行结果如图 10-4 所示。

```
Console
<terminated> Demo10_4 [Java Application] C:\Program Files\Java\jre1.8.0_211\bin\javaw.exe
.classpath
.project
.settings
b.txt
bin
src
-------------------
D:\java\Workspace\Demo10_1\.classpath
D:\java\Workspace\Demo10_1\.project
D:\java\Workspace\Demo10_1\.settings
D:\java\Workspace\Demo10_1\b.txt
D:\java\Workspace\Demo10_1\bin
D:\java\Workspace\Demo10_1\src
```

图 10-4　Demo10_4.java 的运行结果

10.1.3 案例分析

本案例可以分为以下步骤。

第一步：接收键盘输入的文件夹路径后，判断该路径是否存在。

第二步：判断是否为文件夹路径。

第三步：获取该文件夹下所有的文件和文件夹，判断文件名是否以.java 结束。

第四步：对文件夹再执行第三步。

10.1.4 案例实现

文件名：Demo10_5.java

程序代码：

```
import java.io.File;
import java.util.Scanner;
public class Demo10_5 {
    public static void main(String[] args) {
        File f=getFile();
        PrintJavaFile(f);
    }
    //获取文件夹路径，并判断该路径是否存在，是否为文件夹路径
    public static File getFile() {
        Scanner sc=new Scanner(System.in);
        while(true) {
            System.out.println("请输入文件夹路径");
            String str=sc.next();
            File f=new File(str);
            if(!f.exists()) {
                System.out.println("输入的文件夹路径不存在");
            }else if(f.isFile()){
                System.out.println("输入文件路径，不是文件夹路径");
            }else {
                return f;
            }
        }
    }
    //获取文件夹路径下的所有 Java 文件
    public static void PrintJavaFile(File f) {
        File[] list=f.listFiles(); //将文件夹下所有文件和文件夹保存到 File 数组中
        for (File file : list) {    //遍历 File 数组
            //判断文件名是否是以.java 结尾的文件，如果是就输出文件名
            if(file.isFile()&&file.getName().endsWith(".java")) {
                System.out.println(file.getName());
            //判断对象是否为文件夹，如果是就继续调用 PrintJavaFile()方法
            }else if(file.isDirectory()) {
                PrintJavaFile(file);
            }
```

```
            }
        }
    }
```

Demo10_5.java 的运行结果如图 10-5 所示。

```
Console
<terminated> Demo10_5 [Java Application] C:\Program Files\Java\jre1.8.0_211\bin\javaw.exe
请输入文件夹路径
c://java
Hello.java
Test.java
```

图 10-5　Demo10_5.java 的运行结果

10.1.5　案例小结

通过本案例学习，读者要掌握 File 类的文件和目录的创建、查找和删除等操作，还有 File 类文件的两种遍历方式。

10.2　案例 10-2 复制文件内容

10.2.1　案例描述

现有一个 a.txt 文件，将文件中的内容全部复制到 b.txt 文件中。

10.2.2　案例关联知识

1．字节流概述

在传输过程中，传输数据最基本的单位是字节的流。在计算机中存储的文件数据（文本、图片、视频等），都是以二进制形式保存的，并且都是以字节为单位的，传输时字节流可以传输任意文件数据。

2．字节输出流

java.io.OutputStream 抽象类表示字节输出流的所有类的超类，它定义了字节输出流的基本共性功能方法。由于 OutputStream 是抽象类，无法实例化，需要通过它的实现子类来创建对象，这里我们以文件输出流 FileOutputStream 类为例来创建字节输出流对象。

（1）OutputStream 抽象类的主要方法与功能描述如表 10-3 所示。

表 10-3　OutputStream 抽象类的主要方法与功能描述

主 要 方 法	功 能 描 述
public void close()	关闭此输出流并释放与此流有关的所有系统资源
public void flush()	刷新此输出流并强制写出所有缓冲的输出字节
public void write(byte[] b)	将 b.length 个字节从指定的 byte 数组写入此输出流
public void write(byte[] b,int off,int len)	将指定 byte 数组中从偏移量 off 开始的 len 个字节写入此输出流
public abstract void write(int b)	将指定的字节写入此输出流

（2）FileOutputStream 类的构造方法与功能描述如表 10-4 所示。

表 10-4 FileOutputStream 类的构造方法与功能描述

构 造 方 法	功 能 描 述
public FileOutputStream(String name)	创建一个向具有指定名称的文件中写入数据的输出文件
public FileOutputStream(File file)	创建一个向指定 File 对象表示的文件中写入数据的文件输出流
public FileOutputStream(File file,boolean append)	创建一个向指定 File 对象表示的文件中写入数据的文件输出流
public FileOutputStream(String name,boolean append)	创建一个向具有指定名称的文件中写入数据的输出文件

例 10-5 文件的写入。

分析：在创建 FileOutputStream 对象时，在构造方法中如果不存在传递的文件，则会在该路径下创建文件，并写入数据；如果存在传递文件，则直接写入数据。但如果传递的路径不存在，则会抛出异常，同时流的使用会占用一定的内存，在使用完流后要通过调用 close()方法将资源释放。

文件名：Demo10_6.java

程序代码：

```
import java.io.*;
public class Demo10_6 {
   public static void main(String[] args) throws IOException {
      //创建 FileOutputStream 对象，在构造方法中传递要写入数据的文件路径
      FileOutputStream fos=new FileOutputStream("d:\\a.txt");
      fos.write(97); //将数据写入文件
      fos.close();   //释放资源
   }
}
```

上述代码的运行结果为在计算机的 D 盘根目录下的 a.txt 文件中写入了数据，但是写入的数据为 a，而不是 97，这是因为在文件中写入数据时会将十进制数根据 ASCII 表转换为相应的字符。

例 10-6 文件的追加写入。

分析：如果我们要在文件中写入字符串，则需要先将字符串通过 getBytes()方法转换为字符数组后再写入。如果要在文件中追加写入数据，则需要使用 public FileOutputStream(File file,boolean append)或者 public FileOutputStream(String name,boolean append)构造方法，方法的第二参数为 true，则表示创建对象不会覆盖原文件，继续在文件的末尾追加写入数据；第二个参数为 false，则表示创建一个新文件并覆盖原文件。

文件名：Demo10_7.java

程序代码：

```
import java.io.*;
public class Demo10_7 {
   public static void main(String[] args) throws IOException {
      FileOutputStream fos=new FileOutputStream("d:\\a.txt",true);//追加写入文件
      String s="追加写入文件";
      fos.write(s.getBytes());         //将字符串转换为字符数组后再写入文件
      fos.write("\r\n".getBytes());  //换行
      fos.write(s.getBytes());
```

```
        fos.close();                          //关闭资源
    }
}
```

Demo10_7.java 的运行结果如图 10-6 所示。

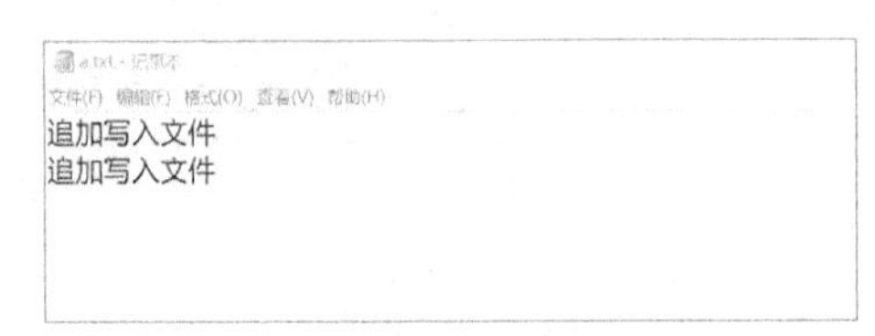

图 10-6　Demo10_7.java 的运行结果

3. 字节输入流

java.io.InputStream 抽象类表示字节输入流的所有类的超类，读取文件，每次只读取一个字节。它定义了字节输入流的基本共性功能方法。同样，由于 InputStream 是抽象类，无法实例化，需要通过它的实现子类来创建对象，这里我们以文件输入流 FileInputStream 类为例来创建字节输入流对象。

（1）InputStream 抽象类的主要方法与功能描述如表 10-5 所示。

表 10-5　InputStream 抽象类的主要方法与功能描述

主 要 方 法	功 能 描 述
public void close()	关闭此输入流并释放与此流有关的所有系统资源
public int read(byte[] b)	从输入流中读取一定数量的字节，并将其存储在缓冲区数组 b 中
public void read(byte[] b,int off,int len)	将输入流中最多 len 个数据字节读入 byte 数组
public abstract void read()	从输入流中读取数据的下一个字节

（2）FileInputStream 类的构造方法与功能描述如表 10-6 所示。

表 10-6　FileInputStream 类的构造方法与功能描述

构 造 方 法	功 能 描 述
public FileInputStream(String name)	通过打开一个到实际文件的链接来创建一个 FileInputStream 类，该文件通过文件系统中的路径名 name 指定
public FileInputStream(File file)	通过打开一个到实际文件的链接来创建一个 FileInputStream 类，该文件通过文件系统中的 File 对象 file 指定

例 10-7　文件的读取。

分析：使用 read()方法一次只能读取一个字节，如果文件读取完毕则会返回-1，所以在读取文件时，一般采用循环来读取。现有 a.txt 文件，读取该文件内容“abc”。

文件名：Demo10_8.java

程序代码：

```
import java.io.*;
public class Demo10_8 {
    public static void main(String[] args) throws IOException {
        FileInputStream fis=new FileInputStream("d:\\a.txt");    //追加写入文件
        int len=0;                                                //接收读取的字节
```

```
        while((len=fis.read())!=-1)
        {
            System.out.print((char)len);     //将读取到的字节转换为字符
        }
        fis.close();                         //释放资源
    }
}
```

Demo10_8.java 的运行结果如图 10-7 所示。

```
Console ⊠
<terminated> Demo10_8 [Java Application] C:\Program Files\Java\jre1.8.0_211\bin\javaw.exe
abc
```

图 10-7　Demo10_8.java 的运行结果

4．缓冲流

使用字节流读写文件时都是以字节为单位的，如果是边读边写则速度很慢。而缓冲流就是先把数据存在缓冲区中，然后一次性写入，类似于数据库的批量操作，效率比较高。

字节缓冲流有 BufferedInputStream 和 BufferedOutputStream，字符缓冲流有 BufferedReader 和 BufferedWriter。

字节缓冲流的构造方法与功能描述如表 10-7 所示。

表 10-7　字节缓冲流的构造方法与功能描述

构造方法	功能描述
public BufferedInputStream(InputStream in)	创建一个新的缓冲输入流
public BufferedOutputStream(OutputStream out)	创建一个新的缓冲输出流

10.2.3　案例分析

复制文件内容的步骤如下。

第一步：创建字节缓冲输入流对象，在构造方法中传递字节输入流。

第二步：创建字节缓冲输出流对象，在构造方法中传递字节输出流。

第三步：使用字节缓冲输入流对象中的方法 read()读取文件。

第四步：使用字节缓冲输出流对象中的方法 write()把读取的数据写入内部缓冲区中。

第五步：释放资源。

10.2.4　案例实现

文件名：Demo10_9.java

程序代码：

```
import java.io.*;
public class Demo10_9 {
    public static void main(String[] args) throws IOException {
        //创建字节缓冲输入流对象，在构造方法中传递字节输入流
        BufferedInputStream bis=new BufferedInputStream(new FileInputStream("d:\\
```

```
a.txt"));
        BufferedOutputStream  bos=new  BufferedOutputStream(new  FileOutputStream
("d:\\b.txt"));//创建字节缓冲输出流对象，在构造方法中传递字节输出流
        int len=0;
        while((len=bis.read())!=-1)//读取文件
        {
           bos.write(len);          //写入文件
        }
        bis.close();                //释放资源
        bos.close();                //释放资源
    }
}
```

Demo10_9.java 的运行结果如图 10-8 所示。

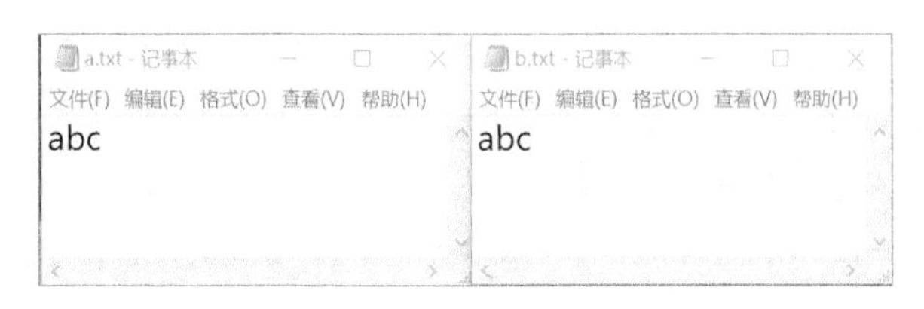

图 10-8　Demo10_9.java 的运行结果

10.2.5　案例小结

本案例是通过字节输入流和字节输出流来完成文件内容的复制的，同时为了提高读写的效率，使用了字节缓冲流。字节流的实现子类有很多，在本案例中只讲解了 FileInputStream 类和 FileOutputStream 类，其他子类读者可以拓展学习。

第11章

Java GUI 程序设计

学习目标

1. 了解 Java GUI 的基础知识，包括 AWT 和 Swing
2. 掌握 Java GUI 的常用容器和组件，能够灵活使用
3. 了解布局管理器，能够使用 WindowBuilder 插件
4. 了解事件监听机制，掌握常用控件的事件使用
5. 掌握 Java GUI 程序设计的基本流程，能够根据需求分析设计界面应用程序

教学方式

本章以理论讲解、案例演示、代码分析为主。读者需要掌握常用容器和组件的 API，并且掌握控件的学习方法，能够实现案例讲解的程序，并且能够举一反三，根据需求能够独立设计界面应用程序，解决实际问题。

重点知识

1. Java GUI 常用容器和组件及其 API 的灵活调用
2. WindowBuilder 插件的使用及布局管理
3. Java 的监听机制及常用控件的事件
4. Java GUI 控件的学习方法及 GUI 程序设计流程

11.1 案例 11-1 第一个 GUI 程序设计

11.1.1 案例描述

通过第一个 Java GUI 的应用程序设计，对 Java GUI 的基础知识进行了解和学习，对 Java GUI 的组件和容器进行了解，对 Java GUI 的基本开发环境进行掌握，并且对基于 Java WindowBuilder 插件的工程项目进行学习。

本案例是实现的第一个 Java GUI 应用程序，界面只有一个 Frame，简单学习对 Frame 窗体属性的修改及代码实现。

11.1.2 案例关联知识

1. Java GUI 基础知识

应用程序的设计开发主要包括两种开发模式，一种是 C/S 开发模式，另一种是 B/S 开发模式。C/S 开发模式主要开发桌面应用程序，可以是单机应用程序，也可以包括客户端和服务器端，这些应用程序的开发语言主要是在微软.NET 平台下的开发语言，包括 C++、C#、Visual Basic 等，微软提供了强大的应用程序开发框架辅助程序员开发桌面应用程序。B/S 开发模式主要开发基于浏览器访问的应用程序，开发语言较多，主要包括 C#、Visual Basic.NET 及 PHP，主要是基于 Java 的 Web 应用程序开发。

Java 平台提供了相应的开发组件可以用于桌面应用程序的开发。AWT 和 Swing 是 Java 的开发包，相应的信息可以从 JDK 中了解和查询。抽象窗口工具包（Abstract Window Toolkit，AWT）是早期编写图形应用程序的包。Swing 是对 AWT 的扩展和改进而推出的新的图形界面包。AWT 和 Swing 的实现原理不同，AWT 是基于本地方法的 C/C++程序，其运行速度比较快；Swing 是基于 AWT 的 Java 程序，其运行速度比较慢。AWT 的控件在不同的平台可能表现不同，AWT 的图像函数与操作系统提供的图形函数有一一对应的关系，当利用 AWT 构建图形用户界面的时候，实际上是利用操作系统的图形库，不同的操作系统其图形库存在一定的差异；而 Swing 在所有平台上则表现一致。AWT 控件被称为重量级的控件；由于 Swing 控件不使用本地方法，因此 Swing 控件被称为轻量级控件。对于初学者而言，主要是了解 AWT 和 Swing 的区别，掌握基于 Java 的图形用户界面开发的学习方法和流程，无须特别在意两者的差异。

2. Java GUI 组件和容器

初学者一般从了解 AWT 的继承关系开始，对 AWT 深入了解和学习之后，再对 Swing 进行了解和学习。在学习过程中，无须特别关注是使用 AWT 的控件，还是使用 Swing 的控件。

AWT 中有两个核心类，一个是 Container，另一个是 Component。Component 被称为组件，是最基本的组成部分，Component 类及其子类的对象用来描述以图形化的方式显示在屏幕上并能与用户进行交互的 GUI 元素，一般 Component 对象不能单独显示出来，必须放在某一个 Container 对象中才可以显示出来。Component 包括了 Container 及 GUI 的众多控件，例如 Button、TextField、Label、List 等。Container 被称为容器，它是 Component 的子类，Container 属于 Component，Container 对象可以使用 add()方法添加其 Component 对象，主要是加载和放置控件的窗体，包括了 Window、Panel。Window 是表示自由停靠的顶级窗口，包括 Frame 和 Dialog，Panel 可以作为容纳其他 Component 对象的容器，但它不能独立存在，必须被添加到其他的 Container 上。AWT 的结构如图 11-1 所示。

Swing 组件按功能可分为如下几类。

（1）顶层容器：JFrame、JApplet、JDialog 和 JWindow。

（2）中间容器：JPanel、JScrollPane、JSplitPane 和 JToolBar 等。

（3）特殊容器：在用户界面上具有特殊作用的中间容器，如 JlnternalFrame、JRootPane、JLayeredPane 和 JDestopPane 等。

（4）基本组件：实现人机交互的组件，如 Button、JComboBox、Just、Menu 和 Mider 等。

（5）不可编辑信息的显示组件：向用户显示不可编辑信息的组件，如 JLabel、JProgressBar 和 JToolTip 等。

（6）可编辑信息的显示组件：向用户显示能被编辑的格式化信息的组件，如 JTable、JTextArea 和 JTextField 等。

（7）特殊对话框组件：可以直接产生特殊对话框的组件，如 JColorChooser 和 JFileChooser 等。

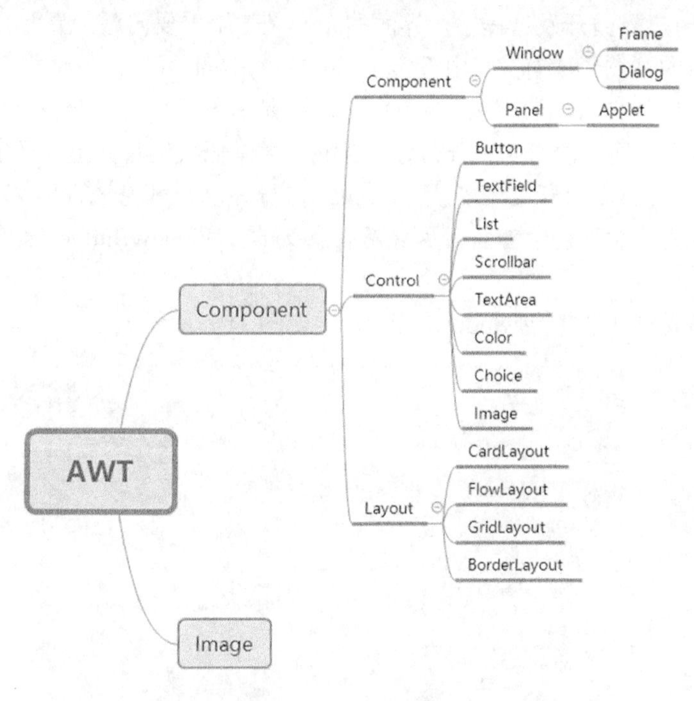

图 11-1 AWT 的结构

Swing 的 4 个顶层容器类直接继承了 AWT 组件，而不是从 JComponent 派生出来的，它们分别是：JFrame、JDialog、JApplet 和 JWindow。Swing 的结构如图 11-2 所示。

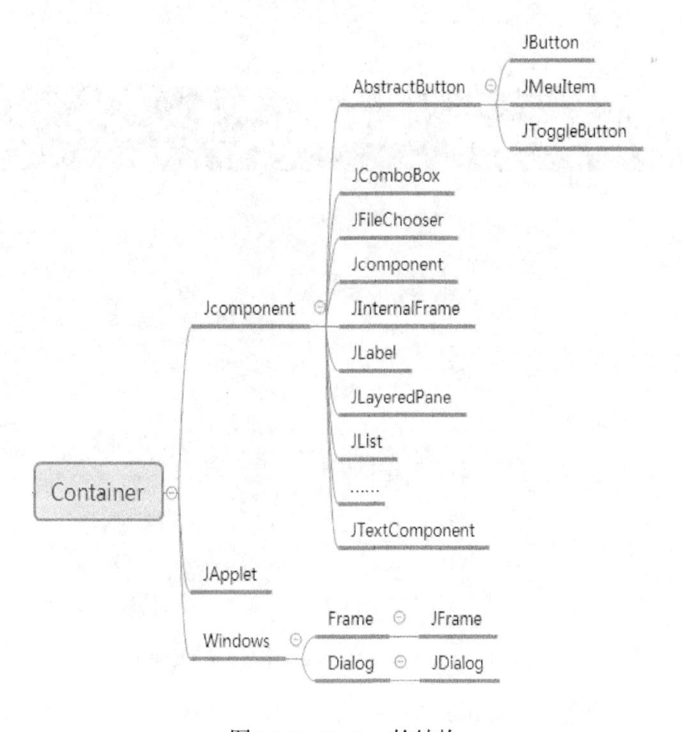

图 11-2 Swing 的结构

3. Java WindowBuilder 插件

在 Java 图形用户界面开发过程中，界面的布局是一个重要问题，界面布局或者可视化的开发工具也与使用的开发环境有关。由于 Java 主要进行 Web 开发，因此并不是所有的 IDE 都有可视化的开发环境。Oracle 公司提供的 JDeveloper 是基于可视化的开发环境，对于初学者而言，开发过程中涉及布局管理等都十分方便，能够大大降低代码量并提高开发效率。本书所有案例讲解都是基于 Eclipse 的开发环境，而 Eclipse 自身并没有可视化的开发环境，因此在此介绍 WindowBuilder 插件对于初学者而言是非常有意义的。WindowBuilder 插件的安装和配置过程如下。

第一步：在浏览器中搜索“windowbuilder”，如图 11-3 所示。

图 11-3　搜索“windowbuilder”

第二步：打开搜索到的第一个链接（https://www.eclipse.org/windowbuilder/），弹出的 WindowBuilder 官方下载页面如图 11-4 所示。

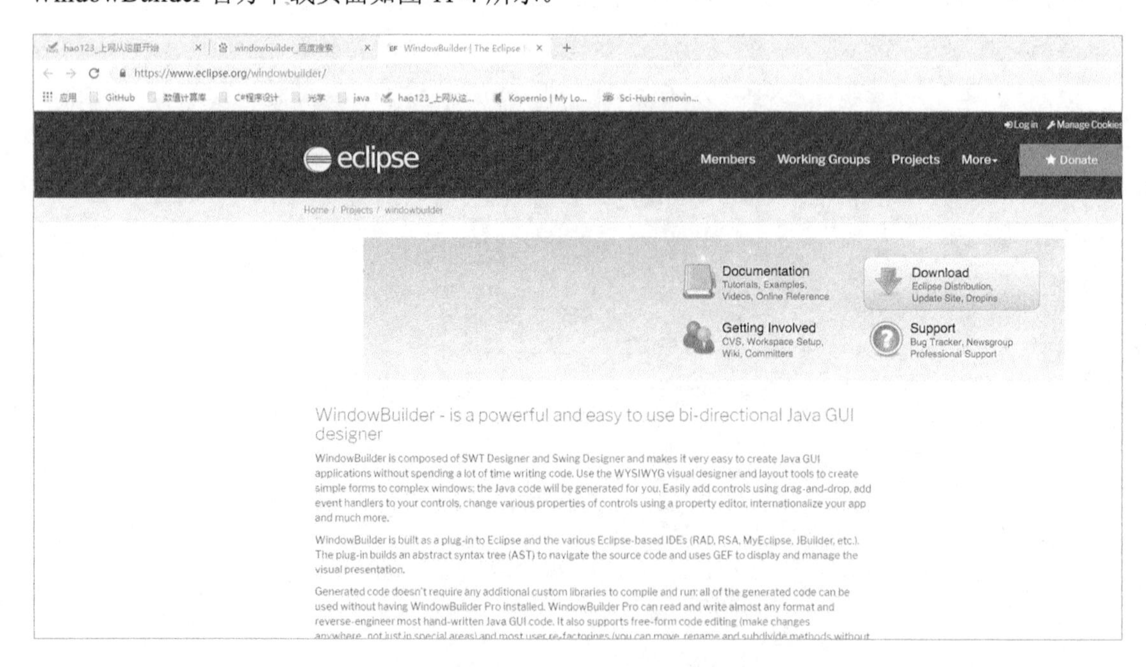

图 11-4　WindowBuilder 官方下载页面

第三步：单击右上角的“Download”按钮，进入下载界面，如图 11-5 所示。

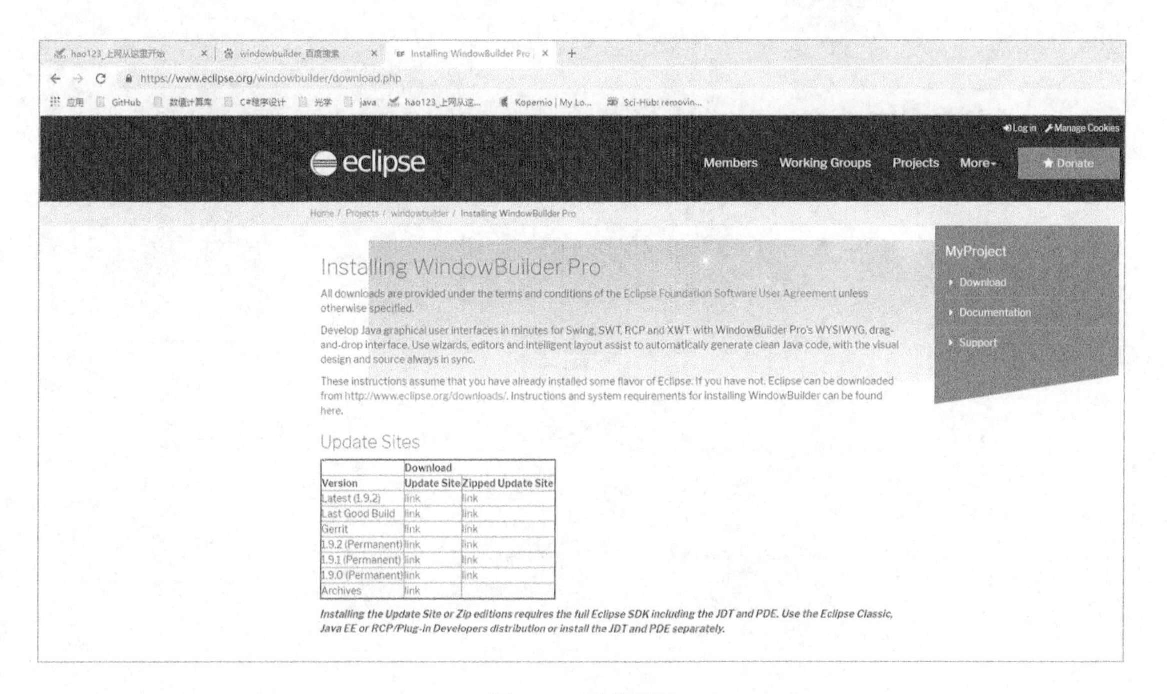

图 11-5　下载界面

第四步：单击“Update Sites”表格中“Latest（1.9.2）”后面的“Update Site”列的“link”链接，也可以单击“Zipped Update Site”列的“link”链接，进行安装包下载后的离线安装。这里选择在线安装，链接地址为 https://download.eclipse.org/windowbuilder/latest/，然后复制该链接地址。

第五步：打开“project-Java-Eclipse”，在菜单栏中选择“Help”→“Install New Software”命令，如图 11-6 所示，打开“Available Software”窗口界面。

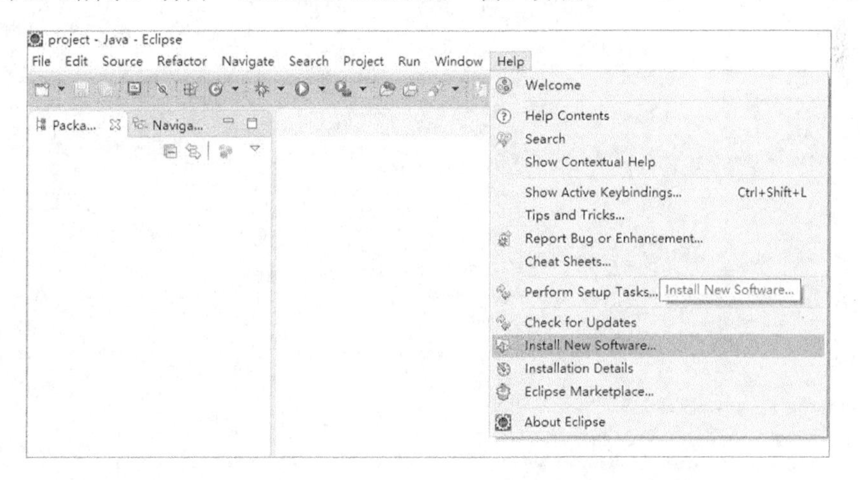

图 11-6　选择“Help”→“Install New Software”命令

第六步：在“Work with”文本框中输入前面复制的安装链接地址，然后按“Enter”键进行搜索，如图 11-7 所示。

第七步：在搜索的结果中勾选“WindowBulier”和“WindowBulider XWT Support”复选框，单击“Next”按钮进入下一步，如图 11-8 所示。

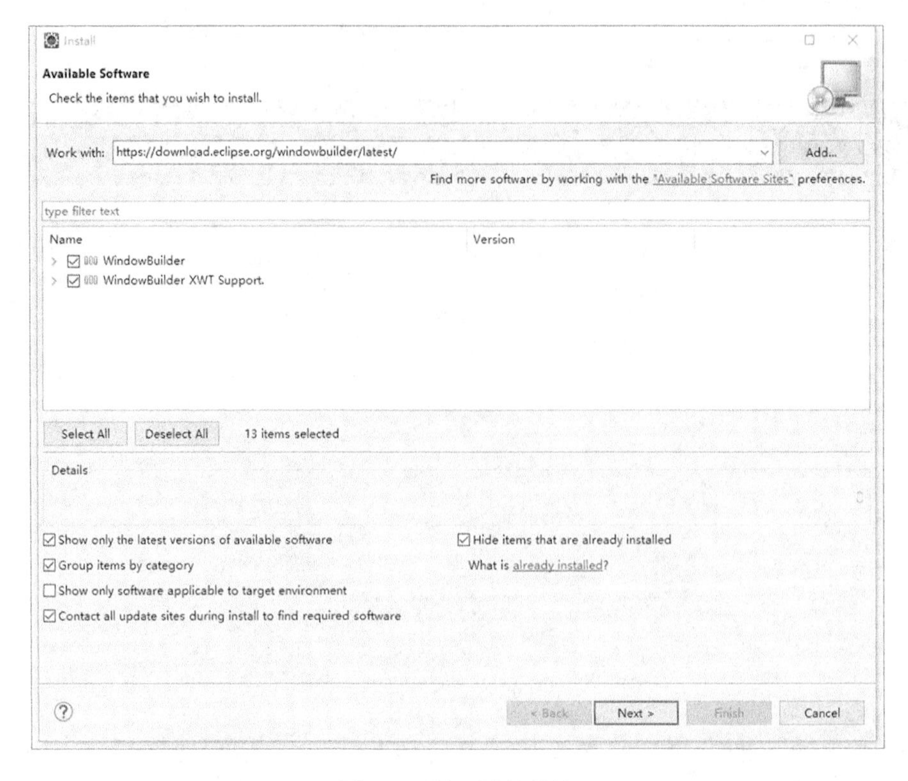

图 11-7　输入链接地址

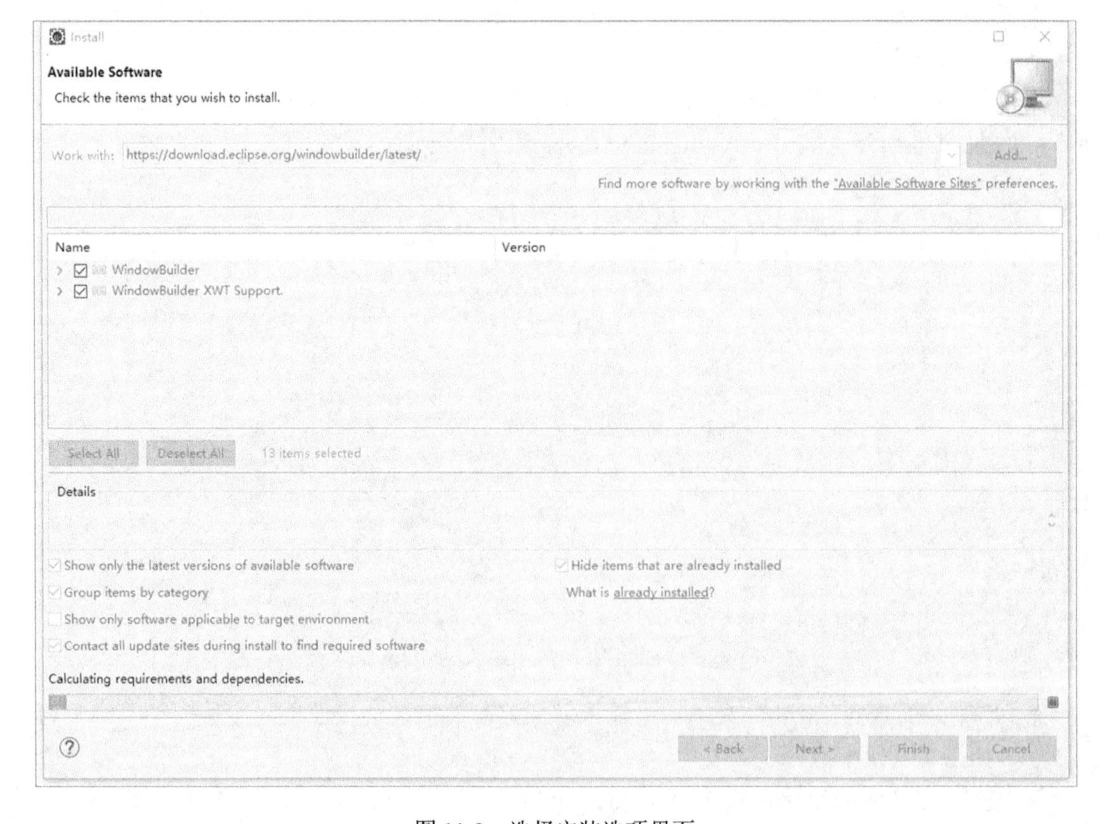

图 11-8　选择安装选项界面

第八步：在“Calculating requirements and dependencies”进程结束后，在“Install Details”界面中单击“Next”按钮，如图 11-9 所示。

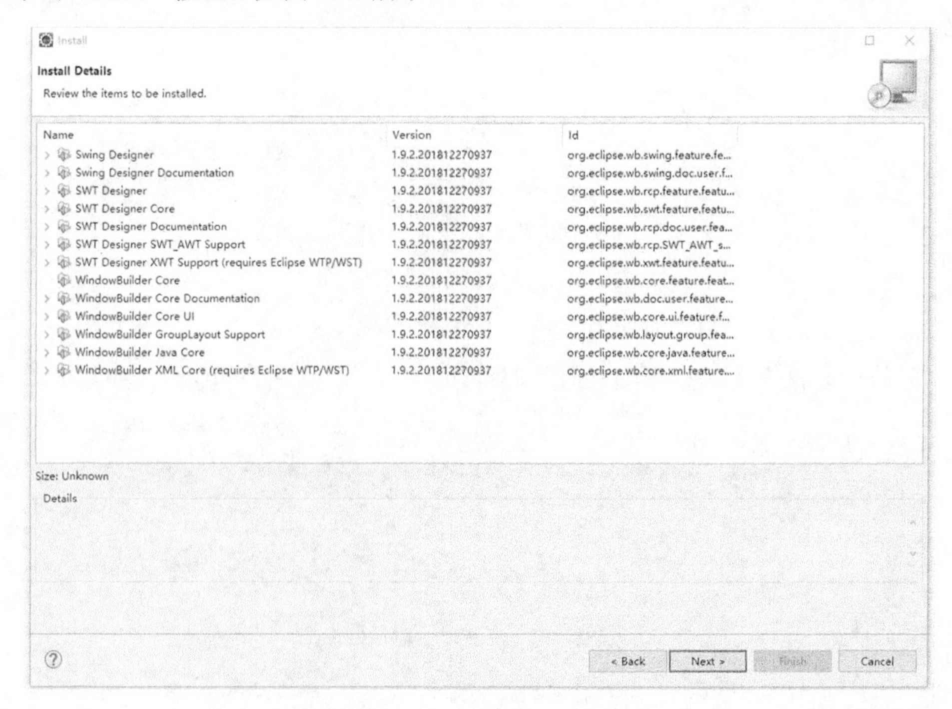

图 11-9 “Install Details”界面

第九步：在“Review Licenses”界面中选择“I accept the terms of the license agreement”单选按钮，然后单击“Finish”按钮，如图 11-10 所示。

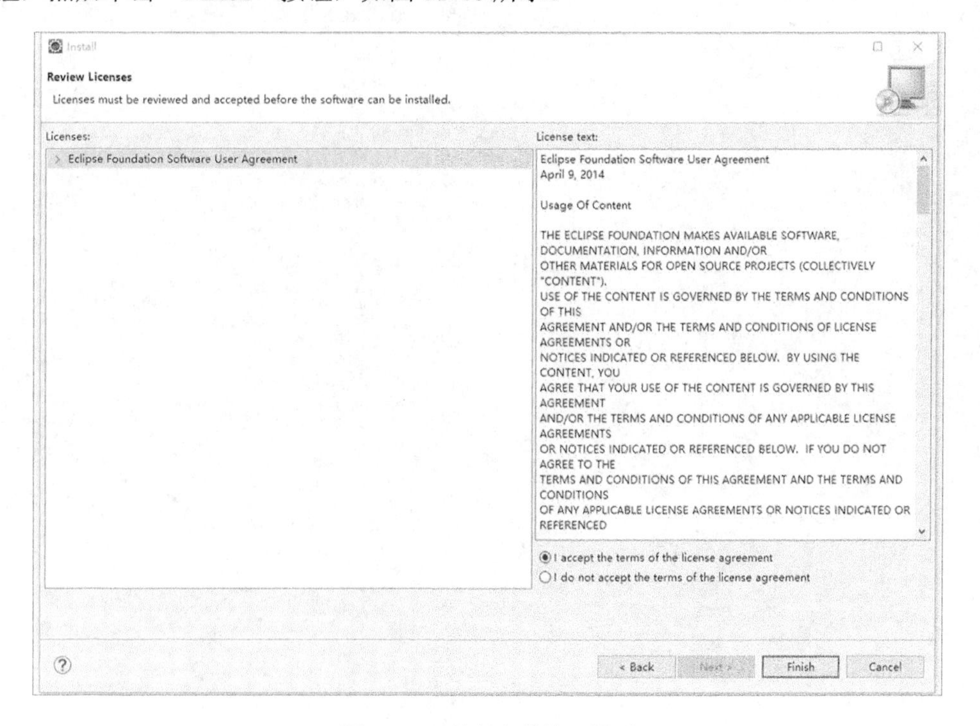

图 11-10 选择安装许可界面

第十步：正式进入安装进度界面，等待在线安装结束，如图 11-11 所示。

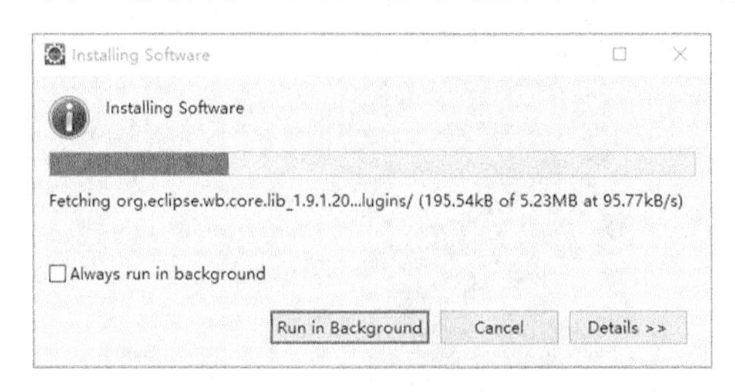

图 11-11　安装进度界面

第十一步：安装结束后，弹出重启提示对话框，单击“Yes”按钮，如图 11-12 所示。

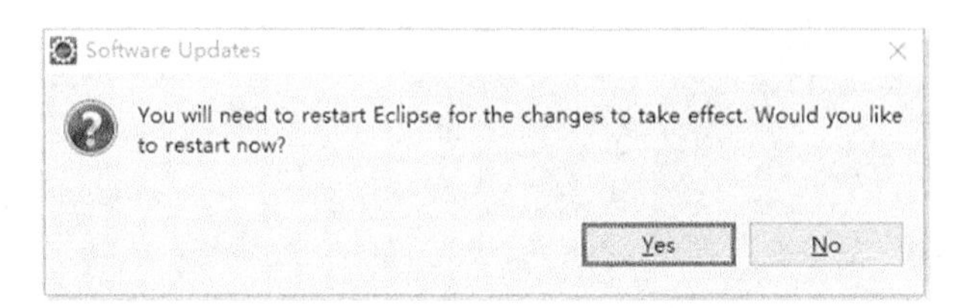

图 11-12　重启提示对话框

第十二步：Eclipse 重启后，在菜单栏中选择“File”→“New”→“Other”命令，如图 11-13 所示。在弹出的“Select a wizard”界面中单击“WindowBuilder”，如果其中包括“Swing Designer”和“SWT Designer”选项则表示插件安装成功，如图 11-14 所示。

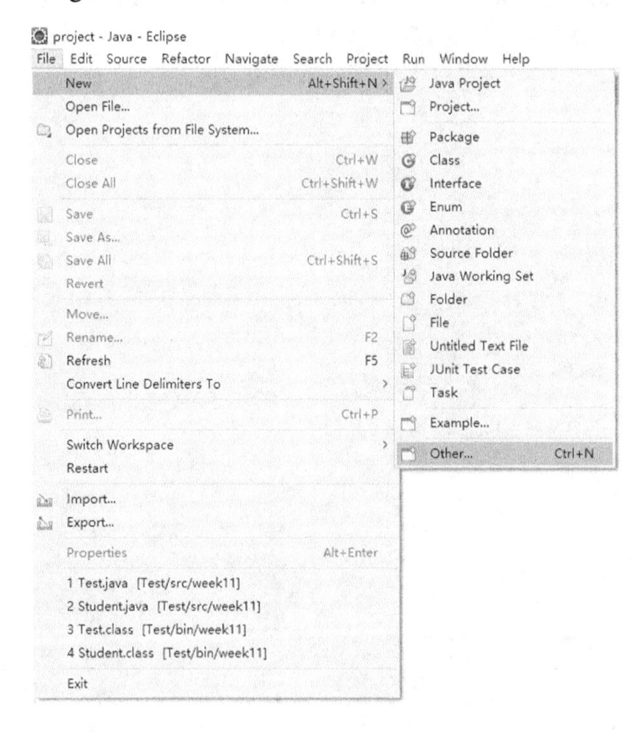

图 11-13　选择“File”→“New”→“Other”命令

图 11-14 “Select a wizard”界面

4．Frame 窗体

在进行案例设计前，还需要对 Frame 窗体进行了解和学习。Frame 是 Window 的子类，由 Frame 或者其子类创建的对象为一个窗体。Frame 是带有标题和边框的顶层窗口。

通过对 Frame 构造函数的学习来了解 Frame 的创建过程，Frame 的主要构造函数如下。

（1）Frame()：构造一个最初不可见的 Frame 新实例。

（2）Frame(String title)：构造一个新的、最初不可见的、具有指定标题的 Frame 对象。

Frame 的主要 API 函数如下。

（1）setBounds(int x,int y,int width,int height)：设置窗体的位置及大小，x、y 是 Frame 左上角在窗口中的坐标，width 和 height 是 Frame 的宽度和高度。

（2）setSize(int width,int height)：设置 Frame 窗体的大小，width 和 height 是 Frame 的宽度和高度。

（3）setLocation(int x,int y)：设置 Frame 窗体的位置，x、y 是 Frame 左上角在窗口中的坐标。

（4）setBackground(Color c)：设置 Frame 窗体的背景色，c 为 Color 对象。

（5）setVisible(boolean b)：设置窗体是否可见。

（6）setTitle(String name)：设置窗体的标题文本。

（7）setReszieable(Boolean b)：设置窗体是否可以改变大小。

11.1.3 案例分析

图形用户界面的开发过程涉及属性修改及 API 调用，本案例不涉及控件的事件和监听，但是本案例需要对基于 WindowBuilder 的工程创建进行学习和掌握。控件的事件添加等将在案例 11-2 中进行讲解，本案例主要对开发过程进行了解和学习。

11.1.4 案例实现

第一步：新建工程，打开“project-Java-Eclipse”，依次选择“File”→“New”→“Java Project”命令，如图 11-15 所示。打开“Create a Java Project”窗口界面，在“Project name”文本框中输入工程名称“Demo11_1”，单击“Finish”按钮，完成基本工程创建，如图 11-16 所示。

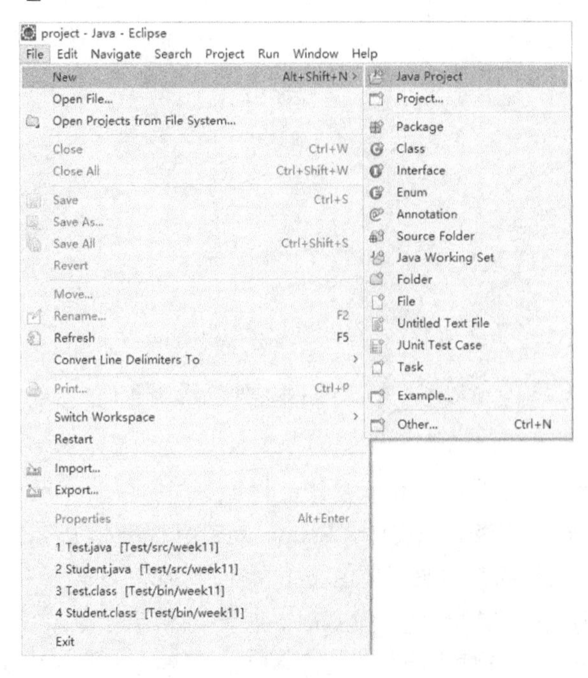

图 11-15 选择新建工程菜单命令

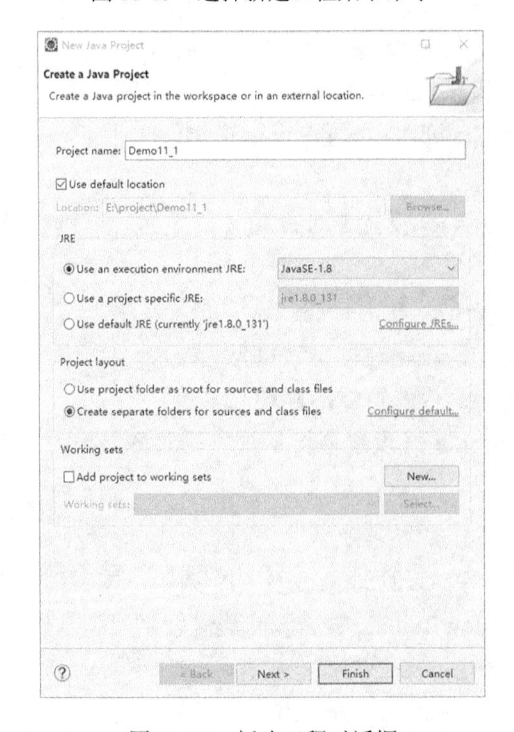

图 11-16 新建工程对话框

第二步：在工程名 Demo11_1 上右击，在弹出的快捷菜单中选择“New”→“Other”命令，如图 11-17 所示。在打开的“Select a wizard”界面中选择“WindowBuilder”→“Swing Designer”→“JFrame”工程，然后单击“Next”按钮进入下一步，如图 11-18 所示。

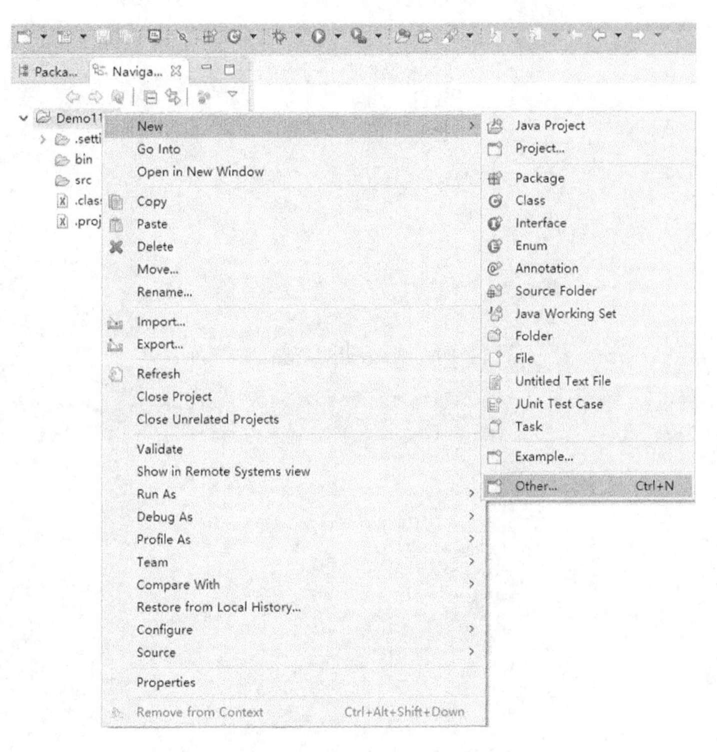

图 11-17　选择右键菜单命令

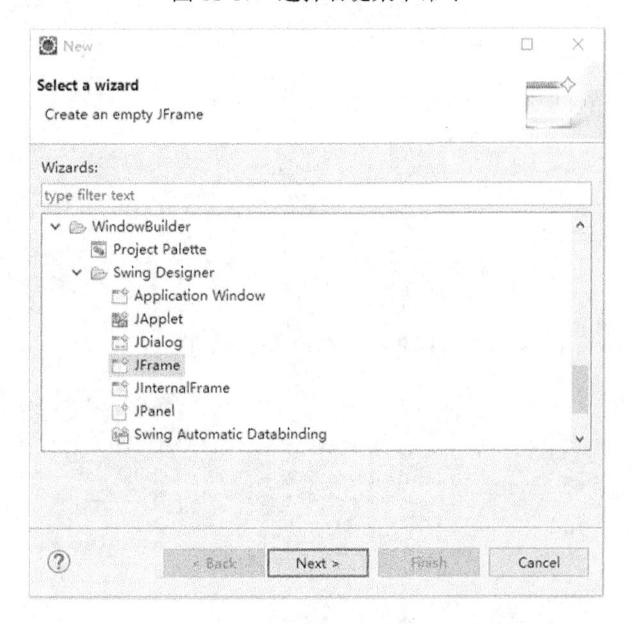

图 11-18　“Swing Designer”工程选项界面

第三步：在弹出的“Create JFrame”界面的“Name”文本框中输入类名“TestFrame”，如图 11-19 所示。单击“Finish”按钮完成工程的创建。新建 JFrame 工程界面如图 11-20 所示。

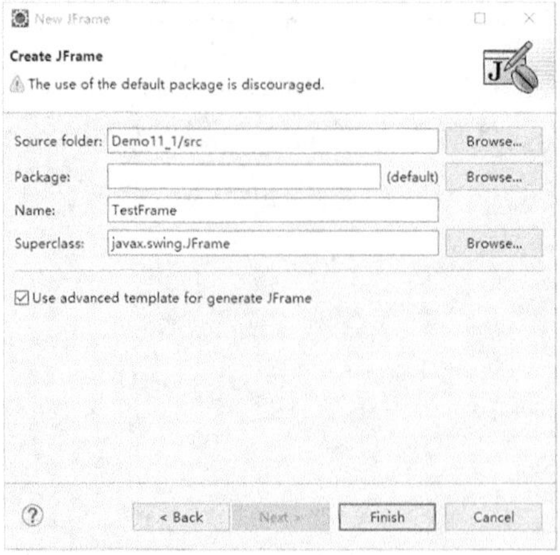

图 11-19 "Create JFrame"界面

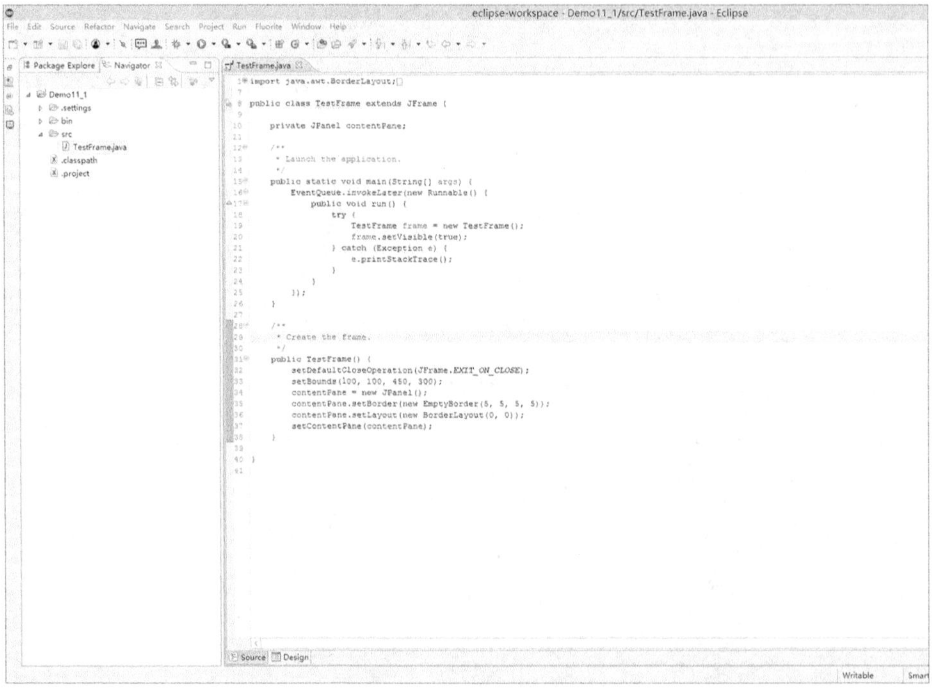

图 11-20 新建 JFrame 工程界面

类 TestFrame 继承 JFrame，已经内置一个 JPanel 的容器作为其成员变量，main()方法中调用了 run()方法，在 run()方法中调用 TestFrame()的构造函数对界面进行了初始化设置，并且调用 setVisible(true)方法设置 Frame 窗体可见，自动生成代码如下。

文件名：Demo11_1.java

程序代码：

```
import java.awt.BorderLayout;
import java.awt.EventQueue;
import javax.swing.JFrame;
import javax.swing.JPanel;
import javax.swing.border.EmptyBorder;
```

```
public class TestFrame extends JFrame {
    private JPanel contentPane;
    /**
     * Launch the application.
     */
    public static void main(String[] args) {
        EventQueue.invokeLater(new Runnable() {
            public void run() {
                try {
                    TestFrame frame = new TestFrame();
                    frame.setVisible(true);
                } catch (Exception e) {
                    e.printStackTrace();
                }
            }
        });
    }
    /**
     * Create the frame.
     */
    public TestFrame() {
        setDefaultCloseOperation(JFrame.EXIT_ON_CLOSE);
        setBounds(100, 100, 450, 300);
setTitle("\u6211\u7684\u7B2C\u4E00\u4E2A\u7A97\u4F53");
        contentPane = new JPanel();
        contentPane.setBorder(new EmptyBorder(5, 5, 5, 5));
        contentPane.setLayout(new BorderLayout(0, 0));
        setContentPane(contentPane);
    }
}
```

第四步：基于 WindowBuilder 的图形用户界面开发工程创建成功，设计开发过程有代码模式，单击“Design”按钮可以切换到可视化设计模式，如图 11-21 所示。

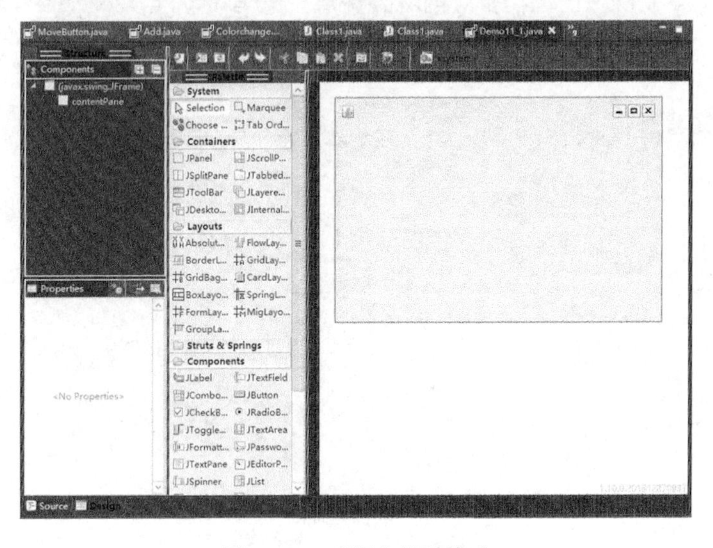

图 11-21　可视化设计模式

图 11-22 所示的左上部分为窗体上的控件布局结构，左下部分为控件属性及事件修改和添加窗口，右边为控件、容器及布局管理器的添加窗口。

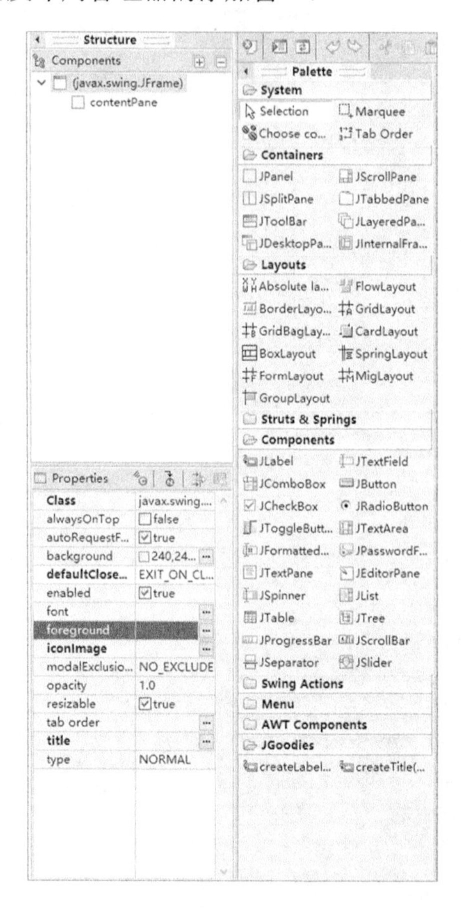

图 11-22　WindowBuilder 插件界面展示

第五步：单击窗体，然后在属性窗口中找到“title”属性，添加标题“我的第一个窗体”。基于 WindowBuilder 的可视化操作可立即查看效果，单击“Source”切换到代码模式，可以看到自动添加的代码如下所示。依次单击“run as”→“Java Application”，可以看到运行结果如图 11-23 所示。

```
setTitle("\u6211\u7684\u7B2C\u4E00\u4E2A\u7A97\u4F53");
```

图 11-23　第一个 GUI 应用程序

第六步：在代码模式下，添加以下代码，将 Panel 的背景颜色修改为红色，运行效果如图 11-24 所示。

```
contentPane.setBackground(new Color(255,0,0));
```

图 11-24　修改颜色后的运行效果

11.1.5　案例小结

AWT 和 Swing 中的控件比较多，掌握必要的开发流程及控件的学习方法和技巧是十分重要的，限于篇幅，本书不能将每一个控件的使用方法都进行详细的介绍，学习的时候对所有控件的使用方法进行掌握和记忆也是比较困难的，很多控件尤其是 Swing 中的控件经过了多次继承，有些控件甚至有上百个 API 函数，因此我们需要对这些控件的公共属性进行学习和掌握，对于常用控件的一些特别的属性及 API 进行重点区分、学习和掌握。在学习的过程中，对于新的控件首先需要了解该控件或者容器的基本信息和用途，然后对其构造方法进行学习和测试，再对其常用属性进行可视化修改和测试，并对相应的 API 代码进行修改和测试。

11.1.6　案例拓展

基于可视化的界面设计方式，既可以通过属性窗口修改对应控件的属性，又可以切换到代码设计模式在代码窗口中添加相应的 API 函数进行修改，两种方法都需要掌握。我们可以思考如何在当前的窗体上添加一个 Button（按钮）控件。

11.2　案例 11-2 单击不到的按钮

11.2.1　案例描述

设计开发一个单击不到的按钮。在 Frame 的界面上有一个按钮，当光标正要移动到该按钮处并单击时，按钮就随机移动到离开光标的位置，每次当光标要移动到该按钮处并单击时都发生随机移动，但是按钮移动不会超出界面的范围。

通过对本案例的设计，主要了解 Java GUI 应用程序开发过程中的布局管理器，这里只是对布局管理器进行简单介绍，避免初学者陷入布局误区，从而能够快速实现代码。通过对本案例设计，还需要对 Java GUI 的事件处理机制进行了解和掌握，并且要熟悉完成的 Java GUI 应用程序的开发流程。

11.2.2 案例关联知识

1. Java GUI 布局管理器

Java GUI 的布局管理对于初学者而言是比较困难的，而且初学者开发图形用户界面时可能会在布局调整上花费大量的时间，从而影响学习和开发效率。这里对布局管理器做一个简单的说明和代码实现，后期所有涉及 Java GUI 的开发都采用 WindowBuilder 的 AbsoluteLayout 布局管理方式。

Java GUI 的布局管理主要包括以下几个方面。

（1）BorderLayout：一个布置容器的边框布局可以对容器组件进行安排，并调整其大小，使其符合下列五个区域：北、南、东、西、中。每个区域最多只能包含一个组件，并通过相应的常量对其进行标识：NORTH、SOUTH、EAST、WEST、CENTER。当使用边框布局将一个组件添加到容器中时，要使用这五个常量之一进行添加，如图 11-25 所示。

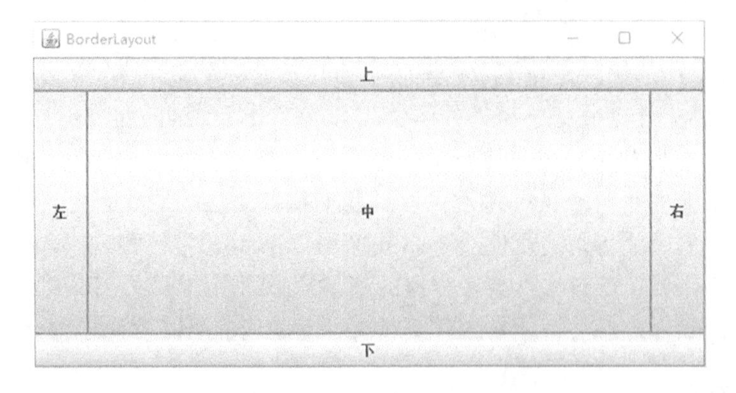

图 11-25 “BorderLayout”举例

（2）FlowLayout：流布局用于安排有向流中的组件，这非常类似于段落中的文本行。流的方向取决于容器的 ComponentOrientation 属性，它可能是以下两个值中的其中一个：ComponentOrientation.LEFT_TO_RIGHT、ComponentOrientation.RIGHT_TO_LEFT。流布局一般用来安排面板中的按钮，它使得按钮呈水平放置，直到同一条线上再也没有适合的按钮。线的对齐方式由 align 属性确定，其值为：LEFT、RIGHT、CENTER、LEADING、TRAILING，如图 11-26 所示。

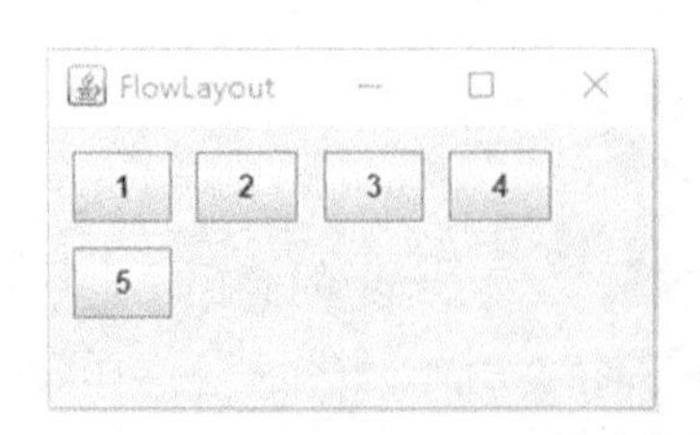

图 11-26 “FlowLayout”举例

（3）CardLayout 对象是容器的布局管理器。它将容器中的每个组件看作一张卡片。一次只能看到一张卡片，容器则充当卡片的堆栈管理器。当容器第一次显示时，第一个添加到

CardLayout 对象的组件为可见组件。卡片的顺序由组件对象本身在容器内部的顺序决定，如图 11-27 所示。

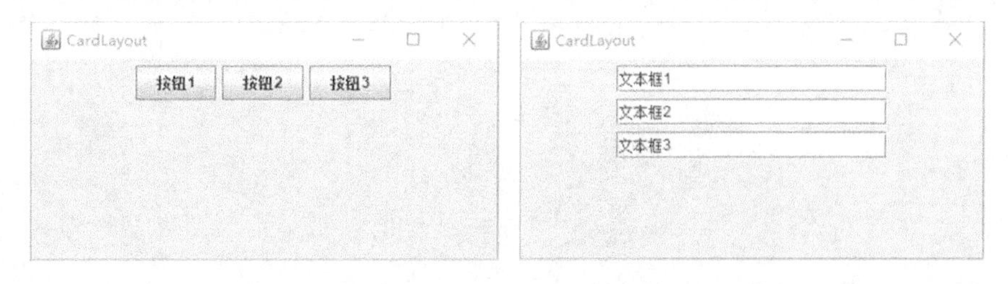

图 11-27 “CardLayout”举例

（4）GridLayout 类是一个布局处理器，它以矩形网格的形式对容器的组件进行布置。容器被分成大小相等的矩形，一个矩形中放置一个组件，如图 11-28 所示。

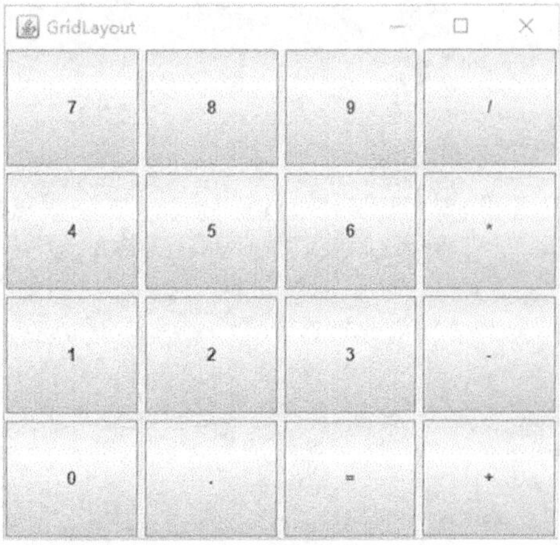

图 11-28 “GridLayout”举例

2．Java GUI 事件监听处理机制

（1）事件：用户对组件的一个操作（如单击鼠标、按下键盘）或程序执行某个动作。

（2）事件源：发生事件的组件就是事件源，也就是被监听的对象，例如单击按钮，按钮就是事件源。

（3）事件监听器（处理器）：监听并负责处理事件的方法，如果被监听的事件触发就需要处理相应的方式，例如按钮被单击，系统执行退出的方法。

图形用户界面应用程序的开发需要由事件进行触发，监听观察某个事件（程序）的发生情况，当被监听的事件发生时，事件发生者（事件源）就会给注册该事件的监听者（监听器）发送消息并告诉监听者某些信息，同时监听者也可以获得一个事件对象，根据这个对象可以获得相关属性并执行相关操作，执行顺序如下。

① 为事件源注册监听器，即添加事件监听方法。

② 组件接受外部作用，也就是事件被触发。

③ 组件产生相应的事件对象，并把此对象传递给与之关联的事件处理器。

④ 事件处理器启动，并执行相关的代码来处理该事件。

各个控件和容器都有很多事件，可以在可视化操作界面上进行添加和查看，各个控件和容器有很多共有的事件，比如单击按钮、移动鼠标、按下键盘等，各个控件也有自己独有的事件方法，需要在学习过程中进行总结和测试，这里仅展示 Frame 下的事件窗口，其余的控件和容器的事件在后面的案例过程中根据案例的需要进行介绍，如图 11-29 所示。

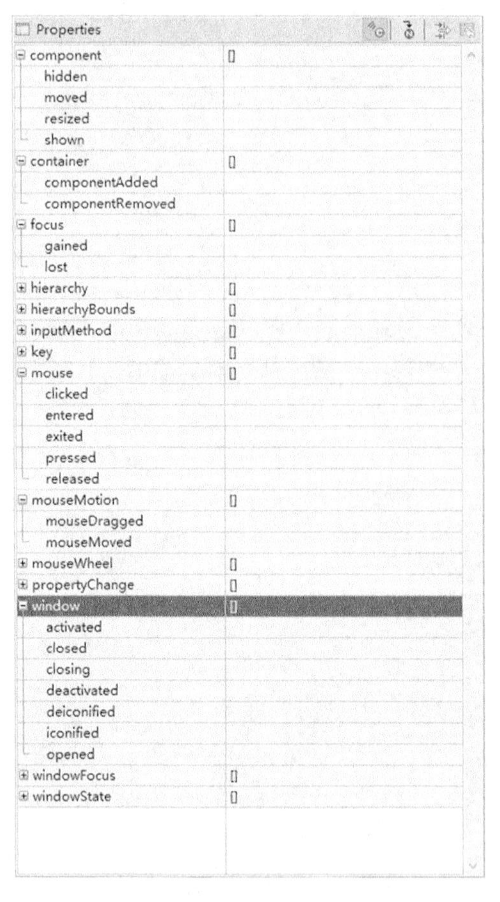

图 11-29　事件添加界面

3．Button

Button 的主要构造函数如下。

- Button()：构造一个标签字符串为空的按钮。
- Button(String label)：构造一个带指定标签的按钮。

Button 的常用 API 函数如下（后面的案例用到的控件或者容器在介绍常用 API 时，与 Frame 所共有的方法函数将不再重复讲解）。

- getLabel()：获取此按钮的标签。
- setLabel(String label)：将按钮的标签设置为指定的字符串。

11.2.3　案例分析

要实现单击不到的按钮，就需要添加事件，在还没有单击事件触发的时候，首先就触发光标移动事件，然后按钮随机移动，这样就单击不到按钮了。按钮如何进行随机移动？可以利用 setBounds()方法，或者 setLocation()方法修改其 x、y 的坐标值，从而实现按钮的移动。为了实现移动的随机性，x、y 的坐标值可以由 Math 数学库中的 round 函数产生，但是需要注意的是，按钮不能移动到界面外，因此 x、y 的坐标值需要有一个范围限制，由分析得到，x 的坐标范围为 0 到 Frame 的宽度减去 Button 的宽度，y 的坐标范围为 0 到 Frame 的高度减去 Button 的高度。

11.2.4 案例实现

第一步：按照之前创建 Demo11_1 的步骤创建一个新的工程，工程名为 Demo11_2，类名为 FlyButton。

第二步：修改目前工程的布局方式。在“Palette”面板下找到“Layouts”选项卡，选择“Absolute layout”，添加到 Frame 窗体上。

第三步：添加一个 JButton 按钮名称为“New button”到 Frame 窗体上。选择“Components”选项卡中的“JButton”，然后在 Frame 窗体上单击，添加效果如图 11-30 所示。

图 11-30　添加一个 JButton

第四步：修改属性。将 Frame 的“title”改为“单击不到的按钮”，将 Button 的“text”属性改为“你点我啊”，效果如图 11-31 所示。

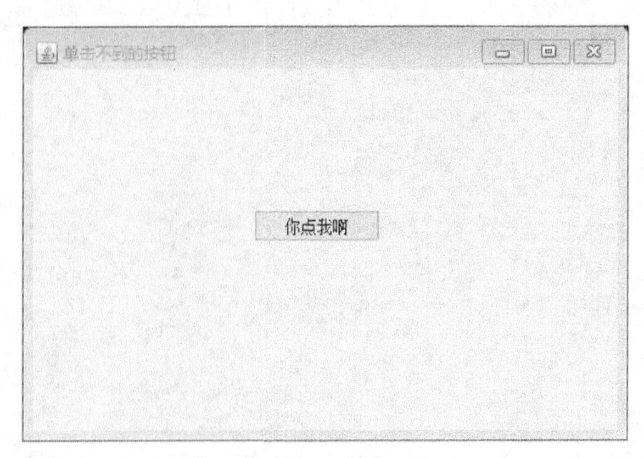

图 11-31　Demo11_2 修改属性效果

第五步：添加事件。选择“你点我啊”按钮，然后从“Properties”属性窗口切换到事件窗口，选择“mouseMotion”下的“mouseMoved”事件，在后面的空白处双击即可添加鼠标移动事件，如图 11-32 所示。

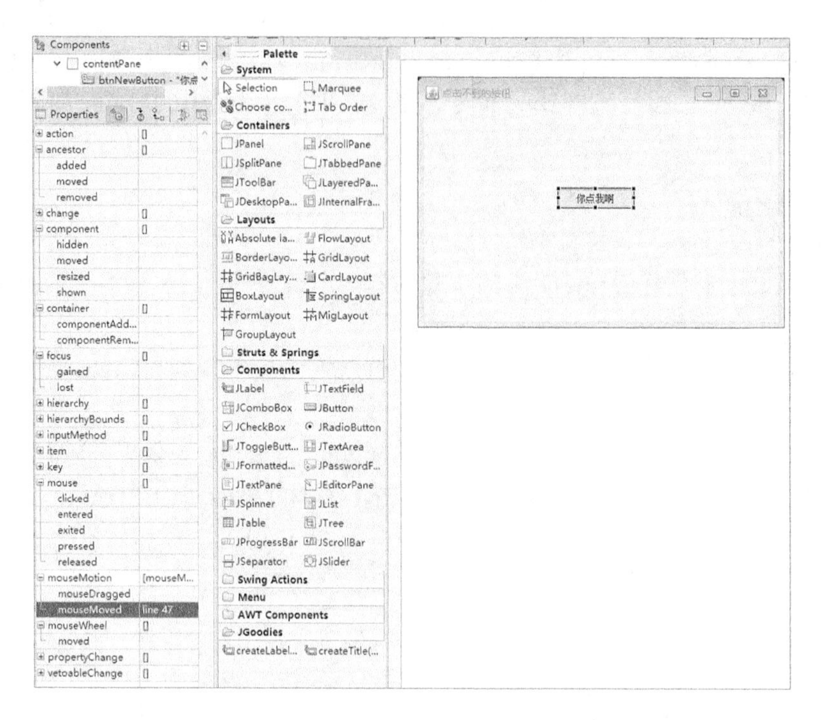

图 11-32　按钮单击事件添加界面

文件名：Demo11_2.java

程序代码：

```
import java.awt.BorderLayout;
import java.awt.EventQueue;
import javax.swing.JFrame;
import javax.swing.JPanel;
import javax.swing.border.EmptyBorder;
import javax.swing.JButton;
import java.awt.event.MouseWheelListener;
import java.awt.event.MouseWheelEvent;
import java.awt.event.MouseMotionAdapter;
import java.awt.event.MouseEvent;
public class FlyButton extends JFrame {
    private JPanel contentPane;
    private JButton btnNewButton = new JButton("\u4F60\u70B9\u6211\u554A");
    /**
     * Launch the application.
     */
    public static void main(String[] args) {
        EventQueue.invokeLater(new Runnable() {
            public void run() {
                try {
                    FlyButton frame = new FlyButton();
                    frame.setVisible(true);
                } catch (Exception e) {
                    e.printStackTrace();
```

```
                }
            }
        });
    }
    /**
     * Create the frame.
     */
    public FlyButton() {
        setTitle("\u70B9\u51FB\u4E0D\u5230\u7684\u6309\u94AE");
        setDefaultCloseOperation(JFrame.EXIT_ON_CLOSE);
        setBounds(100, 100, 450, 300);
        contentPane = new JPanel();

        contentPane.setBorder(new EmptyBorder(5, 5, 5, 5));
        setContentPane(contentPane);
        contentPane.setLayout(null);
        btnNewButton.setBounds(164, 102, 93, 23);
        contentPane.add(btnNewButton);

        btnNewButton.addMouseMotionListener(new MouseMotionAdapter() {
            @Override
            public void mouseMoved(MouseEvent arg0) {
                int x=(int)(Math.random()*(getWidth()-btnNewButton.getWidth()));
                int y=(int)(Math.random()*(getHeight()-btnNewButton.getHeight()));
                btnNewButton.setLocation(x, y);
            }
        });
    }
}
```

11.2.5 案例小结

本案例对事件和监听机制进行了学习，对 Java GUI（图形用户界面）应用程序开发的流程进行了熟悉，开发流程主要包括：根据项目需求添加控件、修改控件属性、根据需求添加事件监听、编写事件处理逻辑代码、运行和调试。

11.2.6 案例拓展

在工程中添加一个新的控件，案例会在类的构造函数中自动生成该控件的构造函数的代码，例如本案例添加的按钮，自动生成代码，但是这个 btnNewButton 对象作为局部变量的作用域只在构造函数中有效，可以将此对象声明放到类的下面作为成员变量使用，把该对象看作是类的一个成员，这样访问的时候更加方便、灵活。以下代码将声明的位置进行了改变。

```
JButton btnNewButton = new JButton("\u4F60\u70B9\u6211\u554A");
public class FlyButton extends JFrame
{
    private JPanel contentPane;
    private JButton btnNewButton = new JButton("\u4F60\u70B9\u6211\u554A");
```

```
    /**
     * Launch the application.
     */
    public static void main(String[] args) {
        EventQueue.invokeLater(new Runnable() {
            public void run() {
                try {
                    FlyButton frame = new FlyButton();
                    frame.setVisible(true);
                } catch (Exception e) {
                    e.printStackTrace();
                }
            }
        });
    }
}
```

11.3 案例 11-3 简单加法器

11.3.1 案例描述

设计一个简单的加法运算器，实现对两个数的输入，单击后可以实现加法运算。通过本案例的学习，可以掌握 Label 控件和 TextField 控件的使用方法，并且加深对 GUI 应用程序开发流程的熟悉，以及掌握好软件代码的规范和完整，保证代码能够进行无异常测试。

11.3.2 案例关联知识

1）Label

Label 对象是一个可在容器中放置文本的组件。

Label 的构造函数如下。

- Label()：构造一个空标签。
- Label(String text)：使用指定的文本字符串构造一个新的标签，其文本对齐方式为左对齐。
- Label(String text,int alignment)：构造一个显示指定的文本字符串的新标签，其文本对齐方式为指定的方式。

Label 的常用 API 函数如下。

- getText()：获取此标签的文本。
- setText(String text)：将此标签的文本设置为指定的文本。

2）TextField

TextField 对象是允许编辑单行文本的文本组件。

TextField 的构造函数如下。

- TextField()：构造新文本字段。
- TextField(int columns)：构造具有指定列数的新空文本字段。

- TextField(String text)：构造使用指定文本初始化的新文本字段。

TextField 的常用 API 函数如下。

- setText(String t)：将此文本组件显示的文本设置为指定文本。
- getColumns()：获取此文本字段中的列数。
- String getText()：返回此文本组件表示的文本。

11.3.3　案例分析

首先根据需要添加控件，本案例需要的控件包括 2 个 TextField、1 个 Button、2 个 Label。2 个 TextField 用于接收用户输入的 2 个加数；1 个 Button 实现单击计算过程；1 个 Label 显示加号；1 个 Label 实现对结果的显示。

11.3.4　案例实现

第一步：按照前面 Demo11_1 的步骤创建一个新的工程，工程名为 Demo11_3，类名为 Calculator。

第二步：修改目前工程的布局方式。在“Palette”面板下找到“Layouts”选项卡，选择“Absolute layout”，添加到 Frame 窗体上。

第三步：在窗体上添加 2 个 TextField、2 个 Label 和 1 个 Button，并且按如图 11-33 所示进行布局。

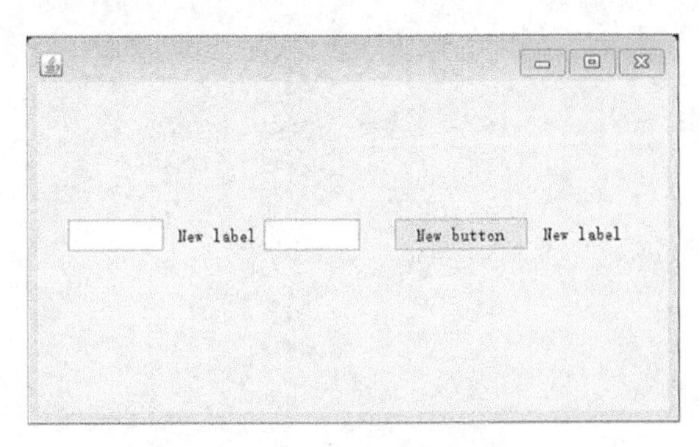

图 11-33　布局 Frame 窗体

第四步：修改界面控件属性，如图 11-34 所示。

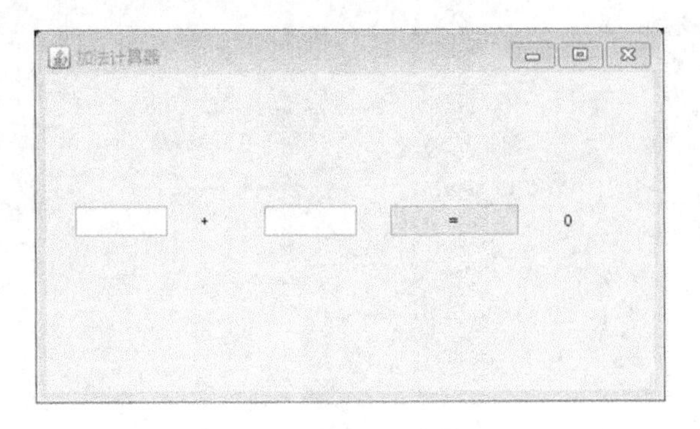

图 11-34　修改界面控件属性

第五步：添加按钮的单击事件，然后编写代码。

文件名：Demo11_3.java

程序代码：

```
import java.awt.BorderLayout;
import java.awt.EventQueue;
import javax.swing.JFrame;
import javax.swing.JPanel;
import javax.swing.border.EmptyBorder;
import javax.swing.JTextField;
import javax.swing.JButton;
import javax.swing.JLabel;
import java.awt.event.ActionListener;
import java.awt.event.ActionEvent;
public class Calculator extends JFrame {
    private JPanel contentPane;
    private JTextField textField;
    private JTextField textField_1;
    /**
     * Launch the application.
     */
    public static void main(String[] args) {
        EventQueue.invokeLater(new Runnable() {
            public void run() {
                try {
                    Calculator frame = new Calculator();
                    frame.setVisible(true);
                } catch (Exception e) {
                    e.printStackTrace();
                }
            }
        });
    }
    /**
     * Create the frame.
     */
    public Calculator() {
        setTitle("\u52A0\u6CD5\u8BA1\u7B97\u5668");
        setDefaultCloseOperation(JFrame.EXIT_ON_CLOSE);
        setBounds(100, 100, 450, 260);
        contentPane = new JPanel();
        contentPane.setBorder(new EmptyBorder(5, 5, 5, 5));
        setContentPane(contentPane);
        contentPane.setLayout(null);
        textField = new JTextField();
        textField.setBounds(21, 92, 66, 21);
        contentPane.add(textField);
        textField.setColumns(10);
```

```
        textField_1 = new JTextField();
        textField_1.setBounds(156, 92, 66, 21);
        contentPane.add(textField_1);
        textField_1.setColumns(10);
        JButton btnNewButton = new JButton("=");
        btnNewButton.setBounds(245, 91, 93, 23);
        contentPane.add(btnNewButton);
        JLabel lblNewLabel = new JLabel("+");
        lblNewLabel.setBounds(110, 95, 27, 15);
        contentPane.add(lblNewLabel);
        JLabel lblNewLabel_1 = new JLabel("0");
        lblNewLabel_1.setBounds(370, 95, 54, 15);
        contentPane.add(lblNewLabel_1);
        btnNewButton.addActionListener(new ActionListener() {
            public void actionPerformed(ActionEvent arg0) {
                double a=Double.valueOf(textField.getText());
                double b=Double.valueOf(textField_1.getText());
                lblNewLabel_1.setText(String.valueOf(a+b));
            }
        });
    }
}
```

Demo11_3.java 的运行结果如图 11-35 所示。

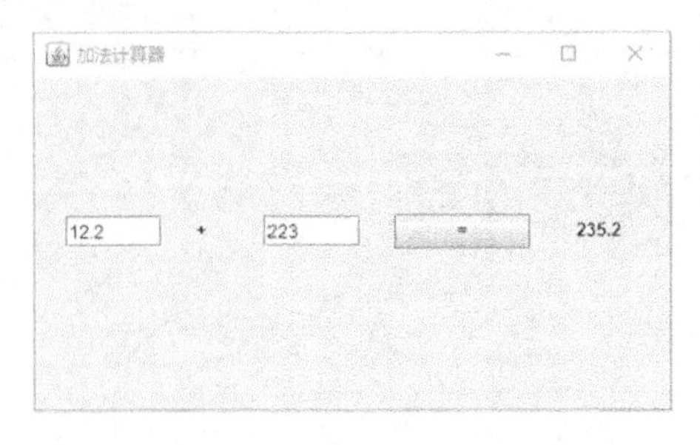

图 11-35　Demo11_3.java 的运行结果

11.3.5　案例小结

本案例对 Label 和 TextField 控件进行了学习，并且对 Java GUI 的开发流程进行了巩固加深。

11.3.6　案例拓展

案例代码是存在异常的，当输入的数据存在非法字符时，程序将报异常，因此需要在测试后对代码进行异常处理。

```
btnNewButton.addActionListener(new ActionListener() {
            public void actionPerformed(ActionEvent arg0) {
                try
                {
                    double a=Double.valueOf(textField.getText());
```

```
                double b=Double.valueOf(textField_1.getText());
                lblNewLabel_1.setText(String.valueOf(a+b));
            }
            catch(Exception e)
            {
                lblNewLabel_1.setText("输入字符有误");
            }
        }
    });
```

Demo11_3 的异常处理运行结果如图 11-36 所示。

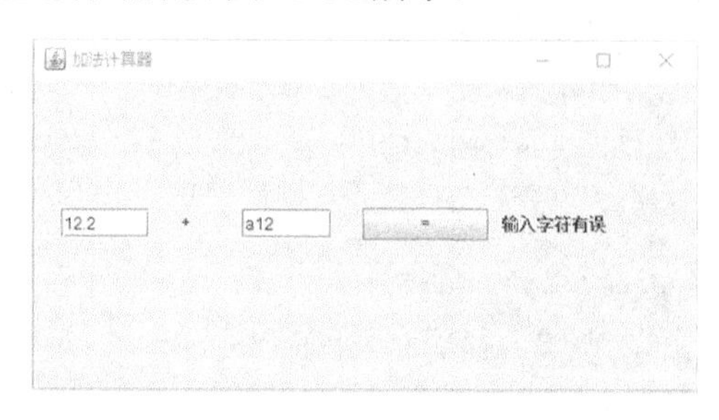

图 11-36　Demo11_3 的异常处理运行结果

虽然对案例可能出现的问题进行了异常处理，但是异常提示的时候是在单击按钮等号的时候触发，我们可以思考只要在 TextField 文本框中输入非法数值的时候就立即提示，应该如何实现呢？

11.4　案例 11-4 三原色配色

11.4.1　案例描述

本案例设计一个简单的红、绿、蓝三原色配色，利用三个 Scrollbar 的滚动实现对红、绿、蓝及混合色的调整。每种单色的 RGB 值可以从 0～255 的范围内进行调整，基于三原色可以搭配出其他更多的色彩。Scrollbar 可以实现平滑的移动，使颜色调整更加方便。

11.4.2　案例关联知识

1）Scrollbar 概述

Scrollbar 是滚动条，可以是水平的，也可以是垂直的，默认是垂直的，可以通过属性“orientation”进行修改调整。滚动条可以表示某一范围的值，如图 11-37 所示，最小值通过属性“minimum”进行修改，最大值通过属性“maximum”进行修改，滑块当前的位置为属性“value”的值。

图 11-37　Scrollbar

2）Scrollbar 的构造函数

- Scrollbar()：构造一个新的垂直滚动条。
- Scrollbar(int orientation)：构造一个具有指定方向的新滚动条。
- Scrollbar(int orientation, int value, int visible, int minimum, int maximum)：构造一个新的滚动条，它具有指定的方向、初始值、可见量、最小值和最大值。

3）Scrollbar 的常用 API 函数

- getValue()：获取此滚动条的当前值。
- setValue(int newValue)：将此滚动条的值设置为指定值。
- setMaximum(int newMaximum)：设置此滚动条的最大值。
- setMinimum(int newMinimum)：设置此滚动条的最小值。
- setOrientation(int orientation)：设置此滚动条的方向。

11.4.3　案例分析

单颜色的值的范围为 0～255，对应需要设置和调整 Scrollbar 的最大值和最小值范围一致，然后通过获取到的滑块的 value 值来对颜色值进行显示，分别用 3 个 Scrollbar 单独控制红、绿、蓝 3 个颜色，然后再对其组合色进行控制和显示。

11.4.4　案例实现

第一步：按照前面 Demo11_1 的步骤创建一个新的工程，工程名为 Demo11_4，类名为 ThreeColor。

第二步：修改目前工程的布局方式。在“Palette”面板下找到“Layouts”选项卡，选择“Absolute layout”，添加到 Frame 窗体上。

第三步：在窗体上添加 4 个 TextField、3 个 Scrollbar，并且按如图 11-38 所示进行布局。

图 11-38　布局 Frame 窗体

第四步：分别对 Frame、TextField、Scrollbar 的属性进行修改，包括调整 TextField 的大小，修改 Scrollbar 为水平方向，最大值为 255，最小值为 0，修改属性后的效果如图 11-39 所示。

图 11-39　修改属性后的效果

第五步：分别为三个 Scrollbar 添加 valueChanged 事件。

第六步：编写核心代码，如下所示。

```
    textField.setBackground(new Color(scrollBar.getValue(),0,0));
    textField_1.setBackground(new Color(0,scrollBar_1.getValue(),0));
    textField_2.setBackground(new Color(0,0,scrollBar_2.getValue()));
    textField_3.setBackground(new
Color(scrollBar.getValue(),scrollBar_1.getValue(),scrollBar_2.
    getValue()));
```

文件名：Demo11_4.java

程序代码：

```
    import java.awt.BorderLayout;
    import java.awt.Color;
    import java.awt.EventQueue;
    import javax.swing.JFrame;
    import javax.swing.JPanel;
    import javax.swing.border.EmptyBorder;
    import javax.swing.JScrollBar;
    import javax.swing.JTextArea;
    import javax.swing.JTextField;
    import java.awt.event.AdjustmentListener;
    import java.awt.event.AdjustmentEvent;
    public class ThreeColor extends JFrame {
        private JPanel contentPane;
        private JTextField textField;
        private JTextField textField_1;
        private JTextField textField_2;
        private JTextField textField_3;
        private JScrollBar scrollBar = new JScrollBar();
        private JScrollBar scrollBar_1 = new JScrollBar();
        private JScrollBar scrollBar_2 = new JScrollBar();
        /**
         * Launch the application.
         */
        public static void main(String[] args) {
            EventQueue.invokeLater(new Runnable() {
                public void run() {
```

```
                try {
                    ThreeColor frame = new ThreeColor();
                    frame.setVisible(true);
                } catch (Exception e) {
                    e.printStackTrace();
                }
            }
        });
    }
    /**
     * Create the frame.
     */
    public ThreeColor() {
        setTitle("\u4E09\u539F\u8272\u914D\u8272");
        setDefaultCloseOperation(JFrame.EXIT_ON_CLOSE);
        setBounds(100, 100, 702, 363);
        contentPane = new JPanel();
        contentPane.setBorder(new EmptyBorder(5, 5, 5, 5));
        setContentPane(contentPane);
        contentPane.setLayout(null);
        scrollBar.setMaximum(255);
            scrollBar.addAdjustmentListener(new AdjustmentListener() {
            public void adjustmentValueChanged(AdjustmentEvent arg0) {
                textField.setBackground(new Color(scrollBar.getValue(),0,0));
                textField_3.setBackground(new Color(scrollBar.getValue(),scrollBar_
1.getValue(),scrollBar_2.getValue()));
            }
        });
        scrollBar.setOrientation(JScrollBar.HORIZONTAL);
        scrollBar.setBounds(55, 49, 240, 21);
        contentPane.add(scrollBar);
        scrollBar_1.setMaximum(255);
        scrollBar_1.addAdjustmentListener(new AdjustmentListener() {
            public void adjustmentValueChanged(AdjustmentEvent e) {
                textField_1.setBackground(new Color(0,scrollBar_1.getValue(),0));
                textField_3.setBackground(new Color(scrollBar.getValue(),scrollBar_
1.getValue(),scrollBar_2.getValue()));
            }
        });
        scrollBar_1.setOrientation(JScrollBar.HORIZONTAL);
        scrollBar_1.setBounds(55, 127, 240, 21);
        contentPane.add(scrollBar_1);
        scrollBar_2.setMaximum(255);
        scrollBar_2.addAdjustmentListener(new AdjustmentListener() {
            public void adjustmentValueChanged(AdjustmentEvent e) {
                textField_2.setBackground(new Color(0,0,scrollBar_2.getValue()));
                textField_3.setBackground(new Color(scrollBar.getValue(),scrollBar_
1.getValue(),scrollBar_2.getValue()));
            }
        });
```

```
        scrollBar_2.setOrientation(JScrollBar.HORIZONTAL);
        scrollBar_2.setBounds(55, 203, 240, 21);
        contentPane.add(scrollBar_2);
        textField = new JTextField();
        textField.setBounds(316, 49, 247, 21);
        contentPane.add(textField);
        textField.setColumns(10);
        textField_1 = new JTextField();
        textField_1.setBounds(316, 127, 247, 21);
        contentPane.add(textField_1);
        textField_1.setColumns(10);
        textField_2 = new JTextField();
        textField_2.setBounds(316, 203, 247, 21);
        contentPane.add(textField_2);
        textField_2.setColumns(10);
        textField_3 = new JTextField();
        textField_3.setBounds(316, 275, 247, 21);
        contentPane.add(textField_3);
        textField_3.setColumns(10);
    }
}
```

Demo11_4 的运行结果如图 11-40 所示。

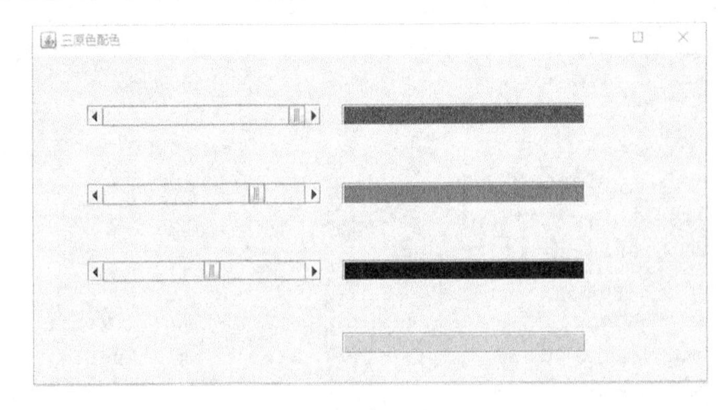

图 11-40　Demo11_4 的运行结果

11.4.5　案例小结

本案例对 Scrollbar 进行了学习，也对颜色构成进行了了解。在学习新的控件过程中，首先掌握构造函数，然后结合界面对重要属性进行了解和掌握，再对其特别的方法事件进行学习和测试。WindowBuilder 在添加事件时，默认第一个选项的事件都是其常用的方法事件。

11.4.6　案例拓展

本案例只是显示了颜色，并且没有显示其值的大小，思考如何在文本框后面添加 TextField 或者 Label 控件进行颜色值的显示？在 TextField 后面添加 Lable 控件，并且增加如下核心代码，结果如图 11-41 所示。

```
lblNewLabel.setText(String.valueOf(scrollBar.getValue()));
```

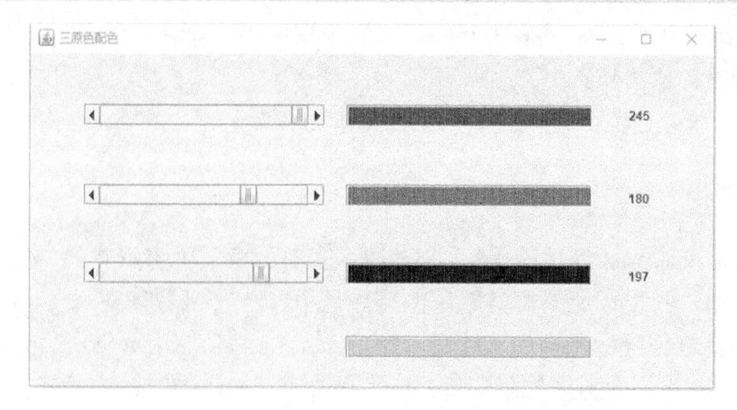

图 11-41　Demo11_4 程序改进运行效果

11.5　案例 11-5 新书排行榜

11.5.1　案例描述

设计制作一个简单的新书排行榜，在文本框中输入一本书名和一个排行，单击“增加”按钮可以将书添加到指定位置，排除出现异常的情况；实现选中已有的一本书，单击“删除”按钮可以将该书删除，排除出现异常的情况；选中一本书单击“上移”或“下移”按钮，可以将一本书的位置进行交换，排除出现异常的情况；选中一本书，可以在文本框中显示该书的名字及书的排行。通过本案例对新的控件 List 的学习，能够锻炼逻辑思维能力，强化 Java GUI 的程序设计。

11.5.2　案例关联知识

List 组件为用户提供了一个可滚动的文本项列表。可设置此 List，使其允许用户进行单项选择或多项选择。

（1）List 的构造函数如下。

- List()：创建新的滚动列表。
- List(int rows)：创建一个用指定可视行数初始化的新滚动列表。
- List(int rows, boolean multipleMode)：创建一个初始化为显示指定行数的新滚动列表。

（2）List 的常用 API 函数如下。

- add(String item)：向滚动列表的末尾添加指定的项。
- add(String item, int index)：向滚动列表中索引指示位置添加指定的项。
- getItem(int index)：获取与指定索引关联的项。
- getItemCount()：获取列表中的项数。
- getSelectedIndex()：获取列表中选中项的索引。
- getSelectedItem()：获取此滚动列表中选中的项。
- isIndexSelected(int index)：确定是否已选中此滚动列表中的指定项。

- remove(int position)：从此滚动列表中移除指定位置处的项。
- remove(String item)：从列表中移除第一次出现的项。
- removeAll()：从此列表中移除所有项。
- select(int index)：选择滚动列表中指定索引处的项。

11.5.3　案例分析

本案例主要涉及对 List 控件的操作，List 控件和前面章节中容器中的 List 基本一致，编程的思路也基本一致，我们需要熟悉其常用的构造函数和 API 函数，对每一个需要实现的功能要结合其 API 函数进行分析，增加功能用 add()函数，删除功能用 remove()函数，清空功能用 removeAll()函数，重点需要考虑的是书排行的上下移动，思考的时候容易陷入交换的误区，其实可以使用删除和增加两个操作组合进行，但是删除的时候需要保存删除的内容和位置，这样向上和向下移动只需要改变其下标即可。本案例在设计的过程中还需要充分考虑软件设计过程中的异常处理机制，因此在测试过程中，要充分考虑用户的输入情况，做完备的测试，在有异常的地方增加异常处理机制。

11.5.4　案例实现

第一步：按照前面 Demo11_1 的步骤创建一个新的工程，工程名为 Demo11_5，类名为 BookList。

第二步：修改目前工程的布局方式。在“Palette”面板下找到“Layouts”选项卡，选择“Absolute layout”，添加到 Frame 窗体上。

第三步：在窗体上添加 4 个 Button、1 个 List、2 个 TextField、3 个 Label，并且按如图 11-42 所示进行布局。

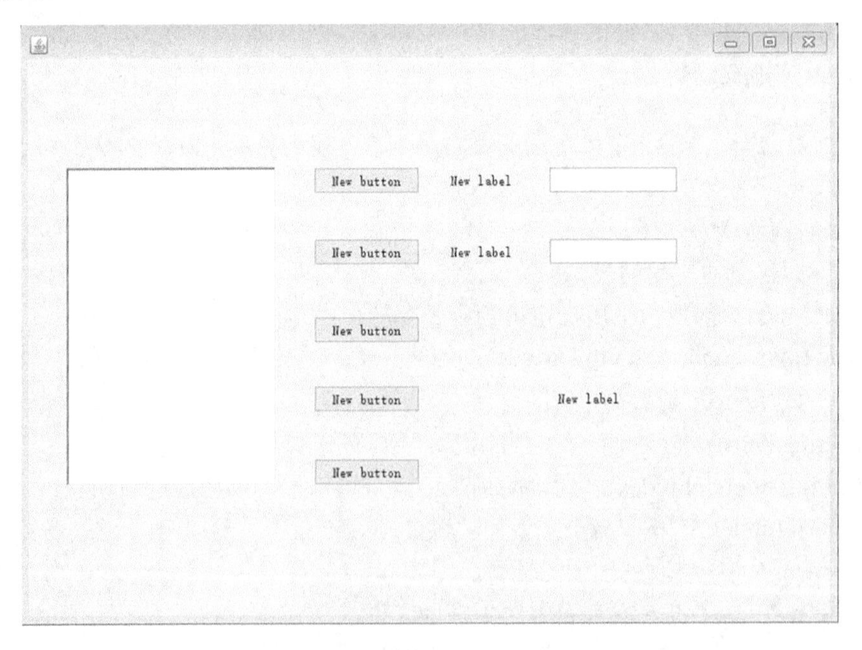

图 11-42　布局 Frame 窗体

第四步：修改属性。将 Frame、Button、Label 的属性进行修改，并且给 List 预添加一些数据，此操作在属性窗口无法进行修改，需要切换到代码模式，利用 List 的 add()方法进行添加，代码如下所示。修改属性后的效果如图 11-43 所示。

```
list.add("Java 面向对象程序设计");
list.add("数据库原理与实践");
list.add("VB 程序设计与实践");
list.add("C#程序设计与实践");
list.add("Python 程序设计与实践");
```

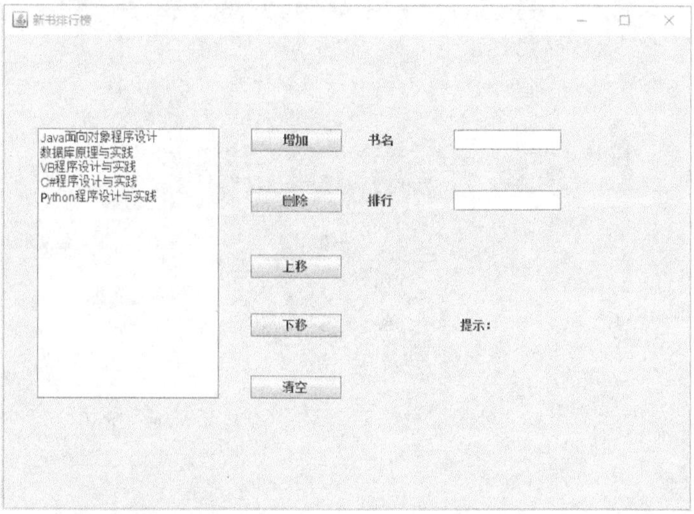

图 11-43　修改属性后的效果

第五步：添加“增加”“删除”“上移”“下移”“清空”5 个按钮的单击事件，分别编写功能代码。添加 List 的单击事件，编写触发 List 选中时的功能代码。

- 增加功能代码

```
btnNewButton.addActionListener(new ActionListener()
        {
            public void actionPerformed(ActionEvent arg0)
            {
                if(textField.getText().equals("") || textField_1.getText().equals(""))
                {
                    lblNewLabel_2.setText("输入不完整");
                }
                else
                {
                    try
                    {
                        list.add(textField.getText(), Integer.valueOf(textField_1.getText
())-1);
                        lblNewLabel_2.setText("成功添加");
                    }
                    catch(Exception e)
                    {
```

```
                    lblNewLabel_2.setText("输入数据有误");
                }
            }
        }
    });
```

- 删除功能代码

```
btnNewButton_1.addActionListener(new ActionListener()
    {
        public void actionPerformed(ActionEvent arg0)
        {
            if(list.getSelectedIndex()>=0)
            {
                list.remove(list.getSelectedIndex());
                lblNewLabel_2.setText("删除成功");
            }
            else
            {
                lblNewLabel_2.setText("需要选择一项");
            }
        }
    });
```

- 上移功能代码

```
btnNewButton_2.addActionListener(new ActionListener()
    {
        public void actionPerformed(ActionEvent e)
        {
            if(list.getSelectedIndex()>=0)
            {
                if(list.getSelectedIndex()==0)
                {
                    lblNewLabel_2.setText("已经是第一项");
                }
                else
                {
                    String s=list.getSelectedItem();
                    int i=list.getSelectedIndex();
                    list.remove(i);
                    list.add(s, i-1);
                    list.select(i-1);
                    lblNewLabel_2.setText("成功移动");
                }
            }
            else
            {
                lblNewLabel_2.setText("需要选择一项");
            }
```

```
        }
    });
```

- 下移功能代码

```
btnNewButton_3.addActionListener(new ActionListener()
    {
        public void actionPerformed(ActionEvent e)
        {
            if(list.getSelectedIndex()>=0)
            {
                if(list.getSelectedIndex()==list.getItemCount()-1)
                {
                    lblNewLabel_2.setText("已经是最后一项");
                }
                else
                {
                    String s=list.getSelectedItem();
                    int i=list.getSelectedIndex();
                    list.remove(i);
                    list.add(s, i+1);
                    list.select(i+1);
                    lblNewLabel_2.setText("成功移动");
                }
            }
            else
            {
                lblNewLabel_2.setText("需要选择一项");
            }
        }
    });
```

- 清空功能代码

```
btnNewButton_4.addActionListener(new ActionListener()
    {
        public void actionPerformed(ActionEvent e)
        {
            if(list.getItemCount()>0)
            {
                list.removeAll();
                lblNewLabel_2.setText("成功清空");
            }
            else
            {
                lblNewLabel_2.setText("已经清空");
            }
        }
    });
```

- List 选中功能代码

```
list.addMouseListener(new MouseAdapter()
        {
            @Override
            public void mouseClicked(MouseEvent arg0)
            {
                textField.setText(list.getSelectedItem());
                textField_1.setText(String.valueOf(list.getSelectedIndex()+1));
            }
        });
```

文件名：Demo11_5.java

程序代码：

```
import java.awt.BorderLayout;
import java.awt.EventQueue;
import javax.swing.JFrame;
import javax.swing.JPanel;
import javax.swing.border.EmptyBorder;
import javax.swing.JList;
import javax.swing.JButton;
import java.awt.List;
import javax.swing.JTextField;
import javax.swing.JLabel;
import java.awt.event.ActionListener;
import java.awt.event.ActionEvent;
import java.awt.event.MouseAdapter;
import java.awt.event.MouseEvent;
public class BookList extends JFrame
{
    private JPanel contentPane;
    private JTextField textField;
    private JTextField textField_1;
    private List list = new List();
    JLabel lblNewLabel_2 = new JLabel("\u63D0\u793A\uFF1A");
    /**
     * Launch the application.
     */
    public static void main(String[] args) {
        EventQueue.invokeLater(new Runnable() {
            public void run() {
                try {
                    BookList frame = new BookList();
                    frame.setVisible(true);
                } catch (Exception e) {
                    e.printStackTrace();
                }
            }
```

```
        });
    }
    /**
     * Create the frame.
     */
    public BookList() {
        setTitle("\u65B0\u4E66\u6392\u884C\u699C");
        setDefaultCloseOperation(JFrame.EXIT_ON_CLOSE);
        setBounds(100, 100, 722, 513);
        contentPane = new JPanel();
        contentPane.setBorder(new EmptyBorder(5, 5, 5, 5));
        setContentPane(contentPane);
        contentPane.setLayout(null);
        JButton btnNewButton = new JButton("\u589E\u52A0");
        btnNewButton.addActionListener(new ActionListener()
        {
            public void actionPerformed(ActionEvent arg0)
            {
                if(textField.getText().equals("") || textField_1.getText().equals(""))
                {
                    lblNewLabel_2.setText("输入不完整");
                }
                else
                {
                    try
                    {
                        list.add(textField.getText(), Integer.valueOf(textField_1.getText
())-1);
                        lblNewLabel_2.setText("成功添加");
                    }
                    catch(Exception e)
                    {
                        lblNewLabel_2.setText("输入数据有误");
                    }
                }
            }
        });
        btnNewButton.setBounds(254, 93, 93, 23);
        contentPane.add(btnNewButton);
        JButton btnNewButton_1 = new JButton("\u5220\u9664");
        btnNewButton_1.addActionListener(new ActionListener()
        {
            public void actionPerformed(ActionEvent arg0)
            {
                if(list.getSelectedIndex()>=0)
                {
                    list.remove(list.getSelectedIndex());
                    lblNewLabel_2.setText("删除成功");
```

```
            }
            else
            {
                lblNewLabel_2.setText("需要选择一项");
            }
        }
    });
    btnNewButton_1.setBounds(254, 154, 93, 23);
    contentPane.add(btnNewButton_1);
    JButton btnNewButton_2 = new JButton("\u4E0A\u79FB");
    btnNewButton_2.addActionListener(new ActionListener()
    {
        public void actionPerformed(ActionEvent e)
        {
            if(list.getSelectedIndex()>=0)
            {
                if(list.getSelectedIndex()==0)
                {
                    lblNewLabel_2.setText("已经是第一项");
                }
                else
                {
                    String s=list.getSelectedItem();
                    int i=list.getSelectedIndex();
                    list.remove(i);
                    list.add(s, i-1);
                    list.select(i-1);
                    lblNewLabel_2.setText("成功移动");
                }
            }
            else
            {
                lblNewLabel_2.setText("需要选择一项");
            }
        }
    });
    btnNewButton_2.setBounds(254, 220, 93, 23);
    contentPane.add(btnNewButton_2);
    JButton btnNewButton_3 = new JButton("\u4E0B\u79FB");
    btnNewButton_3.addActionListener(new ActionListener()
    {
        public void actionPerformed(ActionEvent e)
        {
            if(list.getSelectedIndex()>=0)
            {
                if(list.getSelectedIndex()==list.getItemCount()-1)
                {
                    lblNewLabel_2.setText("已经是最后一项");
```

```
                }
                else
                {
                    String s=list.getSelectedItem();
                    int i=list.getSelectedIndex();
                    list.remove(i);
                    list.add(s, i+1);
                    list.select(i+1);
                    lblNewLabel_2.setText("成功移动");
                }
            }
            else
            {
                lblNewLabel_2.setText("需要选择一项");
            }
        }
    });
    btnNewButton_3.setBounds(254, 279, 93, 23);
    contentPane.add(btnNewButton_3);
    list.addMouseListener(new MouseAdapter()
    {
        @Override
        public void mouseClicked(MouseEvent arg0)
        {
            textField.setText(list.getSelectedItem());
            textField_1.setText(String.valueOf(list.getSelectedIndex()+1));
        }
    });
    list.add("Java 面向对象程序设计");
    list.add("数据库原理与实践");
    list.add("VB 程序设计与实践");
    list.add("C#程序设计与实践");
    list.add("Python 程序设计与实践");
    list.setBounds(34, 93, 187, 271);
    contentPane.add(list);
    textField = new JTextField();
    textField.setBounds(461, 94, 111, 21);
    contentPane.add(textField);
    textField.setColumns(10);
    textField_1 = new JTextField();
    textField_1.setBounds(461, 155, 111, 21);
    contentPane.add(textField_1);
    textField_1.setColumns(10);
    JLabel lblNewLabel = new JLabel("\u4E66\u540D");
    lblNewLabel.setBounds(374, 97, 54, 15);
    contentPane.add(lblNewLabel);
    JLabel lblNewLabel_1 = new JLabel("\u6392\u884C");
    lblNewLabel_1.setBounds(374, 158, 54, 15);
```

```
        contentPane.add(lblNewLabel_1);
        lblNewLabel_2.setBounds(447, 283, 178, 15);
        contentPane.add(lblNewLabel_2);
        JButton btnNewButton_4 = new JButton("\u6E05\u7A7A");
        btnNewButton_4.addActionListener(new ActionListener()
        {
            public void actionPerformed(ActionEvent e)
            {
                if(list.getItemCount()>0)
                {
                    list.removeAll();
                    lblNewLabel_2.setText("成功清空");
                }
                else
                {
                    lblNewLabel_2.setText("已经清空");
                }
            }
        });
        btnNewButton_4.setBounds(254, 341, 93, 23);
        contentPane.add(btnNewButton_4);
    }
}
```

11.5.5 案例小结

本案例对 List 进行了学习，List 控件和容器 List 非常类似，在学习过程中可以进行对比学习。本案例中涉及较多业务逻辑的操作，也需要进行分析，并且每一个功能在实现的过程中还需要充分考虑输入及操作时的逻辑完备性，确保软件在进行所有操作时没有异常。

11.5.6 案例拓展

在本案例中有上移和下移功能，在左边的文本框中会及时显示移动后的数据。如何添加代码，实现右边增加数据时与左边文本框的显示联动？

```
textField.setText(list.getSelectedItem());
textField_1.setText(String.valueOf(list.getSelectedIndex()+1));
```

第 12 章

Java 数据库程序设计

学习目标

1. 了解 JDBC 的基础知识，包括原理和特点
2. 掌握 JDBC 编程的常用类和接口
3. 掌握 JDBC 程序设计的基本流程
4. 能够将 JDBC 程序封装成数据库操作类，实现对数据库的连接，关闭及增、删、改、查操作
5. 能够进行简单的数据库设计，利用 JDBC 程序实现应用程序设计

教学方式

本章以理论讲解、案例演示、代码讲解为主。读者需要掌握 JDBC 程序设计的流程及常用类和接口的 API 函数，根据需求能够独立设计和开发数据库应用程序来解决实际问题。

重点知识

1. JDBC 的基础知识
2. JDBC 的常用类和接口
3. JDBC 程序设计的流程和注意事项
4. 利用 JDBC 程序实现应用程序设计

12.1 案例 12-1 第一个 JDBC 程序

12.1.1 案例描述

设计开发第一个 JDBC 数据库应用程序，实现对数据库连接访问。通过开发第一个数据库应用程序，实现对 MySQL 数据库的了解、对 JDBC 的基本概念的了解，以及对 JDBC 相关类和接口的学习，还能熟悉数据库操作的基本流程。

12.1.2 案例关联知识

1. MySQL 数据库

数据库的选择比较多，本书以 MySQL 数据库为例，当然也可以根据需要选择 Oracle 数据库，或者 SQL Server 数据库。数据库相关知识的学习不是本书的重点，这里只简单地对数据库的安装和使用进行讲解。案例项目使用 MySQL 8.0.17 版本，此版本可以从 MySQL 的官网进行下载和安装。

第一步：登录 MySQL 官网，下载“MySQL Community Server 8.0.17”的安装文件，如图 12-1 所示。

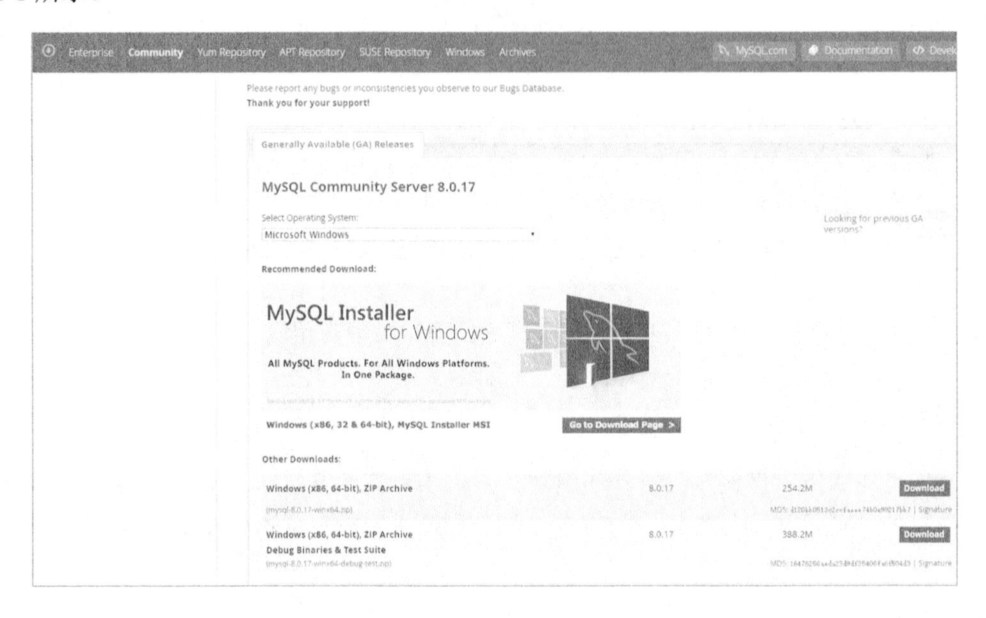

图 12-1 MySQL 官网

第二步：双击下载的.exe 应用程序安装文件，进入安装向导，如图 12-2 所示。

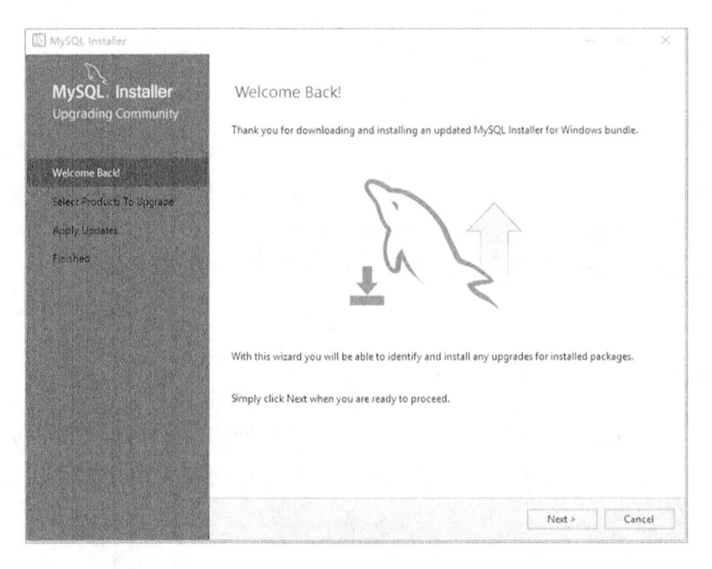

图 12-2 MySQL 安装向导

第三步：如果之前安装过 MySQL 的相关应用程序，则会提示进行更新，如图 12-3 所示。单击“Execute”按钮进行更新操作，如图 12-4 所示。

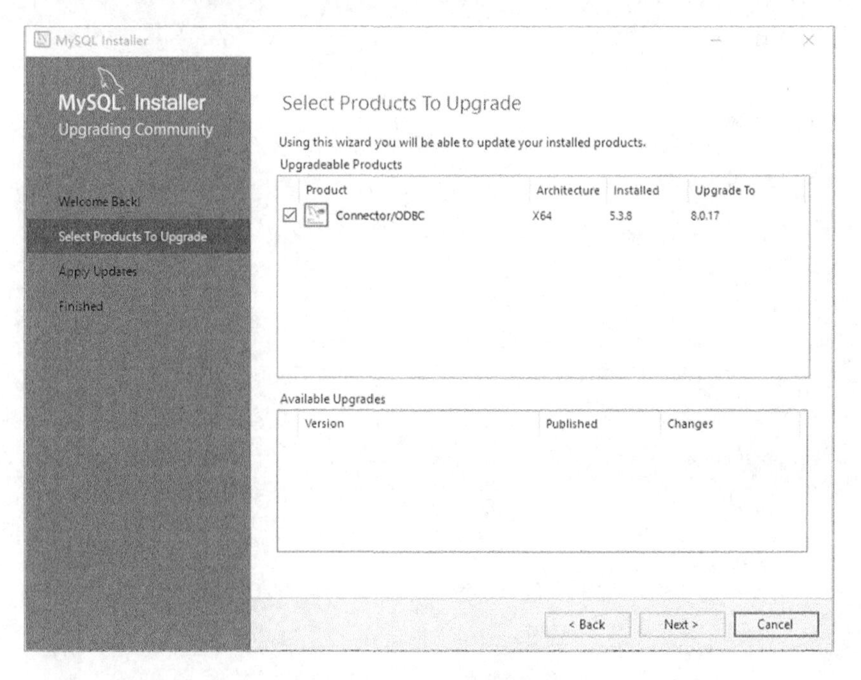

图 12-3　MySQL 安装更新

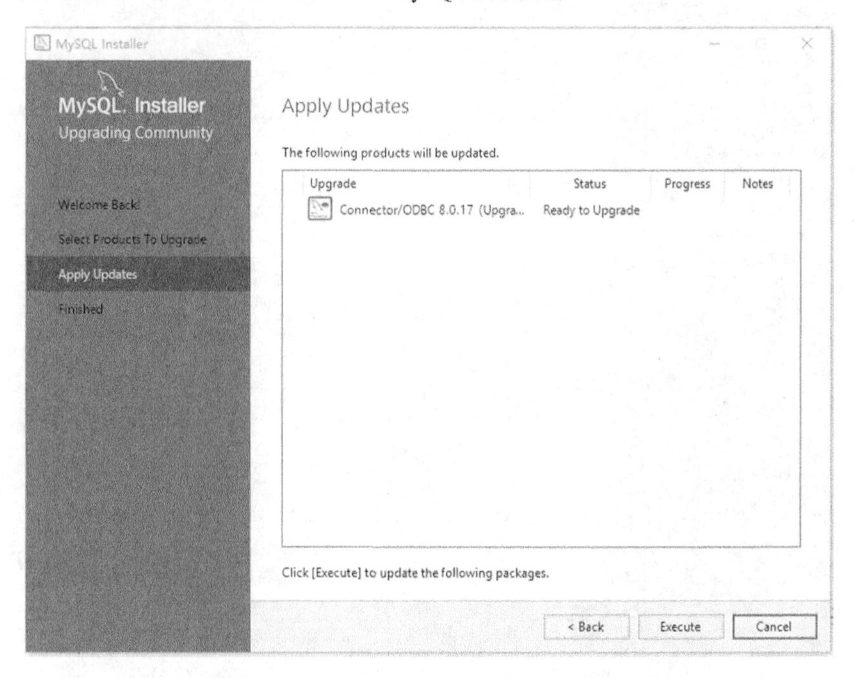

图 12-4　MySQL Connector 更新（如果之前没有安装则忽略此步操作）

第四步：进入 MySQL Installer 界面，单击“Add”按钮，如图 12-5 所示。

图 12-5　“MySQL Installer”界面

第五步：勾选“I accept the license terms”复选框，单击“Next”按钮，如图 12-6 所示。

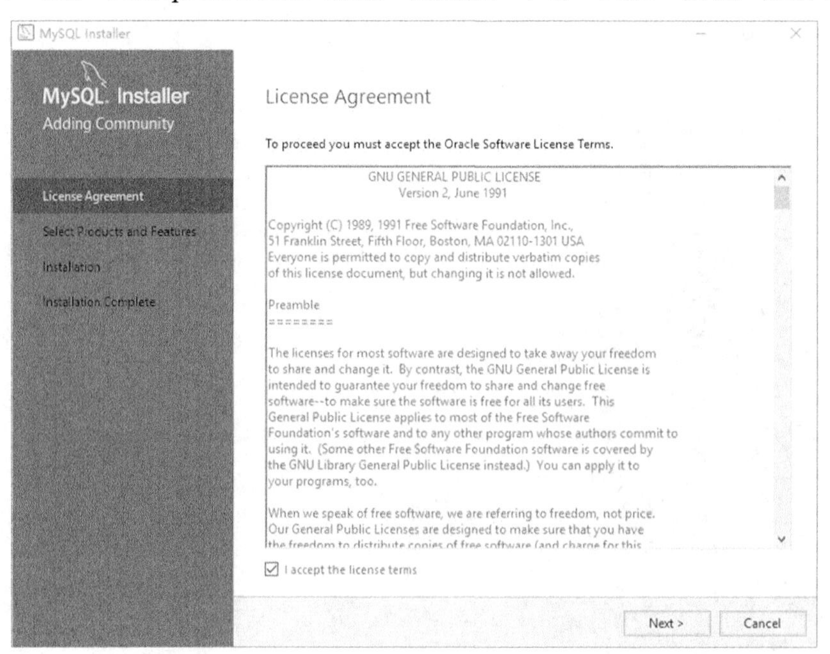

图 12-6　“License Agreement”许可界面

第六步：单击“Edit”按钮，选择“64-bit”选项，单击“Filter”按钮，如图 12-7 所示。

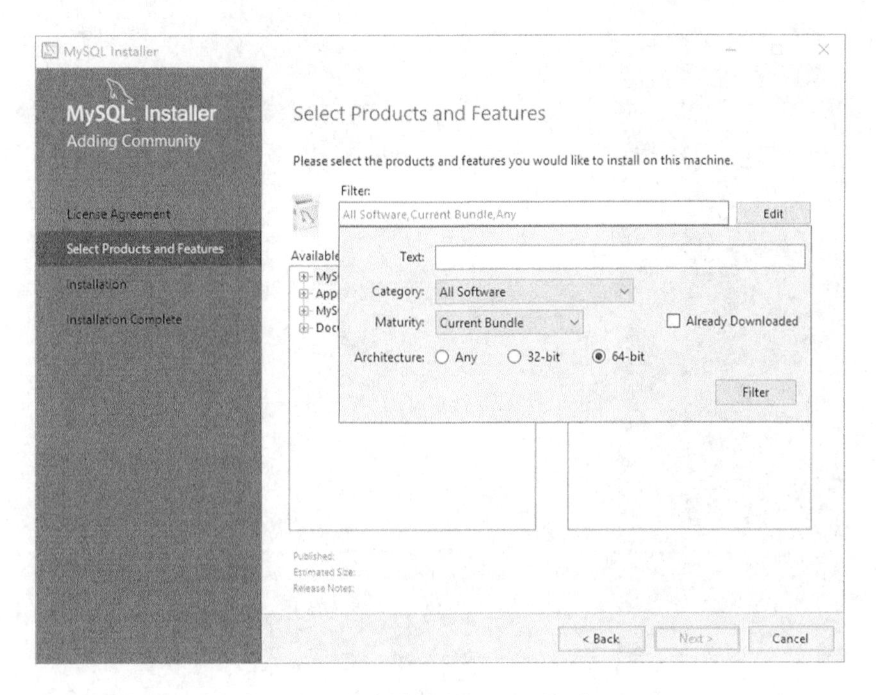

图 12-7　选择“64-bit”选项

第七步：选择“MySQL Server 8.0.17-X64”下的“MySQL Server”复选框，单击“Next”按钮，如图 12-8 所示。

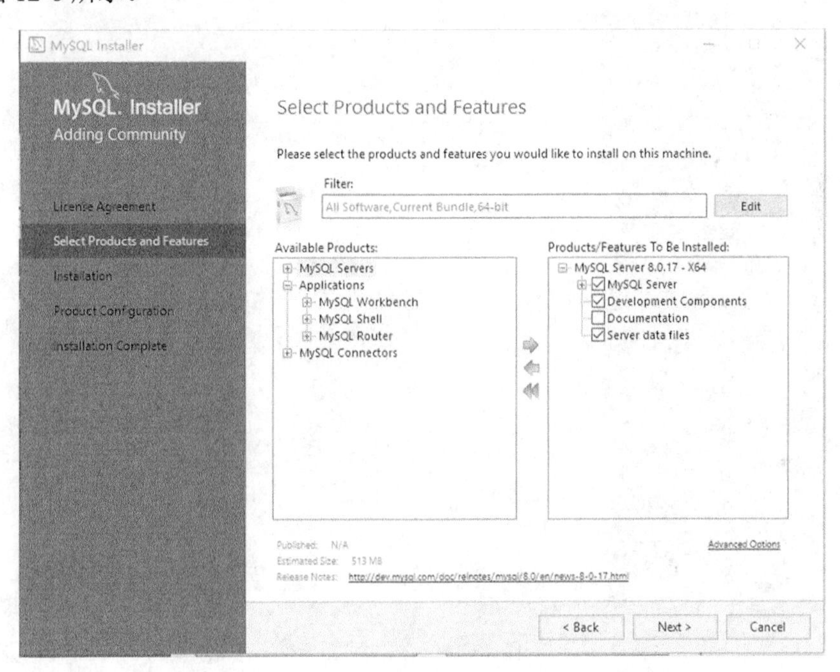

图 12-8　选择“MySQL Server 8.0.17–X64”

第八步：进入“Installation”界面，单击“Execute”按钮，如图 12-9 所示。

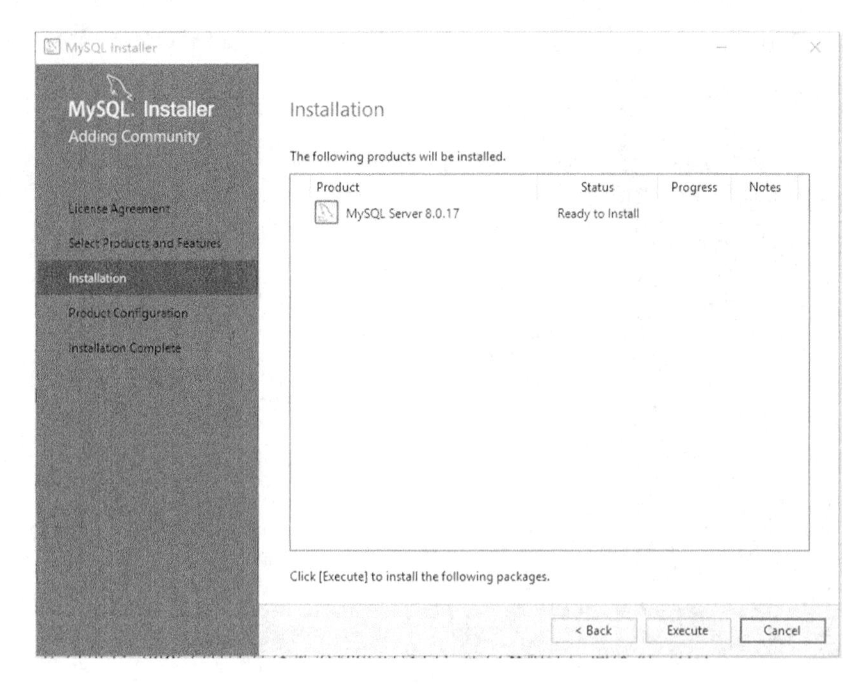

图 12-9 选择安装内容

第九步：进入安装过程，如图 12-10 所示。

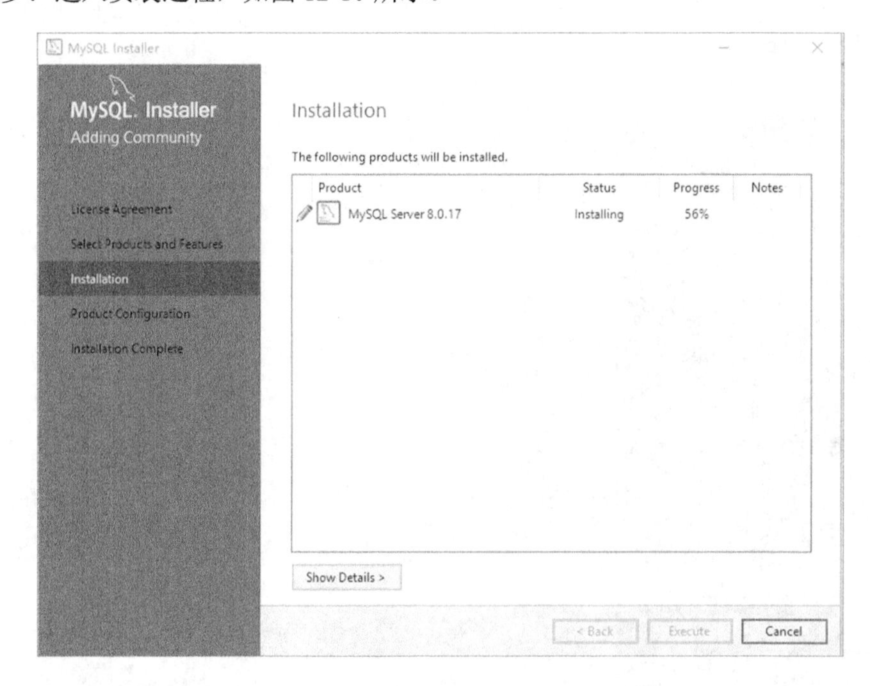

图 12-10 安装过程

第十步：在“Product Configuration”界面中单击“Next”按钮，如图 12-11 所示。

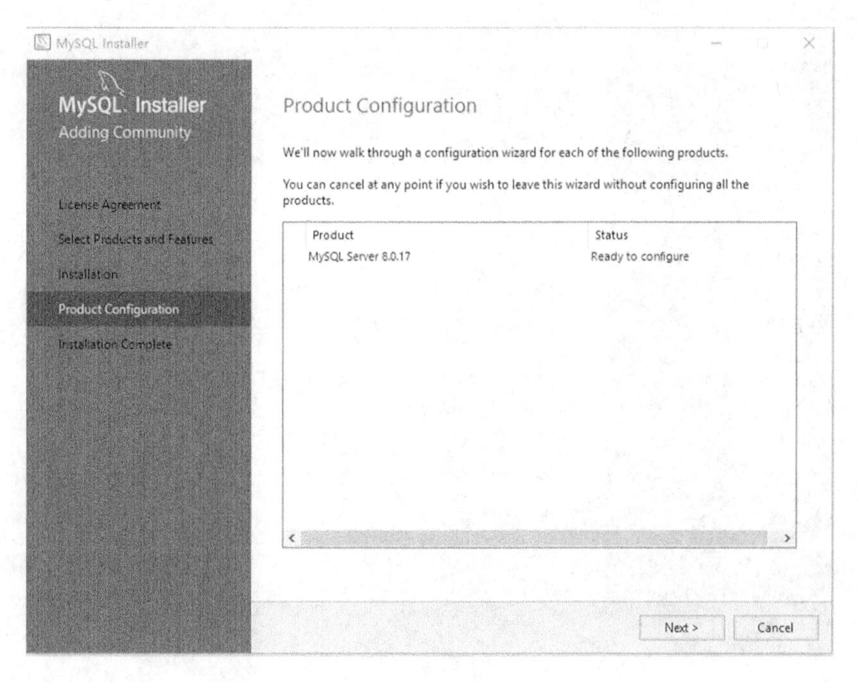

图 12-11 “Product Configuration”界面

第十一步：在“High Availability”界面中单击“Next”按钮，如图 12-12 所示。

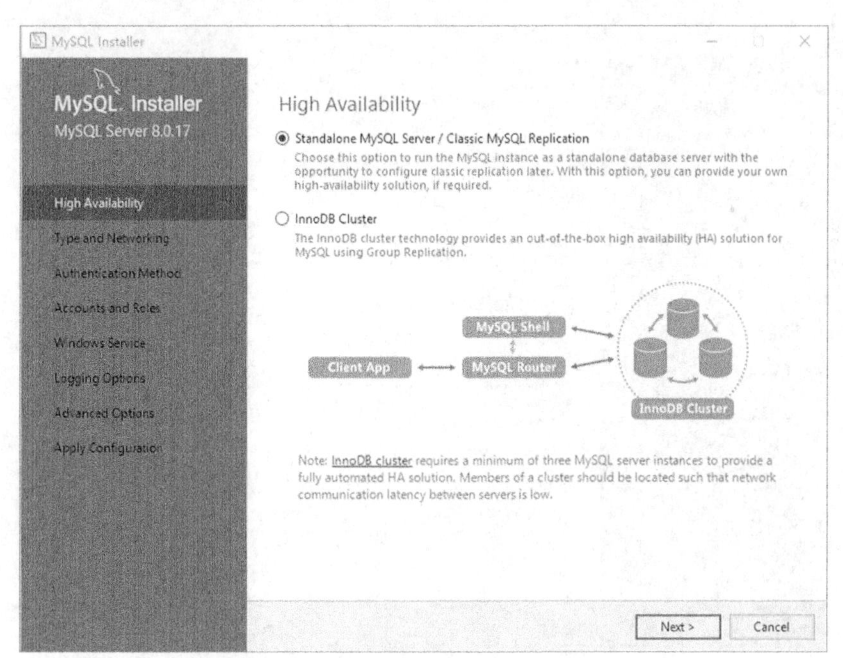

图 12-12 “High Availability”界面

第十二步：在“Type and Networking”界面中单击“Next”按钮，如图 12-13 所示。

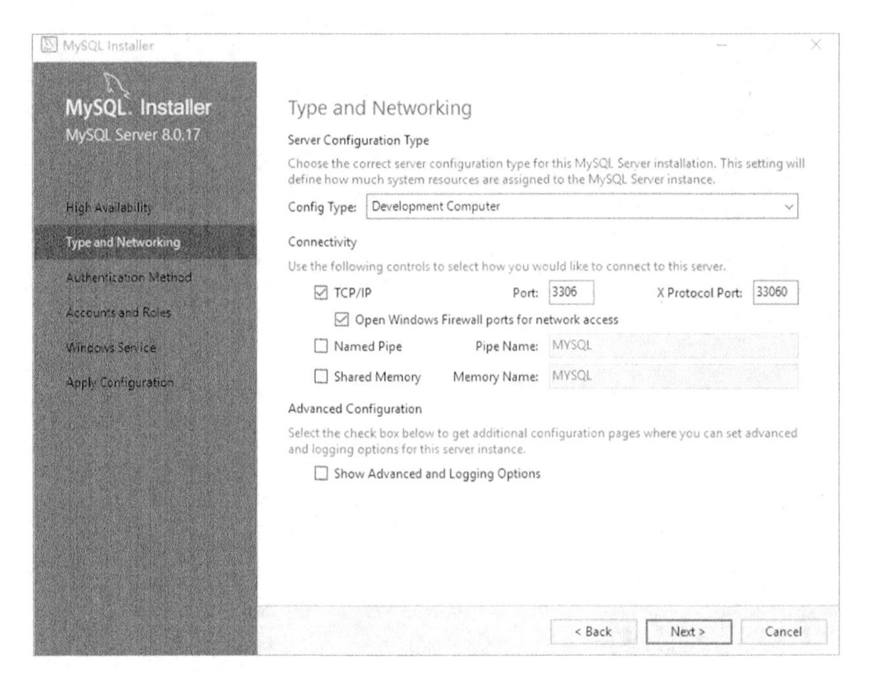

图 12-13 “Type and Networking”界面

第十三步：在“Authentication Method”界面中单击“Next”按钮，如图 12-14 所示。

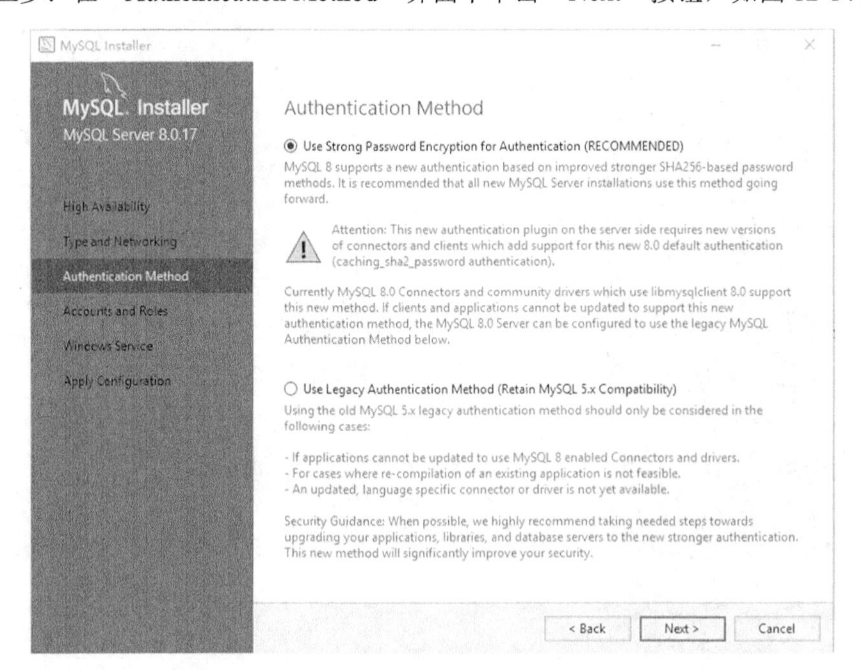

图 12-14 “Authentication Method”界面

第十四步：在“Accounts and Roles”界面中输入 Root 用户密码，单击“Next”按钮，如图 12-15 所示。

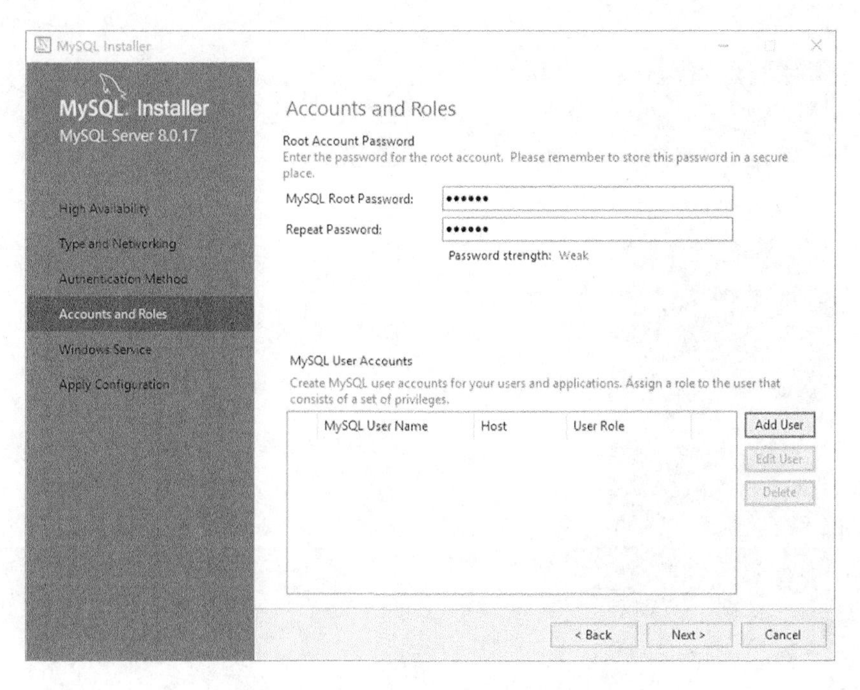

图 12-15 “Accounts and Roles”界面

第十五步：在“Windows Service”界面中选择默认配置，单击“Next”按钮，如图 12-16 所示。

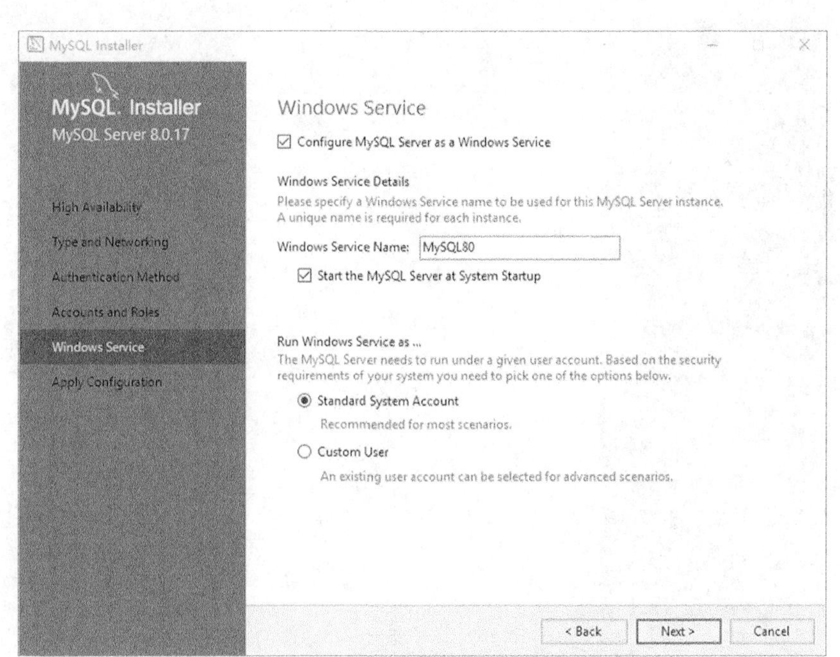

图 12-16 “Windows Service”界面

第十六步：在“Apply Configuration”界面中单击“Execute”按钮，如图 12-17 所示。

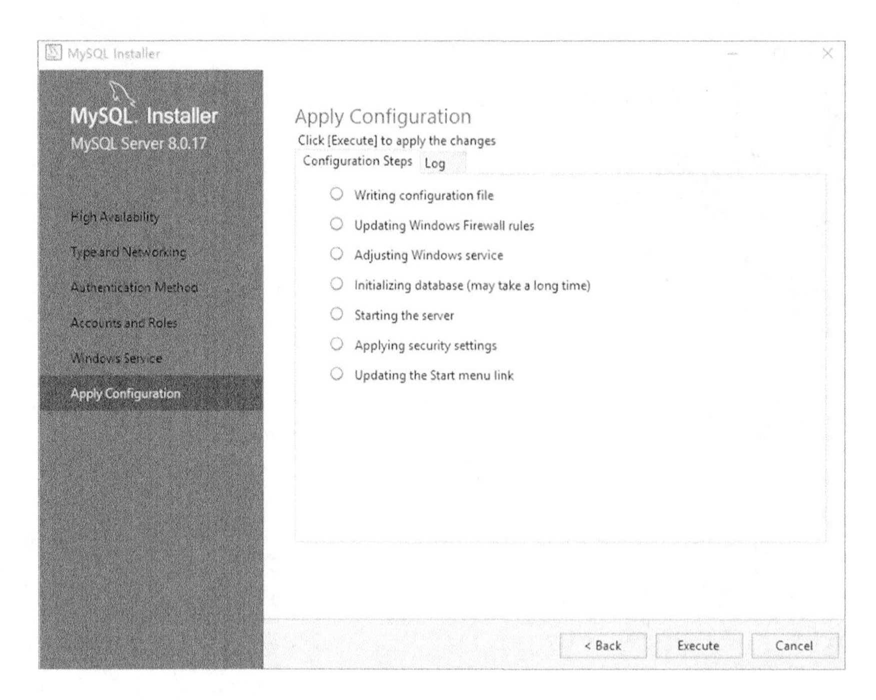

图 12-17 “Apply Configuration”界面

第十七步：等待安装进度。安装进度信息如图 12-18 所示。

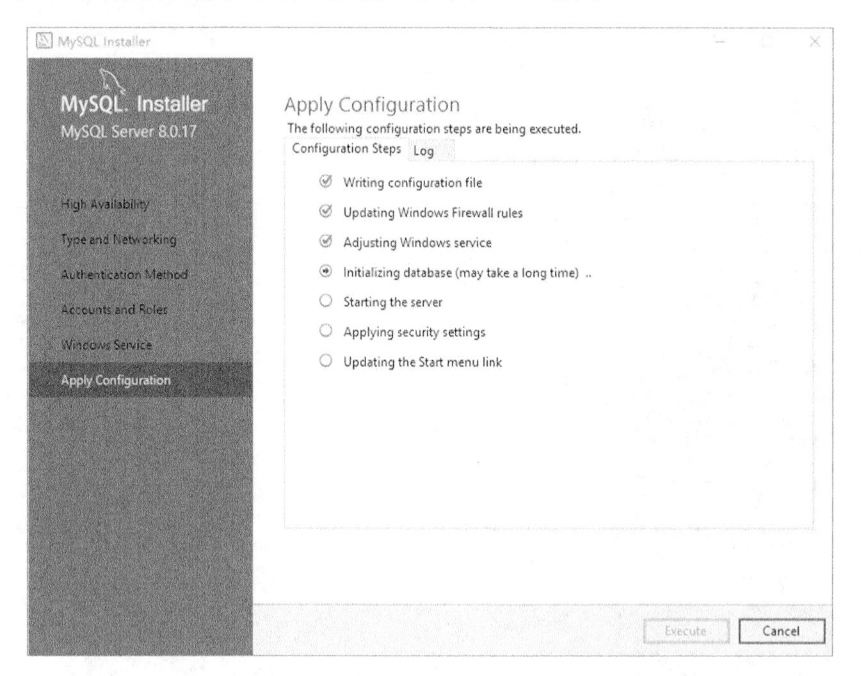

图 12-18 安装进度信息

第十八步：安装完成后单击“Finish”按钮，如图 12-19 和图 12-20 所示。

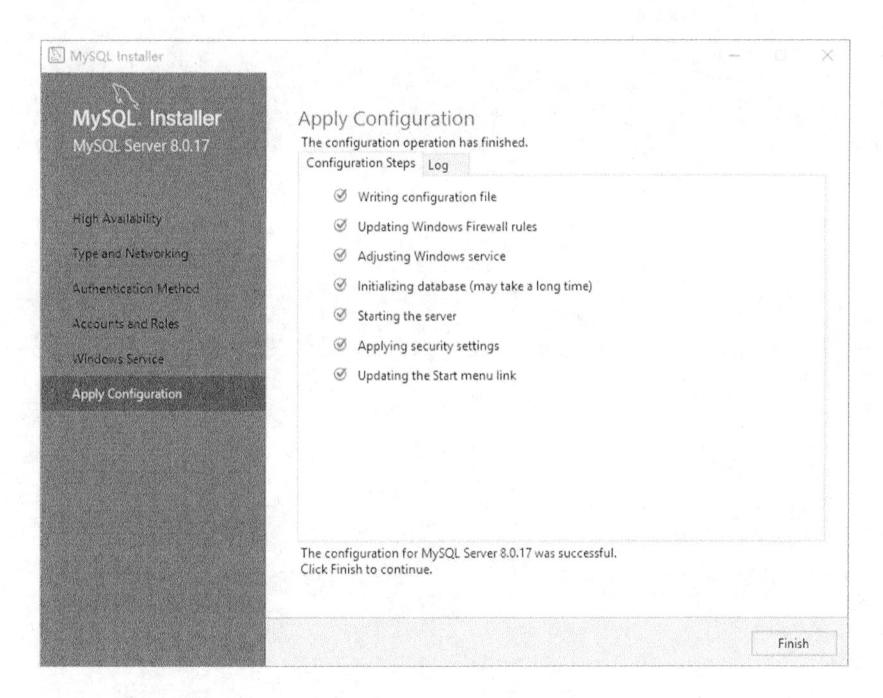

图 12-19　安装结束

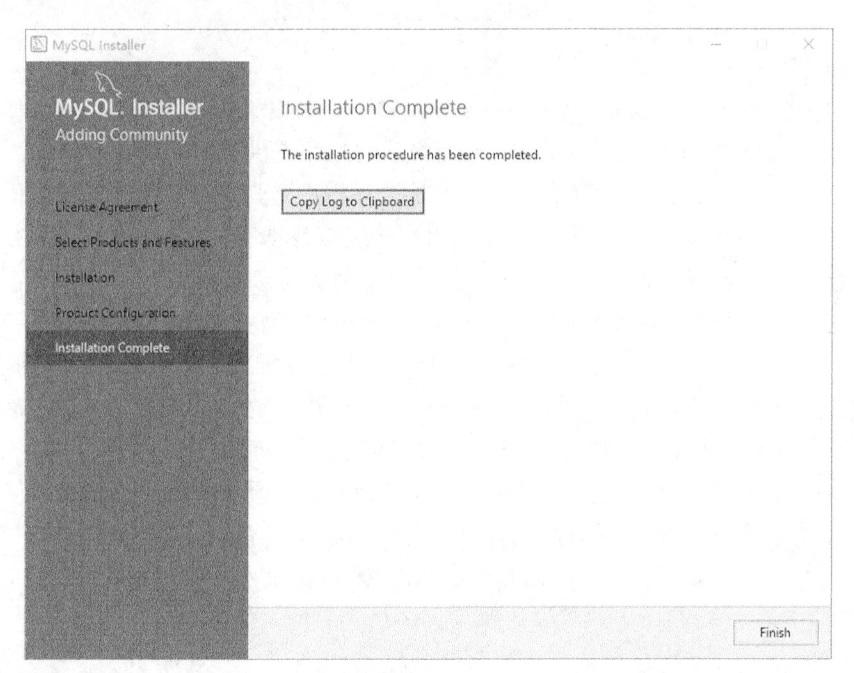

图 12-20　安装完成

第十九步：打开“Navicat Premium”，输入用户名“root”及密码，登录 MySQL 数据库，如图 12-21 所示。

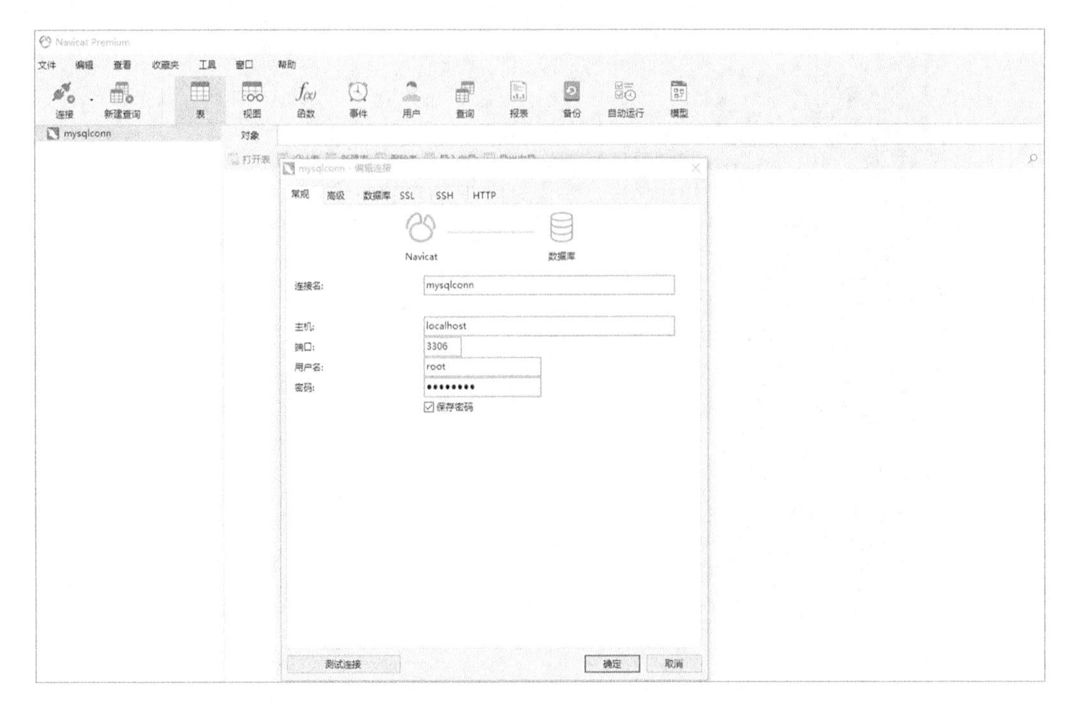

图 12-21 “Navicat Premium”测试数据库连接

2．JDBC 简介

JDBC 的全称是 Java Database Connectivity，它由一组用 Java 编写的类和接口组成，是一种用于执行 SQL 语句的 Java API，可以为多种关系数据库提供统一访问。JDBC 提供了一种基准，据此可以构建更高级的工具和接口，使数据库开发人员能够编写数据库应用程序。

Java 数据库连接体系结构是用于 Java 应用程序连接数据库的标准方法。JDBC 对 Java 程序员而言是 API，对实现与数据库连接的服务提供商而言是接口模型。作为 API，JDBC 为程序开发提供了标准的接口，并为数据库厂商及第三方中间厂商实现与数据库的连接提供了标准方法。JDBC 使用已有的 SQL 标准并支持与其他数据库连接标准，如 ODBC 之间的桥接。JDBC 实现了所有这些面向标准的目标，并且具有简单、严格类型定义且高性能实现的接口。

JDBC 的作用也比较容易理解，如果没有 JDBC 或者 ODBC，则程序员在开发一个应用程序时，首先根据需求选择要开发的应用程序语言，并且选择数据库，开发语言可以是 C#、Visual Basic、Java 等，数据库可以是 MySQL、SQL Server、Oracle 等，如果程序开发人员选择了 Java 和 MySQL 数据库，那么就需要单独学习 MySQL 提供给 Java 的一套 API，如果选择的是 C#和 SQL Server，那么就需要单独学习 MySQL 提供给 C#的一套 API，这样是非常麻烦的，而且开发完之后还会有新的问题，例如，现在以 Java 和 MySQL 开发了一套系统，后期数据库先要换成 Oracle，这样之前的代码基本都不能用了，需要重新开发。因此设计开发了 JDBC 和 ODBC，程序开发人员只需要学习 Java 怎么去访问 JDBC，至于 JDBC 怎么去访问后面的 MySQL 或者 Oracle 数据库，开发人员不用学习，因此 JDBC 和 ODBC 的诞生解放了程序开发人员。

3．JDBC 编程常用类和接口

DriverMananger 类：管理一组 JDBC 驱动程序的基本服务。

DriverManager 常用的 API 函数：getConnection(String url, String user, String password)，试

图建立到给定数据库的 URL 连接，返回 Connection。

Connection 接口：与特定数据库连接（会话）。在连接上下文中执行 SQL 语句并返回结果。Connection 对象能够提供描述其表、所支持的 SQL 语法、存储过程、此连接功能等信息，此信息是通过 getMetaData()方法获得的。

Connection 常用的 API 函数如下。

- createStatement()：创建一个 Statement 对象将 SQL 语句发送到数据库。
- close()：立即释放此 Connection 对象的数据库和 JDBC 资源，而不是等待它们被自动释放。

Statement 接口：用于执行静态的 SQL 语句并返回它所生成结果的对象。在默认情况下，同一时间每个 Statement 对象只能打开一个 ResultSet 对象。因此，如果读取一个 ResultSet 对象与读取另一个 ResultSet 对象交叉，则这两个对象必须是由不同的 Statement 对象生成的。如果存在某个语句打开当前的 ResultSet 对象，则 Statement 接口中的所有执行方法都会隐式关闭 ResultSet。

Statement 常用的 API 函数如下。

- executeQuery(String sql)：执行给定的 SQL 语句，该语句返回单个 ResultSet 对象并返回 ResultSet。
- executeUpdate(String sql)：执行给定的 SQL 语句，该语句可能为 INSERT 语句、UPDATE 语句或 DELETE 语句，或者不返回任何内容的 SQL 语句（如 SQLDDL 语句），返回数据库用作行数。
- close()：立即释放此 Statement 对象的数据库和 JDBC 资源，而不是等待该对象自动关闭时执行此操作。

ResultSet 接口：表示数据库结果集的数据表，通常通过执行查询数据库的语句生成。

ResultSet 常用的 API 函数如下。

- close()：立即释放此 ResultSet 对象的数据库和 JDBC 资源，而不是等待该对象自动关闭时执行此操作。
- getString(int columnIndex)：以 Java 编程语言中 String 的形式获取此 ResultSet 对象的当前行中指定列的值。
- getString(String columnLabel)：以 Java 编程语言中 String 的形式获取此 ResultSet 对象的当前行中指定列的值。
- next()：将光标从当前位置向前移一行。

4．Java 数据库操作编程流程

- Load the driver：Class.forname()实例化自动向 Drivermanager 注册。
- Connect to the database：Drivermanager.getconnection()。
- Execute the sql：

Connection.createstatement();

Statement.executequery();

Statement.executeupdate()。

- Retrieve the result data：循环取得结果 while(rs.next())。
- Show the result data：数据库中各种数据类型的 get()方法。
- Close：Close the result，Close the statement，Close the connection。

12.1.3 案例分析

本案例实现对数据库的连接。在用 Java 代码连接的过程中，需要注意导入 MySQL 连接 Java 的驱动 jar 包，这个包需要从 MySQL 的官网进行下载和导入项目。登录 MySQL 官网，选择“MySQL Connectors”，然后选择对应的版本进行下载，如图 12-22 所示。

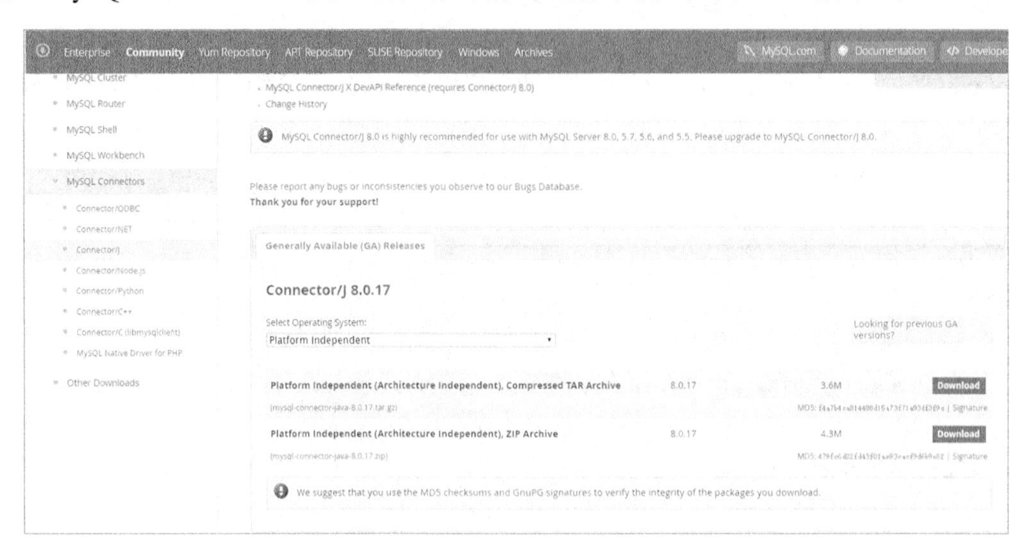

图 12-22 “MySQL Connectors”的下载界面

12.1.4 案例实现

第一步：数据库设计。进入“Navicat Premium”，然后连接 MySQL 数据库，选择“mysql”数据库下的“表”并右击，在弹出的快捷菜单中选择“新建”命令，新建 db_student 表，结构如图 12-23 所示。

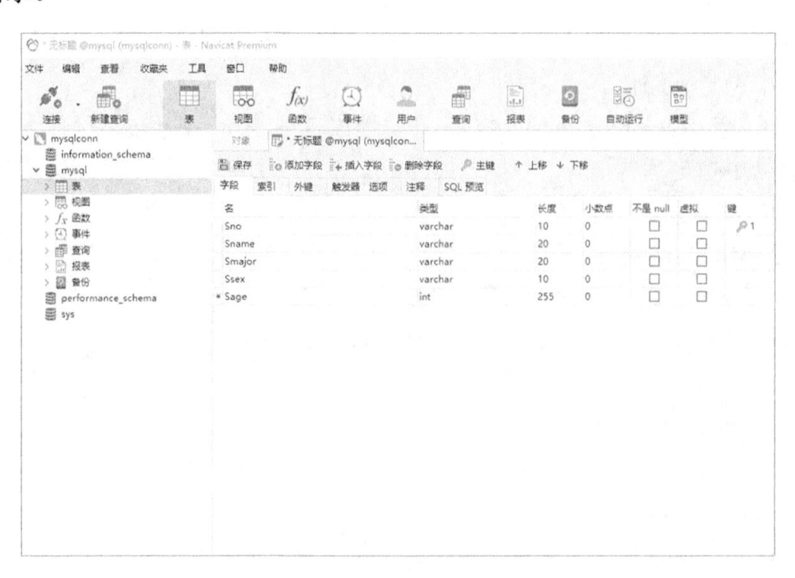

图 12-23 新建数据库表的结构

第二步：在新建的表 db_student 中添加两行测试数据，如图 12-24 所示。数据库设计完成。

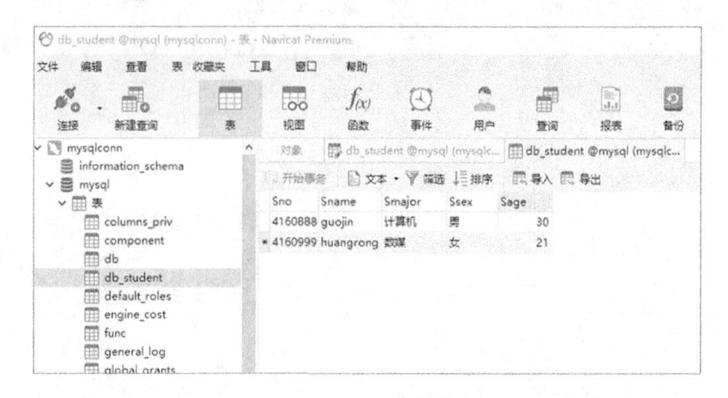

图 12-24 测试数据录入

第三步：创建一个新的工程，工程名为 Demo12_1，类名为 TestJDBC。

第四步：选择项目工程，然后通过右键打开工程“Properties”，选择“Java Build Path”，单击“Add External JARs”按钮，在弹出的窗口中选择之前案例分析时下载的 MySQL 驱动包“mysql-connector-java-8.0.17.jar”，如图 12-25 所示。

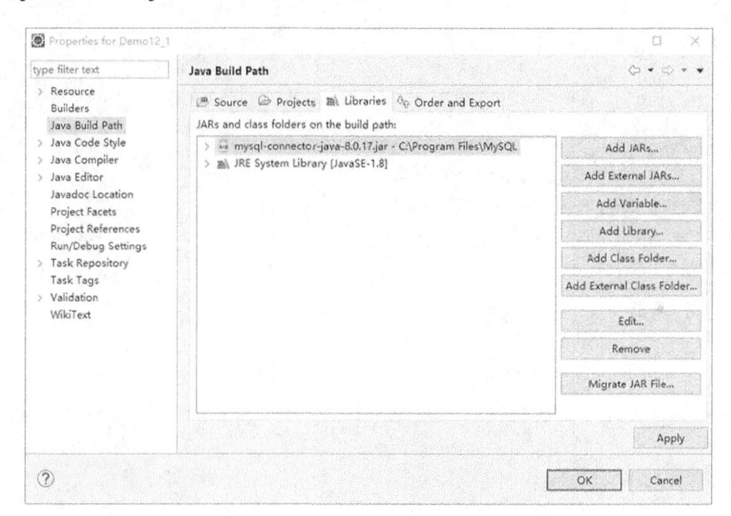

图 12-25 “mysql-connector-java-8.0.17.jar”包导入

文件名：Demo12_1.java

程序代码：

```
import java.sql.*;
public class TestJDBC
{
    public static void main(String[] args)
    {
        // TODO Auto-generated method stub
        Connection conn=null;
        Statement stmt=null;
        ResultSet rs=null;
        try
```

```
        {
            Class.forName("com.mysql.cj.jdbc.Driver");
        conn=DriverManager.getConnection("jdbc:mysql://localhost:3306/mysql?&useSSL=
false&serverTimezone=UTC", "root", "821226");
            stmt=conn.createStatement();
            rs=stmt.executeQuery("select * from db_student");
            while(rs.next())
            {
        System.out.println(rs.getString("Sno")+"\t"+rs.getString("Sname")+"\t"+rs.
getString("Smajor")+"\t"+rs.getString("Ssex")+"\t"+rs.getString("Sage"));
            }
        }
        catch(ClassNotFoundException e)
        {
            e.printStackTrace();
        }
        catch(SQLException e)
        {
            e.printStackTrace();
        }
        finally
        {
            try
            {
                if(rs!=null)rs.close();
                if(stmt!=null)stmt.close();
                if(conn!=null)conn.close();
            }
            catch(SQLException e)
            {
                e.printStackTrace();
            }
        }
    }
}
```

Demo12_1.java 的运行结果如图 12-26 所示。

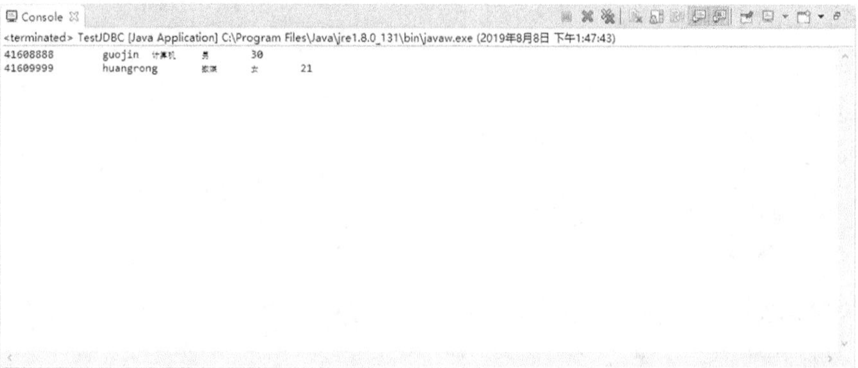

```
Console
<terminated> TestJDBC [Java Application] C:\Program Files\Java\jre1.8.0_131\bin\javaw.exe (2019年8月8日 下午1:47:43)
41608888        guojin  计算机    男      30
41609999        huangrong                女      21
```

图 12-26　Demo12_1.java 的运行结果

12.1.5 案例小结

通过本案例，我们学习了 MySQL 数据库的安装及基本使用方法，JDBC 的基本概念和原理，JDBC 编程中涉及的类和接口（DriverManager、Connection、Statement、ResultSet）。JDBC 的编程步骤是固定的代码模式，因此编写一次就可以基本掌握，但是在编写的过程中还需要特别注意其异常处理，第一个 JDBC 的代码就是一个很好的范例。

12.1.6 案例拓展

案例代码只是演示了如何对数据库进行连接和基本的查询访问，数据库操作主要包括添加、删除、修改和查询代码，需要读者独立完成并实现。数据库访问代码最好封装成一个函数类，这样调用起来更加灵活、方便。

ManagerMysqlDB 类代码：

```
import java.sql.*;
public class ManagerMysqlDB
{
    public static Connection conn = null;
    public static Statement stmt = null;
    public static ResultSet rs = null;
    public static int ieffectrows = -1;
    /*
     * @code 连接数据库
     * @para IP 数据库地址 DB 实例名 User 用户名 Passwd 密码
     * @return 无
     */
    public static void ConnDB(String IP, String DB, String User, String Passwd)
    {
        try
        {
            Class.forName("com.mysql.cj.jdbc.Driver");
            ManagerMysqlDB.conn = DriverManager.getConnection("jdbc:mysql://"+IP+":
3306/"+DB+"?&useSSL=false&serverTimezone=UTC", User, Passwd);
        }
        catch (SQLException e)
        {
            System.out.println("数据库连接异常");
            e.printStackTrace();
        }
        catch (ClassNotFoundException e)
        {
            System.out.println("数据库驱动异常");
            e.printStackTrace();
        }
    }
    /*
     * @code 查询数据库
```

```
     * @para sql 查询语句 select
     * @return 无
     */
    public static void QueryDB(String sql)
    {
        try
        {
            ManagerMysqlDB.stmt = ManagerMysqlDB.conn.createStatement();
            ManagerMysqlDB.rs = ManagerMysqlDB.stmt.executeQuery(sql);
        }
        catch (SQLException e)
        {
            System.out.println("数据库查询异常");
            e.printStackTrace();
        }
    }
    /*
     * @code 修改数据库
     * @para sql 修改语句 delete insert update
     * @return 无
     */
    public static void UpdateDB(String sql)
    {
        try
        {
            ManagerMysqlDB.stmt = ManagerMysqlDB.conn.createStatement();
            ManagerMysqlDB.ieffectrows = ManagerMysqlDB.stmt.executeUpdate(sql);
        }
        catch (SQLException e)
        {
            System.out.println("数据库修改异常");
            e.printStackTrace();
        }
    }
    /*
     * @code 数据库关闭
     */
    public static void CloseDB()
    {
        try
        {
            if (ManagerMysqlDB.rs != null)
                ManagerMysqlDB.rs.close();
            if (ManagerMysqlDB.stmt != null)
                ManagerMysqlDB.stmt.close();
            if (ManagerMysqlDB.conn != null)
                ManagerMysqlDB.conn.close();
        }
        catch (SQLException e)
        {
```

```
            System.out.println("关闭数据库异常");
            e.printStackTrace();
        }
    }
    /*
     * @code 打印数据库内容
     */
    public static void PrintDB(ResultSet rs)
    {
        try
        {
            int y=rs.getMetaData().getColumnCount();
            for(int i=1;i<=y;i++)
            {
                System.out.print(rs.getMetaData().getColumnName(i)+"\t");
            }
            System.out.println();
            while(rs.next()==true)
            {
                for(int i=1;i<=y;i++)
                {
                    System.out.print(rs.getString(i)+"\t");
                }
                System.out.println();
            }
        }
        catch(SQLException e)
        {
            System.out.println("数据库打印异常");
            e.printStackTrace();
        }
    }
}
```

- 数据库查询

```
public class StudentControl
{
    public static void main(String[] args)
    {
        // TODO Auto-generated method stub
        ManagerMysqlDB.ConnDB("localhost", "mysql", "root", "821226");
        String sql="select *from db_student";
        ManagerMysqlDB.QueryDB(sql);
        ManagerMysqlDB.PrintDB(ManagerMysqlDB.rs);
        ManagerMysqlDB.CloseDB();
    }
}
```

查询程序的结果如图 12-27 所示。

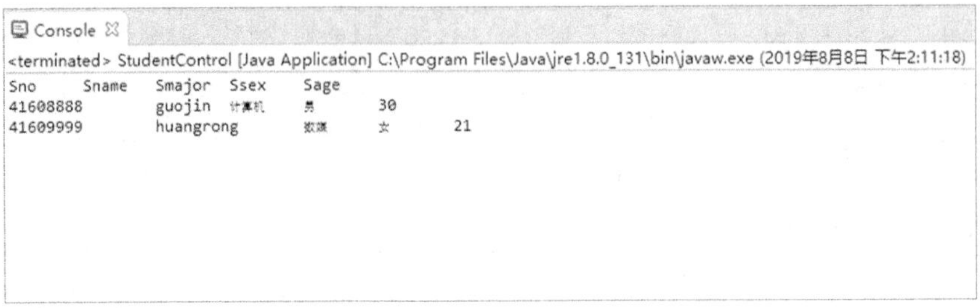

```
Console ☒
<terminated> StudentControl [Java Application] C:\Program Files\Java\jre1.8.0_131\bin\javaw.exe (2019年8月8日 下午2:11:18)
Sno     Sname    Smajor  Ssex    Sage
41608888        guojin  计算机  男      30
41609999        huangrong       数媒    女      21
```

图 12-27　查询程序的结果

- 数据库增加

```
public class StudentControl
{
    public static void main(String[] args)
    {
        // TODO Auto-generated method stub
        ManagerMysqlDB.ConnDB("localhost", "mysql", "root", "821226");
        String sql="insert into db_student values('41907777','cxn','信息管理','女',18)";
        ManagerMysqlDB.UpdateDB(sql);
        if(ManagerMysqlDB.ieffectrows>0)
        {
            System.out.println("数据录入成功");
            sql="select *from db_student";
            ManagerMysqlDB.QueryDB(sql);
            ManagerMysqlDB.PrintDB(ManagerMysqlDB.rs);
            ManagerMysqlDB.CloseDB();
        }
        else
        {
            System.out.println("数据录入失败");
            ManagerMysqlDB.CloseDB();
        }
    }
}
```

增加程序的结果如图 12-28 所示。

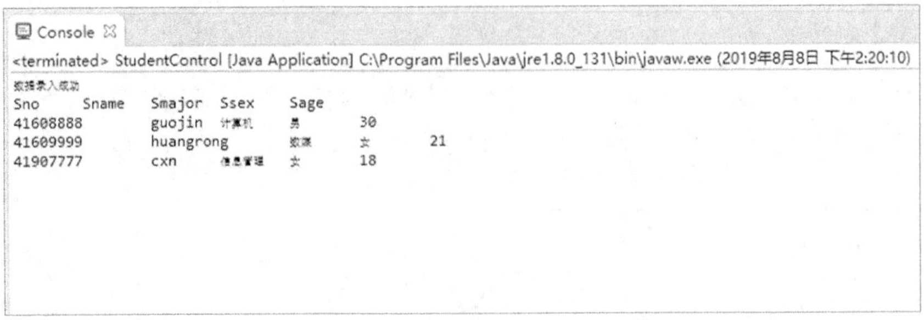

```
Console ☒
<terminated> StudentControl [Java Application] C:\Program Files\Java\jre1.8.0_131\bin\javaw.exe (2019年8月8日 下午2:20:10)
数据录入成功
Sno     Sname    Smajor  Ssex    Sage
41608888        guojin  计算机  男      30
41609999        huangrong       数媒    女      21
41907777        cxn     信息管理        女      18
```

图 12-28　增加程序的结果

- 数据库修改

```
public class StudentControl
{
    public static void main(String[] args)
    {
        // TODO Auto-generated method stub
        ManagerMysqlDB.ConnDB("localhost", "mysql", "root", "821226");
        String sql="update db_student set Sage=38 where Sno='41907777'";
        ManagerMysqlDB.UpdateDB(sql);
        if(ManagerMysqlDB.ieffectrows>0)
        {
            System.out.println("数据修改成功");
            sql="select *from db_student";
            ManagerMysqlDB.QueryDB(sql);
            ManagerMysqlDB.PrintDB(ManagerMysqlDB.rs);
            ManagerMysqlDB.CloseDB();
        }
        else
        {
            System.out.println("数据修改失败");
            ManagerMysqlDB.CloseDB();
        }
    }
}
```

修改程序的结果如图 12-29 所示。

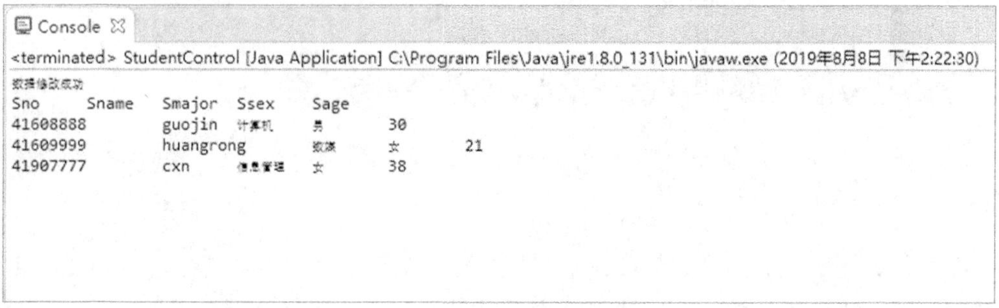

```
Console
<terminated> StudentControl [Java Application] C:\Program Files\Java\jre1.8.0_131\bin\javaw.exe (2019年8月8日 下午2:22:30)
数据修改成功
Sno       Sname    Smajor  Ssex     Sage
41608888           guojin  计算机    男        30
41609999           huangrong        数媒      女        21
41907777           cxn     信息管理  女        38
```

图 12-29　修改程序的结果

- 数据库删除

```
public class StudentControl
{
    public static void main(String[] args)
    {
        // TODO Auto-generated method stub
        ManagerMysqlDB.ConnDB("localhost", "mysql", "root", "821226");
        String sql="delete from db_student where Sno='41907777'";
```

```
            ManagerMysqlDB.UpdateDB(sql);
            if(ManagerMysqlDB.ieffectrows>0)
            {
                System.out.println("数据删除成功");
                sql="select *from db_student";
                ManagerMysqlDB.QueryDB(sql);
                ManagerMysqlDB.PrintDB(ManagerMysqlDB.rs);
                ManagerMysqlDB.CloseDB();
            }
            else
            {
                System.out.println("数据删除失败");
                ManagerMysqlDB.CloseDB();
            }
        }
    }
```

删除程序的结果如图 12-30 所示。

```
Console
<terminated> StudentControl [Java Application] C:\Program Files\Java\jre1.8.0_131\bin\javaw.exe (2019年8月8日 下午2:24:00)
数据删除成功
Sno        Sname     Smajor  Ssex   Sage
41608888   guojin    计算机    男      30
41609999   huangrong         数媒     女      21
```

图 12-30　删除程序的结果

12.2　案例 12-2 简单的逃课问卷调查系统

12.2.1　案例描述

本案例设计一个简单的逃课问卷调查系统，实现对学号、姓名、专业、性别、年龄等基本信息的调查，逃课信息的调查主要包括为什么逃课，一般逃什么课，逃课感受。项目结合 Java GUI 和数据库程序设计，能够实现将问卷调查内容提交至数据库系统，并且能够查询数据库的问卷调查内容。通过此项目案例加强对 JDBC 程序的设计，以及结合 Java GUI 设计简单的应用数据库系统。

12.2.2　案例关联知识

数据库应用系统开发的基本流程，主要包括以下几个方面的内容。

需求分析：对项目进行功能分析和需求分析，此项目案例主要调查的内容包括学号、姓名、专业、性别、年龄，以及三个示例问题（为什么逃课，一般逃什么课，逃课感受）。

数据库设计：针对项目需求和功能分析进行数据库设计，数据库设计主要包括设计 ER 图，然后进行逻辑结构设计，得到数据表，再结合具体实施的数据库新建表和表字段。

界面设计：针对项目需求进行界面设计，此项目结合 Java GUI 进行界面设计。选择合适的控件和容器进行布局和优化，修改属性，添加事件。

代码设计：结合项目功能进行代码开发设计，逻辑严谨。

系统测试：对系统功能进行完备测试，完善、修改、处理系统中的问题。

12.2.3　案例分析

本案例涉及的功能不多，数据库的设计也相对简单，一张数据表即可。我们需要将之前学习的 Java GUI 和 JDBC 程序设计结合进行开发。需要注意的是，根据本案例需要调查的内容，对学号、姓名、专业、性别、年龄设计一个字段即可；“为什么逃课”是单选，因此也设计一个字段；“一般逃什么课程”是多选，如果数据库只设计一个字段则操作比较麻烦，因此这个调查内容有多少个选项就设计多少个字段，操作读取简单。

12.2.4　案例实现

第一步：数据库设计。打开“Navicat Premium”，连接 MySQL 数据库，在“mysql”数库下新建一个表“survey”，字段和信息如图 12-31 所示，然后进行保存。

字段　索引　外键　触发器　选项　注释　SQL 预览

名	类型	长度	小数点	不是 null	虚拟	键
sno	varchar	10	0	☑	☐	1
sname	varchar	20	0	☐	☐	
sage	int	255	0	☐	☐	
ssex	varchar	8	0	☐	☐	
smajor	varchar	20	0	☐	☐	
swhy	varchar	20	0	☐	☐	
szz	varchar	20	0	☐	☐	
syy	varchar	20	0	☐	☐	
ssx	varchar	20	0	☐	☐	
sfeel	varchar	50	0	☐	☐	

图 12-31　数据库表设计

第二步：按照前面 Demo11_1 的步骤创建一个新的工程，工程名为 Demo12_2，类名为 Questionnaire。

第三步：修改目前工程的布局方式。在“Palette”面板下找到“Layouts”选项卡，选择“Absolute layout”，然后添加到 Frame 窗体上。

第四步：配置工程，因为需要用到数据库连接，所以导入 MySQL 数据库驱动包。参考 Demo12_1。再将之前编写的 MySQL 数据库操作类 ManagerMysqlDB 导入工程，以备连接数据库用。

第五步：把对应控件添加到窗体上，并且按如图 12-32 所示进行布局和属性修改。

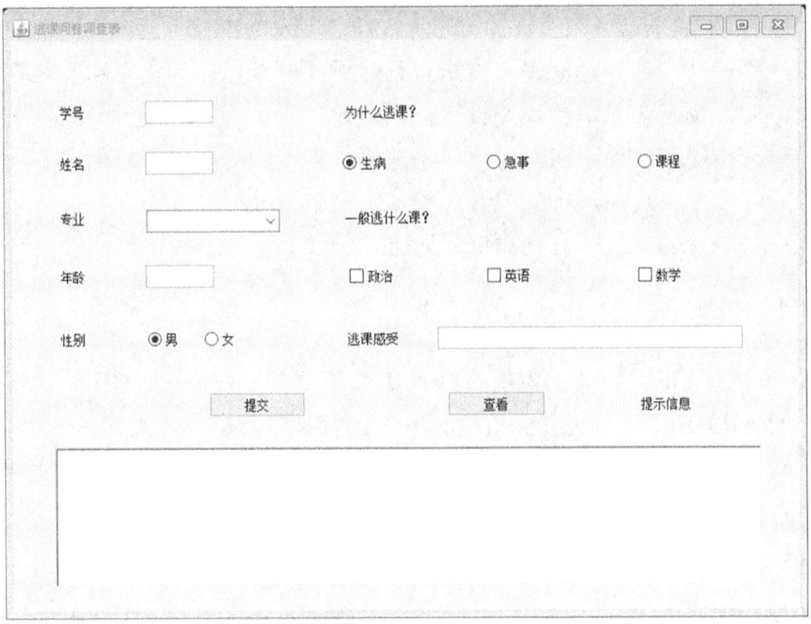

图 12-32　界面设计结果

第六步：添加提交按钮的单击事件及查看按钮的单击事件。

文件名：Demo12_2

程序代码：

Skipclass 类代码

```
public class Skipclass
{
    public String sno;
    public String sname;
    public String smajor;
    public String ssex;
    public String sage;
    public String swhy;
    public String szz;
    public String syy;
    public String ssx;
    public String sfeel;
    public Skipclass()
    {

    }
    public Skipclass(String sno, String sname, String smajor, String ssex, String
sage, String swhy, String szz,String syy, String ssx, String sfeel)
    {
        super();
        this.sno = sno;
        this.sname = sname;
        this.smajor = smajor;
        this.ssex = ssex;
```

```
        this.sage = sage;
        this.swhy = swhy;
        this.szz = szz;
        this.syy = syy;
        this.ssx = ssx;
        this.sfeel = sfeel;
    }
}
```

Questionnaire 类代码：

```
import java.awt.BorderLayout;
import java.awt.EventQueue;
import javax.swing.JFrame;
import javax.swing.JPanel;
import javax.swing.border.EmptyBorder;
import javax.swing.JLabel;
import javax.swing.JTextField;
import java.awt.Choice;
import javax.swing.JRadioButton;
import javax.swing.JCheckBox;
import java.awt.List;
import javax.swing.ButtonGroup;
import javax.swing.JButton;
import java.awt.event.ActionListener;
import java.sql.SQLException;
import java.util.ArrayList;
import java.awt.event.ActionEvent;
public class Questionnaire extends JFrame
{
   private JPanel contentPane;
   private JTextField textField;
   private JTextField textField_1;
   private JTextField textField_2;
   private JTextField textField_3;
   private List list = new List();
   private Choice choice = new Choice();
   /**
    * Launch the application.
    */
   public static void main(String[] args) {
      EventQueue.invokeLater(new Runnable() {
         public void run() {
            try {
               Questionnaire frame = new Questionnaire();
               frame.setVisible(true);
            } catch (Exception e) {
               e.printStackTrace();
            }
         }
      });
```

```
    }
    /**
     * Create the frame.
     */
    public Questionnaire() {
        setTitle("\u9003\u8BFE\u95EE\u5377\u8C03\u67E5\u8868");
        setDefaultCloseOperation(JFrame.EXIT_ON_CLOSE);
        setBounds(100, 100, 767, 567);
        contentPane = new JPanel();
        contentPane.setBorder(new EmptyBorder(5, 5, 5, 5));
        setContentPane(contentPane);
        contentPane.setLayout(null);
        JLabel lblNewLabel = new JLabel("\u5B66\u53F7");
        lblNewLabel.setBounds(47, 59, 54, 15);
        contentPane.add(lblNewLabel);
        JLabel lblNewLabel_1 = new JLabel("\u59D3\u540D");
        lblNewLabel_1.setBounds(47, 106, 54, 15);
        contentPane.add(lblNewLabel_1);
        JLabel lblNewLabel_2 = new JLabel("\u4E13\u4E1A");
        lblNewLabel_2.setBounds(47, 157, 54, 15);
        contentPane.add(lblNewLabel_2);
        JLabel lblNewLabel_3 = new JLabel("\u5E74\u9F84");
        lblNewLabel_3.setBounds(47, 211, 54, 15);
        contentPane.add(lblNewLabel_3);
        JLabel lblNewLabel_4 = new JLabel("\u6027\u522B");
        lblNewLabel_4.setBounds(47, 269, 54, 15);
        contentPane.add(lblNewLabel_4);
        textField = new JTextField();
        textField.setBounds(129, 56, 66, 21);
        contentPane.add(textField);
        textField.setColumns(10);
        textField_1 = new JTextField();
        textField_1.setBounds(129, 103, 66, 21);
        contentPane.add(textField_1);
        textField_1.setColumns(10);
        textField_2 = new JTextField();
        textField_2.setBounds(129, 208, 66, 21);
        contentPane.add(textField_2);
        textField_2.setColumns(10);
        choice.setBounds(130, 157, 129, 21);
        contentPane.add(choice);
        choice.add("计算机科学与技术");
        choice.add("数字媒体技术");
        choice.add("智能科学与技术");
        choice.add("信息管理与信息系统");
        JRadioButton rdbtnNewRadioButton = new JRadioButton("\u7537");
        rdbtnNewRadioButton.setSelected(true);
        rdbtnNewRadioButton.setBounds(127, 265, 53, 23);
        contentPane.add(rdbtnNewRadioButton);
        JRadioButton rdbtnNewRadioButton_1 = new JRadioButton("\u5973");
```

```
        rdbtnNewRadioButton_1.setBounds(182, 265, 77, 23);
        contentPane.add(rdbtnNewRadioButton_1);
        JLabel lblNewLabel_5 = new JLabel("\u4E3A\u4EC0\u4E48\u9003\u8BFE\uFF1F");
        lblNewLabel_5.setBounds(321, 59, 189, 15);
        contentPane.add(lblNewLabel_5);
        RadioButton rdbtnNewRadioButton_2 = new JRadioButton("\u751F\u75C5");
        rdbtnNewRadioButton_2.setSelected(true);
        rdbtnNewRadioButton_2.setBounds(315, 102, 121, 23);
        contentPane.add(rdbtnNewRadioButton_2);
        JRadioButton rdbtnNewRadioButton_3 = new JRadioButton("\u6025\u4E8B");
        rdbtnNewRadioButton_3.setBounds(451, 102, 121, 23);
        contentPane.add(rdbtnNewRadioButton_3);
        JRadioButton rdbtnNewRadioButton_4 = new JRadioButton("\u8BFE\u7A0B");
        rdbtnNewRadioButton_4.setBounds(595, 102, 121, 23);
        contentPane.add(rdbtnNewRadioButton_4);
        ButtonGroup mygroup1=new ButtonGroup();
        mygroup1.add(rdbtnNewRadioButton);
        mygroup1.add(rdbtnNewRadioButton_1);
        ButtonGroup mygroup2=new ButtonGroup();
        mygroup2.add(rdbtnNewRadioButton_2);
        mygroup2.add(rdbtnNewRadioButton_3);
        mygroup2.add(rdbtnNewRadioButton_4);
        JLabel  lblNewLabel_6  =  new  JLabel("\u4E00\u822C\u9003\u4EC0\u4E48\u8BFE\
uFF1F");
        lblNewLabel_6.setBounds(321, 157, 169, 15);
        contentPane.add(lblNewLabel_6);
        JCheckBox chckbxNewCheckBox = new JCheckBox("\u653F\u6CBB");
        chckbxNewCheckBox.setBounds(321, 207, 103, 23);
        contentPane.add(chckbxNewCheckBox);
        JCheckBox chckbxNewCheckBox_1 = new JCheckBox("\u82F1\u8BED");
        chckbxNewCheckBox_1.setBounds(451, 207, 103, 23);
        contentPane.add(chckbxNewCheckBox_1);
        JCheckBox chckbxNewCheckBox_2 = new JCheckBox("\u6570\u5B66");
        chckbxNewCheckBox_2.setBounds(595, 207, 103, 23);
        contentPane.add(chckbxNewCheckBox_2);
        JLabel lblNewLabel_7 = new JLabel("\u9003\u8BFE\u611F\u53D7");
        lblNewLabel_7.setBounds(323, 269, 66, 15);
        contentPane.add(lblNewLabel_7);
        textField_3 = new JTextField();
        textField_3.setBounds(408, 266, 290, 21);
        contentPane.add(textField_3);
        textField_3.setColumns(10);
        JButton btnNewButton = new JButton("\u63D0\u4EA4");
        btnNewButton.setBounds(190, 326, 93, 23);
        contentPane.add(btnNewButton);
        JButton btnNewButton_1 = new JButton("\u67E5\u770B");
        btnNewButton_1.setBounds(417, 326, 93, 23);
        contentPane.add(btnNewButton_1);

        JLabel lblNewLabel_8 = new JLabel("\u63D0\u793A\u4FE1\u606F");
```

```
        lblNewLabel_8.setBounds(601, 330, 54, 15);
        contentPane.add(lblNewLabel_8);
        list.setBounds(41, 377, 675, 129);
        contentPane.add(list);
        btnNewButton.addActionListener(new ActionListener()//提交
        {
            public void actionPerformed(ActionEvent arg0)
            {
                Skipclass myskip=new Skipclass();
                myskip.sno=textField.getText();
                myskip.sname=textField_1.getText();
                myskip.smajor=choice.getSelectedItem();
                myskip.sage=textField_2.getText();
                if(rdbtnNewRadioButton.isSelected()==true)
                {
                    myskip.ssex=rdbtnNewRadioButton.getText();
                }
                else
                {
                    myskip.ssex=rdbtnNewRadioButton_1.getText();
                }
                if(rdbtnNewRadioButton_2.isSelected()==true)
                {
                    myskip.swhy=rdbtnNewRadioButton_2.getText();
                }
                else if(rdbtnNewRadioButton_3.isSelected()==true)
                {
                    myskip.swhy=rdbtnNewRadioButton_3.getText();
                }
                else
                {
                    myskip.swhy=rdbtnNewRadioButton_4.getText();
                }
                if(chckbxNewCheckBox.isSelected()==true)
                {
                    myskip.szz="1";
                }
                else
                {
                    myskip.szz="0";
                }
                if(chckbxNewCheckBox_1.isSelected()==true)
                {
                    myskip.syy="1";
                }
                else
                {
                    myskip.syy="0";
                }
                if(chckbxNewCheckBox_2.isSelected()==true)
```

```
            {
                myskip.ssx="1";
            }
            else
            {
                myskip.ssx="0";
            }
            myskip.sfeel=textField_3.getText();

            String   sql="insert   into   survey   values('"+myskip.sno+"','
"+myskip.sname+"',"+myskip.sage+",'"+myskip.ssex+"','"+myskip.smajor+"','"+myskip.s
why+"','"+myskip.szz+"','"+myskip.syy+"','"+myskip.ssx+"','"+myskip.sfeel+"')";
            ManagerMysqlDB.ConnDB("localhost", "mysql", "root", "821226");
            ManagerMysqlDB.UpdateDB(sql);
            if(ManagerMysqlDB.ieffectrows>0)
            {
                lblNewLabel_8.setText("调查成功");
                ManagerMysqlDB.CloseDB();
            }
            else
            {
                lblNewLabel_8.setText("调查失败");
                ManagerMysqlDB.CloseDB();
            }
        }
    });
    btnNewButton_1.addActionListener(new ActionListener()//查看
    {
        public void actionPerformed(ActionEvent e)
        {
            try
            {
                list.removeAll();
                ManagerMysqlDB.ConnDB("localhost", "mysql", "root", "821226");
                String sql="select * from survey";
                ManagerMysqlDB.QueryDB(sql);
                while(ManagerMysqlDB.rs.next())
                {
                    Skipclass myskip=new Skipclass();
                    myskip.sno=ManagerMysqlDB.rs.getString("sno");
                    myskip.sname=ManagerMysqlDB.rs.getString("sname");
                    myskip.sage=ManagerMysqlDB.rs.getString("sage");
                    myskip.ssex=ManagerMysqlDB.rs.getString("ssex");
                    myskip.smajor=ManagerMysqlDB.rs.getString("smajor");
                    myskip.swhy=ManagerMysqlDB.rs.getString("swhy");
                    myskip.szz=ManagerMysqlDB.rs.getString("szz");
                    myskip.syy=ManagerMysqlDB.rs.getString("syy");
                    myskip.ssx=ManagerMysqlDB.rs.getString("ssx");
                    myskip.sfeel=ManagerMysqlDB.rs.getString("sfeel");
                    String     s=myskip.sno+"-"+myskip.sname+"-"+myskip.sage+"-"
```

```
+myskip.smajor+"-"+myskip.ssex+"-"+myskip.smajor+"-"+myskip.swhy+"-"+myskip.szz+"-"
+myskip.syy+"-"+myskip.ssx+"-"+myskip.sfeel;
                                list.add(s);
                            }
                        }
                        catch(SQLException e1)
                        {
                            e1.printStackTrace();
                        }

                    }
                });
            }
        }
```

Demo12_2.java 的运行结果如图 12-33 所示。

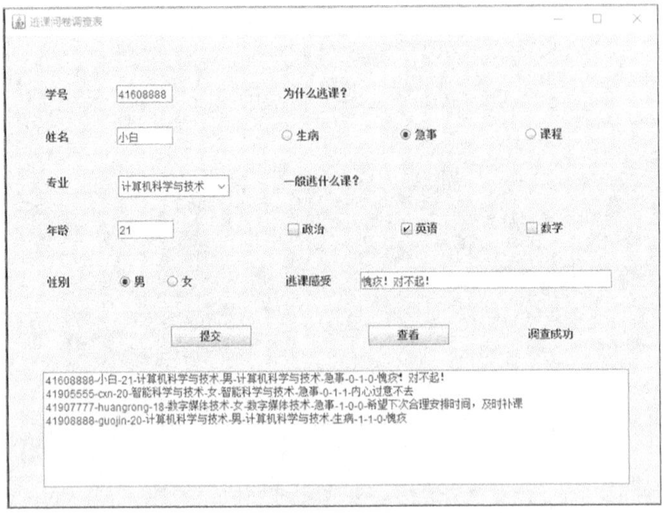

图 12-33　Demo12_2.java 的运行结果

12.2.5　案例小结

通过此案例对 JDBC 和 Java GUI 结合的应用程序开发有了更加深入的了解，对 JDBC 程序开发的流程，以及 ManagerMysqlDB 类的使用有了更加深入的学习和掌握。在项目设计的过程中，还是需要引入面向对象程序设计的思想，比如在本项目设计的过程中，将整个问卷调查的内容设计为一个 Skipclass 的类，问卷的内容设计为其成员变量，这样操作更加简单方便。

12.2.6　案例拓展

本案例仅设计了增加和查询的功能，读者还可以根据自己的需求添加修改及删除的功能。